晚清农学的兴起与困境

The Rise and Dilemma of Agricultural Science in Late Qing Dynasty

李尹蒂 著

科学出版社
北 京

内 容 简 介

本书在前人研究的基础上，从学科史、教育史研究的新角度切入，在充分掌握史料的基础上，从档案等原始文献史料入手，在清季社会、文化、政治等各方面制度性变动中，厘清农学在近代中国的起源、流变的脉络及在此过程中遭遇的困境，进而考察农学从知识走向制度的转变，探究晚清农学困境的深层次成因。通过对与农学有关的文本有实践争论的分析，进一步探究近代农学与社会沿革及制度变迁的发展互动，注意思想、行为和制度之间的关联，管窥中国近世社会变迁和转型的重要线索和脉络。

本书可供中国近代史等相关专业的师生阅读和参考。

图书在版编目（CIP）数据

晚清农学的兴起与困境/李尹蒂著. —北京：科学出版社，2021.11
ISBN 978-7-03-069998-5

Ⅰ. ①晚…　Ⅱ. ①李…　Ⅲ. ①农业史-中国-清后期　Ⅳ. ①S-092.52

中国版本图书馆 CIP 数据核字（2021）第 203044 号

责任编辑：任晓刚 / 责任校对：王晓茜
责任印制：张　伟 / 封面设计：楠竹文化

科学出版社 出版
北京东黄城根北街 16 号
邮政编码：100717
http://www.sciencep.com
北京中石油彩色印刷有限责任公司 印刷
科学出版社发行　各地新华书店经销

*

2021 年 11 月第　一　版　开本：720×1000　1/16
2021 年 11 月第一次印刷　印张：15 1/2
字数：273 000

定价：98.00 元

（如有印装质量问题，我社负责调换）

国家社科基金后期资助项目
出版说明

后期资助项目是国家社科基金设立的一类重要项目，旨在鼓励广大社科研究者潜心治学，支持基础研究多出优秀成果。它是经过严格评审，从接近完成的科研成果中遴选立项的。为扩大后期资助项目的影响，更好地推动学术发展，促进成果转化，全国哲学社会科学工作办公室按照“统一设计、统一标识、统一版式、形成系列”的总体要求，组织出版国家社科基金后期资助项目成果。

全国哲学社会科学工作办公室

目　　录

绪　论

第一节　研究目的及意义

集农业问题、教育问题、政治问题和社会问题于一身的近代中国农学，是晚近中国在西方传教士的介绍下所兴起的新事物。它不同于中国古代农政，也不尽同于西方近代农学，而是综合了传统与近代的元素，容纳了中西方不同的特点。近代中国农学的形成，一方面使农学进入学堂，迥然于传统制艺之学；另一方面沟通了士农之途。为时不及百年，就改变了数千年来的传统规制，其影响力无疑是革命性的。一个世纪以来，"农学"的具体内涵与意义流变，有着不同的发展重心、思想取向和若干影响，可以使我们从中管窥中国近世社会变迁和转型的重要线索、脉络。近代中国农学的兴起，对农政、农学、农业的转变具有划时代的意义。它的出现，揭示了一个新时代的到来，并体现了时代的内容。

晚清时期是近代中国知识转型与制度变革的关键阶段，农学的兴起，改变了传统中国"有农事而无农学"的偏弊，开社会重视农学风气之先。本书以晚清农学为研究对象，选取农学之兴及其困境作为整个研究的重要基点。在西学东渐的过程中，以科学原理说明农桑状况的农学开始为人所知。晚清农学的兴起，最初表现为西法新式农学知识的传播。农学知识，尤其是其中农务化学的内涵，在晚近中国的传播与推广中，遭遇了晚清学界与政界的重重误读。这样的困境，在传统农业社会的惯习中有所调适。伴随着对西法农学能带来丰厚农业收益的宣传与想象，科学化的农学终被近代中国社会认可，为晚清社会传统农政带来了些许变化。清廷当局对农业政策进行了调整，农学得以制度化，农业教育因此出现。由于农业教育的普及，农学进一步系统化和学科化。晚清时期农学的形成，彰显了近代中国既有知识与制度层面的困境。西法农学的出现，推动了晚清社会旧知识与制度的变革，尽管这一过程中面临诸多困境。在近代中国社会文化变迁过程中，研究晚清农学形成的历史脉络与面临的困境，一方面可见传统之变迁；另一方面能知西学之中化。

传统中国，农事被纳入户部和工部的管辖范围。户部古代为"地官"、

“大司徒”或“大司农”，唐宋以后，即为户部。户部总的职掌，是管理全国疆土、田亩、户口、财谷方面的政令，掌管全国的户籍与财政经济事务。[①]工部执掌屯田、水利方面的政令。[②]户部和工部下发政令，强调务本重农，劝课农桑，鼓励种植。中国以农立国，农为政本。历朝执政者承袭传统农本主义，对农业都极其重视。务本的持久，推因于历代重农之策，而非兴农之法。朝廷多次通谕各省督抚，各饬所属州县官，务知朝廷贵农重粟之意，以劝课农，稽查种植。这说明了农事为国之本的地位，也显示了统治者对农事的无比重视。

古代中国，皇帝虽多次颁发谕旨督劝务本重农，但在传统社会政治机构中并没有设置专门的农官处理农事。对农事的处理，被纳入所属行政官员的职责之内。正如雍正二年（1724 年）朝廷在给各省督抚的诏谕中所言："今课农虽无专官，然自督抚以下均兼此任。"他们统率有司“不时咨访疾苦，有丝毫妨于农业者，必为除去。”[③]更甚者，将“劝课农桑”定为吏治考核的指标之一。[④]其后，朝中大臣多有奏疏，请设专门农官负责管理农本事宜。雍正七年（1729 年），朝廷在直隶试行设专门农官——“巡农御史”一职，“每年特差御史一员，于二月田功初起之时巡历州县，察觉农民之勤惰，地亩之修废，以定州县考成，其有因循推诿以致荒废农田者即行参处”[⑤]。然而，巡农御史的设置并未制度化，巡察农务一事后来依旧由各省藩司等相关官员兼任，并没有农业机构和农官专门负责。

在推行重农之策的同时，中国古农书也有对“兴农之法”的记载，如有“中国古代农书集大成者”之称的《农政全书》。该书是明末徐光启“录汇各家之言，附以己言”，在徐光启殁后经陈子龙整理编定而成。全书征引文献共二百二十五种。[⑥]其中，全书依原书次序录入者有“徐贞明的《潞水客谈》、马一龙的《农说》、朱橚的《救荒本草》、王磐的《野菜谱》、熊三拔的《泰西水法》。而《齐民要术》、《农桑辑要》、《王祯农书》、《种树书》、

---

① 张德泽编著：《清代国家机关考略》，北京：中国人民大学出版社，1981 年，第 42—43 页。

② 关于农官的具体情况，参见王勇：《中国古代农官制度》，北京：中国三峡出版社，2009 年，第 273—274 页。

③ 《清实录 · 世宗宪皇帝实录》卷一六“雍正七年二月癸丑”条，北京：中华书局，1985 年，第 272 页。

④ 《清实录 · 仁宗睿皇帝实录》卷二八三“嘉庆十九年正月甲申”条，北京：中华书局，1986 年，第 866 页。

⑤ 《清实录 · 世宗宪皇帝实录》卷七八“雍正七年二月壬辰”条，北京：中华书局，1985 年，第 22—23 页。

⑥ 康成懿编著：《农政全书征引文献探原》，北京：农业出版社，1960 年，第 16 页。

《便民图纂》等”[①]。至清代，汇集历代农业文献，在乾隆时编纂的《授时通考》所收内容亦不出其外。清代的农书有一百多部，尤以康熙、雍正两朝为繁盛。大型综合性农书仅有一部，于乾隆二年（1737年）编纂，全书引用的书籍总数达到四百二十七种，远远超过《农政全书》，但作为农书的意义来说，没有作者的亲身体会，也没有什么特殊的新材料和新见解。[②]也就是说，古农书中收录的耕作方法，多来自老农的耕作经验总结，并非科学化的实验农学知识。

古代有士农工商四民，《汉书》谓：“学以居位曰士，辟土殖谷曰农。”[③]士农分业，农不知书，而士于烝化之学，又以非科名所务，置之不讲。[④]持续千余年的科考以四书五经为内容，士子埋首于制艺之学，很少关注与究心科学意义上的农学知识。

作为学科意义的科学化“农学”的出现，是近代中国受西方移植过来的分科治学思想的影响。以“学科建制”形式出现的农学，是清末的新式学堂采取分科教育后，才逐渐由西方引进的一种知识分类观念。光绪二十一年（1895年）十二月十八日，张之洞上奏呈请创设储才学堂，农政之学居其一。[⑤]光绪二十三年（1897年）九月二十日，他更大声疾呼：“创设农务学堂，参用西法，以开风气，以广利源。”[⑥]主张设农学堂，讲求种植之法。而据清廷《第一次教育统计图表》统计，至1907年，全国大部分行省皆立农业中等学堂，共计二十五处。[⑦]此外，直隶、山东、河南、江宁、浙江、广东、湖北、云南八地创办了二十二处农业初等学堂，而农业高等学堂共四处，分别位于直隶、山东、江西和湖北。[⑧]至1910年，京师大学堂农科大学正式开办。从中可见，在新式学堂的两个系统中都有关于农业知识方面的教育。

---

① 康成懿编著：《农政全书征引文献探原》，北京：农业出版社，1960年，第33—34页。

② 白寿彝总主编：《中国通史》第10卷《中古时期·清时期（上）》，上海：上海人民出版社，2004年，第414—415页。

③ （汉）班固：《汉书》卷二十四上《食货志》，郑州：中州古籍出版社，1996年，第452页。

④ 《福建福安县举人张如翰呈》，国家档案局明清档案馆：《戊戌变法档案史料》，北京：中华书局，1958年，第289页。

⑤ 赵德馨主编：《张之洞全集》第3册，武汉：武汉出版社，2008年，第320—321页。张之洞将“农政之学”分子目四：曰种植、曰水利、曰畜牧、曰农器。

⑥ 赵德馨主编：《张之洞全集》第6册，武汉：武汉出版社，2008年，第90页。

⑦ 分别为直隶、山东、山西、江苏、湖南、湖北、广东、广西、云南、福建各一处，河南四处，江宁、安徽、浙江各两处，四川五处。

⑧ 学部总务司：《第一次教育统计图表》，沈云龙主编：《近代中国史料丛刊》三编第十辑，台北：文海出版社，1986年，第31—32页。

数千年来，中国以农立国，历代相沿。农政向来为历朝历代统治者所关注。农者，天下之大本。历代以来，劝农垦荒之令屡下。然迄晚清，商政渐兴，“通商数十载，海内之士抵掌谭（谈）洋务者项相望。综其言论不逾两途：一曰练兵，以敌外陵；二曰通商，以杜内耗”[①]。士人感慨“农政不修”[②]。甲午战争惨败，外患日亟，国民惕厉，农务始渐振兴。张之洞、刘坤一联名上书，明确提出：“今日欲图本富，首在修农政。欲修农政，必先兴农学。”[③]朝中大臣分析，此前中国裹足不前，皆因“农学不讲之故也”[④]，并纷纷就此建言献策。“工商之本以农为先，而农业之兴，非学不可”[⑤]渐成为时人的共识。

朝中大臣所谓农学，源自泰西。传教士对西法农政书院、新式务农机器和农学新法带来的农业利益的介绍，切合晚清社会对农业利益的追求。故而西法农学的知识没有被抵触，很快为人认可。然而，西法农学非试验难收其效，且西法农学据化学而立，时人多以《周礼》所载认土辨物的经验比附，如趋新大臣张之洞认为，西方农学新法中所言之化学，为“《周礼》土化之法……是农学之义也”[⑥]。不理解西法农学观念行事的本意，造成诸多的误读。

民国农学家回首近代中国农业教育的发展历程，将 1902 年至 1911 年的晚清农学定义为中国农业教育的第一时期，定义为“政治的农业教育时期”，感慨晚清政府虽然意识到东西方国家农业的发达在于推广农业教育，但知其然不知其所以然，并没有“深究其如何设施，但令各省开办农校与农事试验场以及半官式农会”。文章中总结道，晚清效仿他国，推行农业教育的最终结果，不过是“各省仅事此种政令，为平常敷衍门面之举。咸以缺乏农事知识之候补府道，委充校长，场长，与会长。其于农民及农业之发展改良，可谓毫无影响”。一方面，民国农学家对晚清农学效果几乎持全盘否定的态度，有其专业角度与立场，见仁见智。然而，分析其中感叹，可以清晰描述出一个无法否定的基本历史事实，即作为新事物的晚清农业教育的推广，面临着两大困境：一是对具体农学知识的懵懂，二是农学专

---

① 梁启超：《农会报序》，《时务报》1897 年第 23 册。

② 上海图书馆：《汪康年师友书札》第 1 册，上海：上海古籍出版社，1986 年，第 223 页。

③ （清）朱寿朋编，张静庐等校点：《光绪朝东华录》第 4 册，北京：中华书局，1958 年，第 4759 页。

④ 《张之洞、谭继洵晓谕湖北设立农工各学堂讲求农学工艺》，《湘报》1898 年第 93 号，第 371 页。

⑤ 《论宜设农务半日学堂》，《商务报》1905 年第 39 期。

⑥ （清）张之洞：《劝学篇》，上海：上海书店出版社，2002 年，第 69 页。

门技术人才和管理人才的缺乏。另一方面，民国农学家指出，晚清时期，“对于中国农业教育之稍有贡献者，为目前尚存之数所规模较大之农校，如北京农业专门学校、山东农业专门学校、保定农业专门学校，皆成立于此时期也”[①]。

值得注意的一个现象是，晚清社会时人曾提到，1908年“山西、湖北开办农学未闻著有成绩，且亦未闻有毕业者”[②]。至1936年，有西方农业教育背景的邓植仪，更是直截了当地指出晚清农业教育的五条弊端：农业教育只具有笼统之目的或方针；农业教育与农业建设不相呼应；农业教育制度不够完备；教育材料不充实；教师任用不经济。他还强调：“过去三十年而论，农业教育收效之微。”[③]农业教育的困境，一直是困扰人们至深的问题。这不免让人追问：西法所言之农学知识，其具体内涵究竟为何？又是以怎样的形态，如何一步步传播以至被制度化，从而进入学制？农学究竟起到怎样的作用？又是什么因素造成农学的困境？其去向归属更为哪般？

上述情况说明：认真考究起来，农学是人们“耳熟”而不“能详”的问题。本书拟在清末社会、文化、政治等各方面制度性变动中，厘清近代农学知识的具体内涵与意义流变，进而考察农学从知识走向制度的转变历程，探究农学困境的深层次成因。农学一体现在“农之有学”理念的出现，读书人开始注意到农学知识的存在，士始知农，打破了士农分途的传统；二表现为农务进入学堂，农学被制度化，迥然于传统制艺之学。纵深而论，坐而论道的士林之学渐向起而行之的效仿西方贵在实验的农学转变。此外，传统农务指重农桑以顺天时，勤开垦以尽地利，强调应天时以兴地利，而晚清农学涵括农会、农事试验场、农学堂等西法农务的内容。清廷的农业政策开始出现农务效法西方的倾向，政府试图主导农学学科的形成。农学的出现，昭示了一个新时代的到来并体现了该时代的内容。对近代农学的形成进行全面、系统的研究，不仅涉及西方农事知识的引介，农学形成、发展、演变的轨迹，也体现和说明了近代中国的观念、知识、制度转型、实践与再创造。它是直接关系到近代中国社会史、文化史、学术史、教育史等研究，并在一定程度上反映中国近世社会变迁和转型的重要线索和脉络。

---

① 陈隽人：《中国农业教育的经过与现状》，《清华周刊》1926年纪念号增刊。

② 《农业传习所缓办原因》，《申报》1908年7月30日，第12版。

③ 邓植仪：《改进我国农业教育刍议》，《交大季刊》1936年第20期。

第二节 先行研究

中国以农立国，历经五千年。然而，古人虽有劝课农桑的农政，却无科学意义上的农学。直至近代中国，在西学东渐过程中，以科学原理说明农桑状况的农学才为人所知。晚清各类新式学堂及大学教育中开始出现农学内容。农学进入教育系统，这是过去所没有的新生事物，也是近代中国千年巨变的一面。关于晚清农学的研究，前人在农业教育、清代农书、农业政策三方面均有涉及。海内外研究大都三者分述，各有自己的问题意识和研究视角，不同程度地促进了本书主题各个层面的认识。按时间先后梳理各代表性论著中与本书主题有关的内容，可见相关研究进展的基本走向和阶段进展。

一、1949年前

1949年前，清代农业资料分散零碎，对晚清农事的论述往往被视为中国农业史通论的部分内容。1918年，吴辔扈编写了《中国农业史》一书，由上海新学会社出版。该书是一本单薄的小册子，虽仅有一万余字，却是较早的中国农业史专著。书中将中国农业发展分为胚胎（唐虞以前，上溯炎黄数千年）、发明（唐虞以后迄秦千数百年）、修明（汉以后迄唐两千数百年）和中落（宋迄清数百年）四个时期。[①]书中讨论了清代农业，聚焦于传统社会农业情况，对近代中国农业情况的描述着墨较少。农史学家万国鼎翻阅该书后，认为该书不明源流因果，不辨真伪，引书失实，任意附会，缺乏史实且不知农业，称该书“杂缀成文，谬误盈篇，简随疏误，未足言史也”。[②]1921年，张援因袭吴辔扈《中国农业史》的体例，编辑出版《大中华农业史》。该书约五万字，分三编介绍了从神农到清代的农业发展情况。书中将中国农业分为三个时期。两书相较，《大中华农业史》内容更为丰富，叙述更具条理性。尤其值得注意的是，该书作者十分简略地提及近代农业的情况，称：“光绪时农业改行新法，体现在一设农工商部，分四司，农务其一也；二兴学，设立农科大学、高等、中等和初等农业学堂。”[③]但因为前后逻辑关联不大，引用文献并未注明出处，且“杂引古书而不求

① 吴辔扈：《中国农业史》，上海：新学会社，1918年。

② 万国鼎：《书评：中国农业史》，《农业周报》1931年第2期，第65—67页。

③ 张援编著：《大中华农业史》，上海：商务印书馆，1921年，第159—161页。

融会”，万国鼎评价该书“不足言史”，对书中农业发展的分期也不认同。[①] 晚清农业教育亦开始为人注意。美国传教士晏文士（Charles K. Edmunds）所撰《中国的现代教育》（*Modern Education in China*）一书，将中国农务作为叙事背景而略有提及。[②]

真正对晚清农业教育进行探究的，当属清末民初留学泰西或日本修习农科的留学生们，他们是民国农业教育的重要推动者。在国外农科留学生们的积极倡导下，20 世纪 20 年代，金陵大学、清华大学、东南大学等院校先后开设了农科专业。获美国康奈尔大学农学学士学位，历任金陵大学、南京大学教授，以及中华农学会会长的邹秉文，在回国后坚持“惟农业教育能改进农业”，多次撰文讨论农业教育的情况。[③]在其著述《中国农业教育问题》一书中，他认为我国农校成立数十年来，“绝鲜成效”，欲以该书图“农业及国家前途能增进其效率”。该书分“改进吾国农业专门学校办法之商榷”“吾国乙种农校之现状及其改进方法”“对于吾国甲种农校宗旨办法之怀疑”“吾国农业教育之现状及将来希望”“实施全国农业教育计划大纲及筹画（划）经费办法”“吾国新学制与此后之农业教育”“新学制实行后之各省农业教育办法”“江苏实行新学制后之农业教育办法”八个部分。在对晚清农业教育的描述上，邹秉文仅简单提到，就其所知“吾国最早创办之农校，当推湖北农业学校及直隶农业专门学校两校，均于清光绪二十八年成立，其余各校，则均在后”[④]。在对中国农业教育史进行回顾梳理的文章中，邹秉文并没有就晚清农业教育学校的具体情况进行详细说明与细致考察。

1922 年，为改进中国农业和农业教育，邹秉文邀请美国麻省农科大学校长白德斐（Kenyon L.Butterfield）博士来到中国，对中国农业和农业教育的现状进行调查研究，就农业问题为中国政府起草了一份意见书，名为《改进中国农业与农业教育意见书》。该书是本小册子，仅有 28 页，民国十一年（1922 年）五月十日由教育部刊行。该书由东南大学农科编辑傅焕光翻译。书中提到：“中国人口之众多，衣食原料之需求，已呈急切之现象。现观欧美各国，则最近二百年间，其农人均能利用科学方法、革新农业，而中国之

① 万国鼎：《书评：大中华农业史》，《农业周报》1931 年第 2 期，第 67—68 页。

② Charles K. Edmunds，*Modern Education in China*，Washington D.C.：Government Printing Office，1919，pp.35-37.

③ 邹秉文：《民国十年之农业教育》，《新教育》1922 年第 2 期；邹秉文：《吾国新学制与此后之农业教育》，《新教育》1922 年第 3 期；邹秉文：《新学制实行后之各省农业教育办法》，《新教育》1923 年第 1 期；邹秉文：《新学制实行后之各省农业教育办法》，《农学》1923 年第 1 期。

④ 邹秉文：《中国农业教育问题》，上海：商务印书馆，1923 年，第 24 页。

农民，尚在默守成法之时期。中国果欲适应新时代之需求，以生存于世界，其问题虽多，而如何应用科学以改良农业，实为问题中之最重要者。”[①]所提意见中，强调政府对农业教育的政策投入及科学务农，呼吁农村内部培养农业人才和发展农业组织，效仿世界各国走上农业现代化道路。

同样入康奈尔大学学习农学，参与创办东南大学农科和金陵大学农林科的过探先，借鉴菲律宾大学农学主任贝干的话说道：“农科大学的成效，可以就他的出产品观之。出产品有两种：第一是造就的人才；第二是研究的贡献。”围绕中国农业教育成效，过探先指出，清代的农业教育可以说是“大吏敷衍门面之举，充任校长者，类多候补府道，缺乏农事智识之人，故于农民及农业丝毫无影响”。民国时期，“全体毕业生不在农业上尽力的有百分之七十”。至于民国时期中等农学生的出路，过探先进行了调查，结果显示：“可称经营农业的，不及百分之三；在教育界服务的，几居百分之二十五；未详的，多至百分之三十四。无怪对于农业教育怀疑的人，一天多似一天。”[②]1926年，求学康奈尔大学农科，后任职于清华大学农林科的陈隽人认为：“农业教育为发展农业之基础，农业之进步与否，全视农业教育组织之是否完善而定。”在述及“中国农业教育的经过与现状”时，他称：中国农业教育的第一个时期，为“‘政治的农业教育时期’。自前清光绪二十八年至民国元年（一九〇二年至一九一一年），其时政府已察知东西各国农业之发达，在于推广此种教育，然不深究其如何设施，但令各省开办农校与农事试验场以及半官式农会。故其结果，各省仅视此种政令，为平常敷衍门面之举，咸以缺乏农事知识之候补府道，委充校长、场长与会长。其于农民及农业之发展改良，可谓毫无影响。在此时期内，对于中国农业教育之稍有贡献者，为目前尚存之数所规模较大之农校，如北京农业专门学校、山东农业专门学校、保定农业专门学校，皆成立于此时期也”[③]。

杨开道亦称：“中国这几十年来的农业教授，可以说是全盘失败，没有一点结果。”因“只有士人的教育，而没有农人的教育”[④]。清华大学农科委员会主席庄泽宣认为:“中国的农业教育,虽自光绪二十二年已经开始。但是直到现在，尚无成绩可言”[⑤]，而失败的原因：“不外乎外延与内包两

---

① 〔美〕白斐德著、傅焕光译：《改进中国农业与农业教育意见书》，北京：教育部，1922年，第1页。

② 过探先：《我国农业教育的改进》，《教育杂志》1925年第1期。

③ 陈隽人：《中国农业教育的经过与现状》，《清华周刊》1926年纪念号增刊。

④ 杨开道：《农业教育》，上海：商务印书馆，1934年，第1页。

⑤ 庄泽宣：《中国的农业教育》，《中华教育界》1933年第3期。

面。所谓外延即制度以外的社会环境，如土匪、兵灾，赋税，外来竞争……内包原因，就全国来讲，是没有整个的计划；就各校来讲，是制度不良。”[①]康奈尔大学农业经济学博士唐启宇在《四十年来之中国农业教育》短文中，对中国农业教育基本史实进行了简单的梳理与概述，认为辛亥革命以前农业教育主事者，“多为科举出身之辈，如罗振宇之长京师大学堂农科是。间或引用日本教员，教授课程，虽设置农博等科，然设备材料，诸多简陋，人才之养成亦寡”[②]，对晚清农业教育同样评价不高。需要说明的是，在中国近代农业教育时间起点上，学界并未达成共识。部分学者将 1902 年农学纳入学制视为近代农业教育的开始。也有学者采纳 1896 年之说，认为 1896 年江西士绅蔡金台在高安县设蚕桑学堂是近代农业教育的开始。虽然该学堂有考求种植的设想，但学堂所行“购浙湖桑秧蚕种及新出茧丝”一事的初衷在于免除厘税的经济考量。

此外，学人对农书亦有所探究。因“近来醉心欧化者，崇拜科学与土壤肥料气象种子害虫诸事，一一考得其究竟，视旧说新确”，毛雍整理汇录南京乃至江苏省各图书馆的古代农书，合编而成《中国农书目录汇编》。该书将中国农书分为 21 类：总记类、时令类、占候类、农具类、水利类、灾荒类、名物诠释类、博物类、物产类、作物类、茶类、园艺类、森林类、畜牧类、蚕桑类、水产类、农产制造类、农业经济类、家庭经济类、杂论类、杂类。[③]该书并未收录近代中国翻译的东西农学新法的书籍，这样的做法被后来的农书整理者所延续。

1927 年，陆费执认为国内农书“多为木板，卷帙繁重”，挑选十部农书做了提要与说明。分别为《齐民要术》《农政全书》《授时通考》《蚕桑萃编》《农学丛书》《农桑辑要》《百花栽培秘诀》《广群芳谱》《棉业图说》《植物名实图考》。[④]事实上，《四库全书》就有对农书的搜集整理。《四库全书总目提要》子部“农家”类，收录中国古农书十九本，分别为《齐民要术》《王祯农书》《农桑辑要》《农桑衣食撮要》《农书》《救荒本草》《农政全书》《泰西水法》《野菜博录》《耒耜经》《耕织图诗》《经世民事录》《野菜谱》《农说》《沈氏农书》《梭山农谱》《豳风广义》等。[⑤]

---

① 庄泽宣：《中国的农业教育》，《中华教育界》1933 年第 3 期。

② 唐启宇：《四十年来之中国农业教育》，《农业周报》1933 年第 5 期。

③ 毛雍：《中国农书目录汇编》，南京：金陵大学图书馆，1924 年。

④ 陆费执：《中国农书提要》，《中华农学会报》1927 年第 54 期等。

⑤ （清）纪昀总纂：《四库全书总目提要》，石家庄：河北人民出版社，2000 年，第 2580—2591 页。

值得注意的是，民国学人开始注意到晚清农务与教育的联系。例如，1928 年舒新城编定四册本《近代中国教育史料》，该书就“我国仿行西洋教育制度及全体而言”，时间起自同治元年（1862 年）设同文馆，至 1926 年。该书收录了少量农业教育的史料。[①]虽较简略，却有筚路蓝缕之功。

这一时期，关于农务的资料汇编亦开始出现。1933 年，鉴于“欧美各国，莫不重视索引，种类繁多，编制完善”的先例，金陵大学农学院农业经济系、农业历史组编定了《农业论文索引：前清咸丰八年到民国二十年底（1858—1931）》。该索引分为中西文二部：中文部包括光绪二十三年（1897 年）至民国二十年（1931 年）底出版的杂志 320 种，丛刊 8 种；西文部包括咸丰八年（1858 年）至民国二十年底在中国出版（除一二种外）的杂志及丛刊 36 种。共计中文索引 30 000 条，西文索引 6000 余条。[②]1935 年，接着编订了续编。[③]这成为清代农务研究比较全面的参考资料。这种“农业论文索引”的格式，为后人所继承。[④]通过《农业论文索引：前清咸丰八年到民国二十年底（1858—1931》，可以发现：1858 年在华出版的西文期刊《皇家亚洲文会北中国支会研究》（*The Journal of the North China Branch of the Royal Asiatic Society*）已开始刊载农业论文，而讨论农业论文的中文杂志出现在 1897 年，即《农学报》。总体来说，由于资料的分散，这一时期晚清农学研究疏误较多，且对其中农业教育效果的研究取基本否定的态度。

二、1949—2000 年

中华人民共和国成立后，农业部召开农业遗产整理工作会议，进行校对整理出版祖国农业遗产的任务，会后相继成立了中国农业遗产研究室、西北农学院古农学研究室等专业机构。这些机构的工作，基本处于农业资料整理阶段。1957 年，王毓瑚搜集历代我国固有农业知识技术的著述，编成《中国农学书录》一书，以备研究中国农业生产史及农业技术史检查之需[⑤]。该书内容限于先秦至 19 世纪末期外国现代科学农学传入中国以前的农书，并且只收录和农业生产技术及农业生产直接有关的知识的著作，属

① 舒新城：《近代中国教育史料》，上海：中华书局，1928 年。

② 金陵大学农学院农业经济系农业历史组：《农业论文索引：前清咸丰八年至民国二十年底（1858—1931）》，中文部、西文部，南京：金陵大学图书馆，1933 年。

③ 金陵大学图书馆杂志小册部：《农业论文索引续编：民国二十一年一月至二十三年底（1932—1934）》，南京：金陵大学图书馆，1935 年。

④ 王俊强：《民国时期农业论文索引（1935—1949）》，北京：中国农业出版社，2011 年。

⑤ 王毓瑚：《中国农学书录》，北京：中华书局，1957 年。

于农业经济和农业政策（如田制、荒政等）的书一概不收，大体按书的年代排序而成，至今仍为中国古农书研究方面的重要著作。其后，日本学者天野元之助在王毓瑚的基础上，对中国农学书目进行了补充校订。[①]

1958 年，中国农业科学院和南京农学院中国农学遗产研究室辑录从先秦至 1949 年古书中关于农业的资料，开始编著《中国农学遗产选集》，拟分甲类植物、乙类动物、丙类农事技术和丁类农业经济四集。[②]可惜的是，至今为止，仅仅编至甲类第十六种，分别介绍了稻、麦、豆类等粮食作物、棉麻类作物、油料作物、柑橘等常绿果树在各个时期各个地区的种植情况。除对中国农史资料进行汇集、整理和分类辑成外，这些机构还对农业古籍和农业历史有一定程度的研究，编印了两册《农业遗产研究集刊》，内容是关于"农业生产的问题，兼及农业经济及农业史和古农书的介绍与评论"[③]，以促进对祖国农业遗产的研究。一年后，《农业遗产研究集刊》改名为《农史研究集刊》，在前者基础上，"用调查法研究古农书"[④]，共出两册。

中华人民共和国成立初期，学界将"农学"等同于"古农书中农业生产和农业技术"的做法，奠定了后续中国农学遗产研究的基调。此后相当长的一段时间里，关于中国农学的著述多以古代农书中的内容铺陈开来，直接将中国传统社会依靠天时人力的经验农学等同于近代农业科学。对农学的研究，着眼于对古农书的搜集或分类整理的研究论述，影响甚至制约了后来研究者的思路与视角。例如，1959 年 7 月，中国农业科学院、南京农学院按照农业部提出的要求，编写出版《中国农学史（初稿）》上册。该书的编写原则为古为今用，"研究我国农业发生和发展的规律，特别是农业技术发生与发展的规律……为发展农业建设寻找历史的渊源"[⑤]。以古农书或专门记载农事的书籍为依据，上册叙述了从西周到北魏的农业技术。同年 9 月，南京农学院中国农业遗产研究室着手编写下册，于 1960 年 3 月脱稿。当时因故未能及时出版，后于 1984 年 8 月由科学出版社出版。下

---

① 王毓瑚编著、〔日〕天野元之助校订：《中国农学书录》，东京：龙溪书社，1975 年。

② 中国农业科学院中国农业遗产研究室、南京农学院中国农学遗产研究室编著：《中国农学遗产选集》甲类第一种，北京：中华书局，1958 年。

③ 中国农业科学院中国农业遗产研究室、南京农学院中国农业遗产研究室编著：《农业遗产研究集刊》，北京：中华书局，1958 年。

④ 中国农业科学院中国农业遗产研究室、南京农学院中国农学遗产研究室编辑：《农史研究集刊》前言，北京：科学出版社，1959 年。

⑤ 中国农业科学院中国农业遗产研究室、南京农学院中国农业遗产研究室编著：《中国农学史（初稿）》上册，北京：科学出版社，1959 年。

册选定了《农桑辑要》《农政全书》《沈氏农书》《知本提纲》《江南催耕课稻编》等书，分别就不同时期农书内容、作者、时代、地区等方面叙述了农田制度的变化，水利工程的发展，经营管理、耕作技术的改良等内容，并说明了从隋唐到清末农业技术发展与演变的状况。然而，在论述清末农业情况时，下册却将“十九世纪末期，外国现代农学传入以后出版的农书”排除在外。①

毕业于康奈尔大学的农学家沈宗翰则从学理角度概述了中国近代农业的发展历程。1956 年，他提出：“中国采用外国科学新法谋改良农业者，初由学校教育入手”，近代中国农业教育始于 1897 年，晚清时期为中国农业教育的开始。这一时期，政府成立了农工商部执掌全国实业，并命张之洞厘定学堂章程，在京师及全国各地成立农科大学、高等农业学堂、中等农业学堂、初等农业学堂。此外，尚有农业教育讲习所。沈宗翰对晚清农业教育的论述虽十分简略，但较早明确肯定了清末农业教育的历史意义，称“中国农业科学实发轫于清末学校教育”②。

因“清代农业资料分散零碎”的特点，为了给教学和研究工作提供初步的资料，李文治、章有义初步整理了鸦片战争到辛亥革命七十年间的农业史资料，采用专题形式，按问题组织资料，辑成《中国近代农业史资料》一书，共三辑。该书第一辑第八章使用大量篇幅，依据《光绪朝东华录》《华制存考》《农事私议》《时务报》《农学报》《东方杂志》《农工商部统计表》等史料，分为“开放垦荒区及奖励垦荒”、“传播农业知识及改进农业措施”和“推广技术农作物和议禁鸦片”三部分，对“清政府的农业政策及改进措施”进行了初步简略的整理。③该书还简单搜集整理了东北地区、西北地区和安徽、江苏、广西等地的垦荒章程，以及创办农桑学堂和农业试验场、改进农业技术与介绍新式农具的情况，但没有作过细分析。

天野元之助在其专著《中国农业史研究》中，就作物、栽培、农具三方面进行了探究。其中，第一编考察了黍、稷、粟、粱、麦、蚕业的起源、发展和变化，末尾附上了三代至汉的养蚕考。第二编探讨了水稻和棉花栽

---

① 中国农业科学院中国农业遗产研究室、南京农学院中国农业遗产研究室编著：《中国农学史（初稿）》下册，北京：科学出版社，1984 年。

② 沈宗翰：《中国近代农业学术发展概述》，沈宗翰、赵雅书等编著：《中华农业史论集》，台北：商务印书馆，1979 年，第 276 页。

③ 李文治：《中国近代农业史资料第一辑（1840—1911）》，北京：生活 · 读书 · 新知三联书店，1957 年。

培技术的变化，该部分时限较长，一直至中华人民共和国成立后。第三编则叙述了中国古代的青铜农具。[①]

20 世纪 80 年代，相关资料等开始大量整理与出版。例如，台北“故宫博物院”印行了《商务官报》和《学部官报》。[②]1983—1992 年，华东师范大学出版了朱有瓛主编的《中国近代学制史料》(第一至第三辑)[③]；1993 年，华东师范大学出版社又出版了朱有瓛和高时良主编的《中国近代学制史料》第四辑。上海教育出版社出版了《中国近代教育史资料汇编》，该书共十卷，以“年代为纲、专题为目”的原则，搜集鸦片战争时期、洋务运动时期、戊戌变法时期的教育史料，并对近代教育的诸多方面进行分门别类、专题汇编。众多资料汇编的出版，给史学研究带来了极大便利，从而提供了新的领域和新方法。随着清史研究日趋兴盛，与本书主题有关的农业教育、农业政策等方面取得了不少成果，晚清农务的研究逐渐深入。

在晚清农业教育方面，学者有进一步的探讨。美国学者裴士丹（Daniel H. Bays）提到张之洞创办农务学堂一事，但并未深入展开论述。[④]1987 年，我国台湾学者苏云峰出版了《张之洞与湖北教育改革》，该书运用政府机构所藏档案中的数据及《农学报》《张之洞全集》等史料，专辟一节论述张之洞在湖北从引进美棉到创办农务学堂的过程。书中提出：“由于三年严重自然灾害导致的困苦之情，迫使张之洞认真考虑农业问题，湖北农务学堂于是诞生。”[⑤]王笛则梳理了近代农业教育的提出、农业教育规章和政策的制定及相关发展情况，整理出“清末日本农业教习分布表”和“1896—1916 年全国农业学校一览表”，认为农业学堂的设立促进了中国的农业改良。[⑥]此外，还有一些学者对京师大学堂农科教育有零星涉及。[⑦]

20 世纪 80 年代，少数学位论文对晚清农务亦有所关注。1988 年，在农史界学者游修龄的指导下，浙江农业大学的朱仁华在其硕士学位论文中论述了 1840—1937 年中国近代科学农学的萌芽和发展。该文称：“鸦片战

---

① 〔日〕天野元之助：《中国农业史研究》，东京：御茶水书房，1962 年。

② 《学部官报》，台北：“故宫博物院”，1980 年；《商务官报》，台北：“故宫博物院”，1982 年。

③ 朱有瓛主编：《中国近代学制史料》第一至第三辑，上海：华东师范大学出版社，1983—1992 年。

④ Daniel H. Bays, *China Enters the Twentieth Century*: *Chang Chih-tung and the Issues of a New Age*, *1895-1909*, Ann Arbor: University of Michigan Press, 1978, pp.45-46.

⑤ 苏云峰：《张之洞与湖北教育改革》，台北：“中央研究院”近代史研究所，1983 年。

⑥ 王笛：《清末民初我国农业教育的兴起和发展》，《中国农史》1987 年第 1 期。

⑦ 杨直民、沈凤鸣、狄梅宝：《清末议设京师大学堂农科和农科大学的初建》，《北京农业大学学报》1985 年第 3 期；巴斯蒂：《京师大学堂的科学教育》，《历史研究》1998 年第 5 期。

争后，才有人重提西方农学，然农业问题之引起社会重视，则迟至甲午战争后。1897 年开始有系统介绍西方农学。”[①]

此外，该时期对晚清农业机构和农会的讨论亦渐次展开。1983 年沈祖炜发表《清末商部、农工商部活动述评》一文，通过对《清史稿》《清实录》《东方杂志》《商务官报》《农工商部统计表》等资料的分析，对商部进行了粗略的介绍，提出：“它们的积极社会作用是社会矛盾运动的必然结果，而它们的地位被削弱，政策被改变，又说明了清政府的顽固与没落，也显示了改良主义道路是走不通的。”[②]闵宗殿和王达则认为，“我国传统农业，到清代光绪年间，在技术上，从传统技术向近代技术过渡；在农学上，从经验农学向试验农学发展；在经营上，从自给性生产向商品性生产发展”，并分析了此种转变的原因。[③]朱英则进一步梳理了晚清商部、农工商部的相关史实。[④]他还运用苏州档案及《湖北农会报》和《商务官报》等资料撰写了一系列文章，对农会的产生、性质、活动及其影响等问题进行了论述，认为清末农会是“为推动农业适应资本主义发展需要应运而生的”，且农会“很难说集中代表某一个阶级或阶层的利益，它缺乏应有的阶级基础，这一特点决定了它在政治生活中不可能具有重要地位和显著影响”[⑤]。

这个时期对农书的整理亦逐步深入。日本学者天野元之助著有《中国古农书考》一书。该书的排列顺序仿照的是王毓瑚《中国农学书录》中的方法，侧重于《中国农学书录》未涉及的版本研究，收录了从先秦到清代的古农书，“对农书版本的研究尤为精详”[⑥]。该书中“古农书的‘古’代表战国时代（农书的出现期）至清朝灭亡（1911 年）为止的时代概念”，这个时间设定与研究《齐民要术》而声望享誉的石声汉先生的观点有很大不同。石声汉采用“古代农书”的概念，将古代农书的下限设定为十九世纪中期。因为在那个时候爆发了鸦片战争，中国文明遭到西方科学技术的冲击，固有的大型农书的编纂已经完全被中断[⑦]。在王毓瑚、天野元之助等人的基础上，范楚玉主编了《中国科学技术典籍通汇 · 农学卷》，从中国古

---

① 朱仁华：《中国近代科学农学的萌芽和发展（1840—1937）》，浙江农业大学 1988 年硕士学位论文。

② 沈祖炜：《清末商部、农工商部活动述评》，《中国社会经济史研究》1983 年第 2 期。

③ 闵宗殿、王达：《晚清时期我国农业的新变化》，《中国社会经济史研究》1985 年第 4 期。

④ 朱英：《论晚清的商务局、农工商局》，《近代史研究》1994 年第 4 期。

⑤ 朱英：《辛亥革命前的农会》，《历史研究》1991 年第 5 期。

⑥ 〔日〕天野元之助著，彭世奖、林广信译：《中国古农书考》，北京：农业出版社，1992 年。

⑦ 石声汉：《中国古代农书评介》，北京：农业出版社，1980 年，第 2 页。

代众多的农学著作中选录了四十三种，是对中国古农书的系统分类整理，其中清代古农书四十三种。[①]《续修四库全书·子部》农家类也收录了六十七种古农书。[②]与范楚玉主编的《中国科学技术典籍通汇·农学卷》一样，该书也未收录晚清时期西方农业书籍及期刊。

20 世纪 90 年代，一系列光绪朝档案的问世及出版[③]，进一步推动了学界对清代农业政策的探讨。王利华认为，晚清兴农运动并非流于口号和空谈，而是有一定实绩的，体现在对西方农业科技成果的积极引进和效仿西方建立各类农业专门组织与机构两方面。[④]章楷则提出，兴办农业教育是从 1898 年开始的，标志为"浙江蚕学馆"和"湖北农务学堂"的成立。[⑤]朱英在《晚清经济政策与改革措施》一书中，以《中国近代经济史统计资料选辑》《农学报》《张季子九录》《戊戌变法》《光绪朝东华录》《清朝续文献通考》等资料为基础，按时间顺序，对发展农业的新认识、戊戌变法时期的农业政策、清末发展农业的政策进行了介绍，还专辟一章论述晚清的农业政策。[⑥]钟祥财则罗列了先秦至五四运动时期历史人物的农业思想。[⑦]

该阶段的晚清农务研究，随着众多档案和资料汇编的出版，在资料运用与选题角度上较之前有所进展，学者们开始注意到晚清农务变化这一现象，但并未对近代农务成学的原因及具体表征做进一步探究。同时，亦呈现单一就农务论农务的特点，对整个社会环境及历史背景有所忽视。

三、2000 年至今

这一时期的资料整理与出版，无论就数量还是质量而言，均取得了前所未有的成就。中国科学院地理科学与资源研究所的一批专家学者在中国第一历史档案馆的协作下，从清代气象档案史料入手，历时十多年，查阅了馆中所藏清代宫中及军机处的上谕档、朱批奏折、录副奏折等文件及簿册之类，从十多万件关于清代气象及与气象紧密关联的农业生产奏报文件中，筛选摘录出与各地农业生产概况有关的记载七十多万字，汇编成《清

---

① 范楚玉主编：《中国科学技术典籍通汇·农学卷》第 1—5 册，郑州：河南教育出版社，1994 年。

② 《续修四库全书》编委会：《续修四库全书·子部农家类》第 975—978 册，上海：上海古籍出版社，2002 年。

③ 中国第一历史档案馆：《光绪朝朱批奏折》，北京：中华书局，1995—1996 年；中国第一历史档案馆：《光绪宣统两朝上谕档》，桂林：广西师范大学出版社，1996 年。

④ 王利华：《晚清兴农运动述评》，《古今农业》1991 年第 3 期。

⑤ 章楷：《八十年前的我国农业教育》，《中国农史》1994 年第 4 期。

⑥ 朱英：《晚清经济政策与改革措施》，武汉：华中师范大学出版社，1996 年。

⑦ 钟祥财：《中国农业思想史》，上海：上海社会科学院出版社，1997 年。

代奏折汇编——农业·环境》一书。时间上起乾隆元年（1736 年），下迄宣统三年（1911 年），凡一百七十六年。其内容涉及主要农作物及耕作制度，种植界限，播种时间，自然灾害，作物的变迁和引种，开荒、屯垦、围垦的缘起、政策、过程和结果，农业政策、制度，等等。[①]2004 年北京线装书局影印出版的《政治官报》[②]及全国图书馆文献缩微复制中心的《中国近代教育史料汇编·晚清卷》更加细致地将教育史料时限对准了晚清。[③]同年，《历代日记丛钞》的出版，为研究者提供了晚清出国考察农务的重要根据。[④]此外，还有一系列教育史、学制史资料的新版或再版。2009 年，第一部专门的农学期刊汇编《中国早期农学期刊汇编》问世[⑤]，此汇编收录 1897—1947 年刊印的农学期刊十五种，全面反映了中国早期的农业政策、农业法规、农业教育、农业科技等诸多方面，图文并茂地展示了当时中国农业的发展状况及不同地域农业生产发展的特色，为研究中国农业发展史提供了比较全面、系统、珍贵的资料。

在农业科技的专著中，学界开始改变既往研究将目光聚焦于 1840 年前的情况。中国科学院自然科学史研究所编纂的《中国科学技术史·农学卷》共四篇二十四章。其中，第二十四章专论明清时期中外农学的交流与融会，分为“明清时期中外文化交流与农学融会动向”、“明清时期传统农学的东传与西被”和“明清时期试验农学之引进与推广”三部分，介绍了近代西方实验农学译介的书籍，如江南制造局翻译的九种农书描述了清末务农会[⑥]等组织通过日本全面译介近代农书的情况。《中国科学技术史·农学卷》中提出：“晚清时期的中国在较为系统全面引进西学上，大体与日本同时起步……晚清时期的中国在引进西方近代实验农学中，由于重视技术而有意无意忽略学理，从而不能像日本得以较快地实现农业近代化，使传统农学与实验农学渗透交融过程延缓，从而影响具有中国特点的农业技术体系的形成。”[⑦]

---

① 中国科学院地理科学与资源研究所、中国第一历史档案馆：《清代奏折汇编——农业·环境》，北京：商务印书馆，2005 年。

② 《政治官报》，北京：线装书局，2004 年。

③ 全国图书馆文献缩微复制中心：《中国近代教育史料汇编·晚清卷》，北京：全国图书馆文献缩微复制中心，2006 年。

④ 李德龙、俞冰主编：《历代日记丛钞》，北京：学苑出版社，2006 年。

⑤ 姜亚沙、经莉、陈湛绮主编：《中国早期农学期刊汇编》，北京：全国图书馆文献缩微复制中心，2009 年。

⑥ 有时亦被称为“农学会”“务农会”“务农总会”“农会”。本书取此会第一次公启中“务农会”的名称。

⑦ 董恺忱、范楚玉主编：《中国科学技术史·农学卷》，北京：科学出版社，2000 年，第 841 页。

这一时期，海内外学者从不同视角对晚清农务进行重新审视，相关研究更加明晰和丰富。赵泉民从宏观立论，将晚清重农举措视为“思潮”，认为“提倡农学教育，创办农务学堂，普及近代农业知识”[①]为晚清重农思潮的表现之一。日本学者伊原泽周利用日本国立图书馆藏《农学报》与《农学丛书》，以“务农会在戊戌变法运动史上的地位”为题，对务农会的创设及《农学报》进行了相对详细的介绍，较之前有很大进步。[②]陈秀卿则认为：“上海务农会创设的目的、组织与活动成果等，皆是罗氏[③]兴农理念经世致用的具体呈现，也是奠定他在清末开拓现代农学研究领域范围先锋者的地位。”[④]茅海建通过对中国第一历史档案馆历史档案的梳理，重建了戊戌变法期间司员士民上书中关于农业改革言论的史实，并指出：“没有看到哪一个领域如同农业一样，得到光绪帝的如此重视，下发如此之多的谕旨。”[⑤]与同时期的其他著述相比，茅海建的《戊戌变法史事考》论述极为细致，进展相当明显，基本代表了这一阶段的研究水平。

该阶段一些博士和硕士学位论文也注意到了晚清农务的变化。郭欣旺在其硕士学位论文中叙述了清末西方农学引进的国内外背景、清末西方农学引进的主要途径、农学会的创办及其西方农学引进活动、《农学报》和《农学丛书》的内容及价值。该文在大量借助他人研究成果的基础上进行论述，许多结论的得出并非依据原始资料。[⑥]汪巧红在其硕士学位论文中论述了农业改良的背景、制度安排、民间参与和农业改良与社会四个部分的内容。[⑦]包平的博士学位论文考察了中国近代农业教育的情况，将清末到1922年视为近代农业教育的肇始期。该文陈述了肇事期农业教育的变迁，但并没有深入探讨农业教育兴起之源，认为这一时期的农业教育对于改造中国传统农业技术、促进农业生产发挥的作用较为有限[⑧]。黄小茹的博士学位论文从近代农业科技发展和政府行为的视角，对清末农工商部农事试验场进行了综合考察。她提出：“农事试验场和农工商部内，无论是决策层还是

① 赵泉民：《论晚清重农思潮》，《社会科学研究》2000年第6期。

② 〔日〕伊原泽周：《从“笔谈外交”到“以史为鉴”——中日近代关系史探研》，北京：中华书局，2003年。

③ 指罗振玉。

④ 陈秀卿：《清末商战下的上海“务农会”——以罗振玉农商观为中心的探讨（1896—1911）》，《黄埔学报》2008年第55期。

⑤ 茅海建：《戊戌变法史事考》，北京：生活·读书·新知三联书店，2005年，第324页。

⑥ 郭欣旺：《清末西方农学引进述论——兼论日本学者藤田丰八的作用》，南京农业大学2004年硕士学位论文。

⑦ 汪巧红：《晚清新政时期的农业改良》，华中师范大学2004年硕士学位论文。

⑧ 包平：《二十世纪中国农业教育变迁研究》，南京农业大学2006年博士学位论文。

执行层，都无法处理普遍性科学技术知识和地方性知识之间的关系，地方机构和个人不能从为农工商部执行政策中获取期望的利益，所以他们大多不愿意进入到这个农事改造的活动中来。”[①]西北大学诸多文论则从新闻学的角度对晚清农报做了一定程度的说明。[②]

其后，关于近代农会、中国农学史和农业史资料的专著亦开始出版。李永芳在《近代中国农会研究》一书的第一章，以 1907 年 7 月成立的直隶农务总会为起点，讨论了“清代农会改良和农会之兴”的情况，对清末农会产生的背景及原因、发展过程、基本结构、主要活动及其影响、基本特点与性质分析等五个方面进行了论述。该书指出：“清末农会的兴起是在甲午战后民族危机加深与农业生产衰微的社会背景下，由实业救国人士和资产阶级维新派的倡导，受上海农学会开农会研究风气之先的影响，以及新政推动等诸种因素共同作用的结果。”[③]曾雄生在其专著《中国农学史》中将农学史定义为传统农书的历史，对先秦至明清时的农家和农书介绍得比较详细。他用一节的篇幅介绍了“明清时期实验农学的引进与推广”，分为“传教士与西方农学的最初传入”、“洋务运动与西方农学的译介”、“务农会与《农学报》”和“农学丛书”四部分。所叙简略，且曾雄生认为的西方“实验农学”，即西方农书。此外，他还提到了“清代农学的问题”，称“虽然清代农书在农学理论方面较之前代有不少发展，某些方面甚至也已接近近代科学的门槛，如土壤肥力常新说。但因缺乏近代化学知识和化学元素的分析，与同时期西欧的认识水平横向比较，则暴露出它仍停滞在抽象的哲学思考上，直接用抽象的哲理概括去解释指导农业生产，只能妨碍通过科学的实验观察，以进一步了解动植物生长发育的本质及其和自然的新陈代谢关系”[④]。在农业史资料方面，2013 年陈树平主编了《明清农业史资料》（1368—1911）一书。该书共三册，依据官修史书、地方志、农书、报刊的资料，搜集 1368—1911 年的明清农业史资料，内容包括人口、耕地与垦荒、粮食作物的发展、经济作物的发展、农田水利和农业生产工具。[⑤]

---

① 黄小茹：《清末农工商部农事试验场研究》，北京大学 2007 年博士学位论文。

② 冯丽：《〈北直农话报〉与晚清直隶农业传播研究》，西北大学 2009 年硕士学位论文；刘小燕、姚远：《〈农学报〉之前西方农学知识在中国的传播》，《西北大学学报》（自然科学版）2009 年第 6 期；刘小燕、姚远：《〈农学报〉与其农业应用科学在中国的传播》，《西北农林科技大学学报》（社会科学版）2010 年第 5 期；刘小燕、姚远：《〈农学报〉与其农业基础科学在中国的传播》，《西北大学学报》（自然科学版）2010 年第 2 期。

③ 李永芳：《近代中国农会研究》，北京：社会科学文献出版社，2008 年。

④ 曾雄生：《中国农学史》修订版，福建：福建人民出版社，2012 年，第 598 页。

⑤ 陈树平主编：《明清农业史资料（1368—1911）》，北京：社会科学文献出版社，2013 年。

第三节　思路与方法

由前人论著可见，对晚清农学的研究，现有成果主要集中于列举戊戌变法后清廷关于农务的各种议论、政策，以及描述晚清农业教育状况等方面，这些为本书提供了必要的学术参照和基础，并对选题的确立具有启发性的作用。然而，在谈到农业教育状况时，某些意见似有依据常识性知识做普遍推论之嫌。晚清农学被等同于农业科技，长期被视为理所当然的现象，学者视“农学”为既定的概念，忽视农学知识渐变的历史过程，并未追根溯源，从而使晚清农务出现农业学堂的来龙去脉仍然是一个有待解说的问题。加之立论多没有依据时间先后顺序展开运用资料进行史实重建，许多问题难以厘清。以现代观念加以格义附会式地解读，其结论自然难以近真。

本书研究思路的核心可以概括为：将农学教育是什么，为什么，怎么办的问题意识作为研究的逻辑起点，以历时性与共时性相结合的视角，考察近代中国农学教育“何来”、“何谓”、“何为”与“何往”的演进。研究的总体思路结构为：第一，探究农学教育在近代中国出现的历史动因，不仅要关注过去所没有的种种外来因素，也要把握近代中国社会内部因素；第二，梳理农学教育的前期准备，如知识准备、师资准备和民间舆论等；第三，对农学教育制度化过程进行分析，如农学教育的管辖机构、办事人员、推行步骤等；第四，比较农学教育的区域实践——湖北农务学堂与直隶农务学堂的操作，以揭示早期农学教育的培养目标、规律及特殊表现；第五，通过对以学历替代科举的农学人才（海外人才和本土人才）的去向进行分析，考察农学教育的实际效用和影响问题，从而得出客观实际的结论。

本书的研究方法有三种。首先，从学科史、教育史研究的新角度切入，在充分掌握史料的基础上，认真解读史料，认识史实，以免断章取义地曲解历史。史料是史学研究的前提和基础，研究晚清农学的核心材料是晚清相关档案的记载，以及各类农书、农报、农刊。在此基础上，扩充史料的范围，结合文集、日记、书札、丛书等补阙拾遗，大量增加新的史料，方能大体把握晚清农学形成的历史。

其次，以时间为线索，仔细爬梳史料，对搜集到的史料进行长编资料编年，用历史与逻辑的统一，努力回到历史现场，以展现晚清农学形成的具体过程。同时注意对史料的客观解读，避免用后来的学科内容去回溯历史，以及用后来的观念解释和归纳历史。以时间为线索，纵向贯通，梳理晚清农学从知识到制度转变的历史，努力实证性还原农学在近代中国的具体过程与实际境遇。

最后，注意把握农学知识学理的内涵，认真考察其从被介绍传入到为人所知，再到吸收比附融会，至晚清科学化农学逐渐清晰的历史过程。从中认真考察人事及相关社会关系对晚清农学的推动，尤其是握有农务大权的官绅对农学制度化的影响和制约。扩大问题视域，不停留在农业学堂或农科大学的章程条文，报刊描述的歌功颂德等表象上，努力探究章程条文制定的必要经过，具体实行效果，求其本意与实际的差距，努力接近历史的真相。

具体言之则为：其一，尽力纠正用后来的观念解读原有的历史，罔顾历史原有立意和整体格局及与之关联的诸多因素的做法。例如，直接用现在的“农学”观念去看待、反推晚清的农务历史。本书试图跳出仅以现代化眼光看待晚清农学的窠臼，梳理晚清从振农务、修农政到农学形成的具体过程，揭示其追求西方农学新法带来巨大农业利益的初衷和结果。其二，努力反省用后来的学科内容解释和归纳历史的偏弊，梳理晚清农务成学的知识基础，分析在华洋新旧杂糅之下，士绅官员在接触并移植外来学理与建制的同时，仍深受固有观念的影响，以旧学条理新知，试图贯通中西，知以试行的经过。其三，纠正将务农会简单视为纯粹学术团体的误解，通过互勘参校，努力还原务农会兴办的前因后果，指出其以学会为沟通政界和发挥社会影响的手段。其四，尝试突破单以学制章程条文为论据的局限，将陈义过高的农学章程条文简单等同于事实，研究有话语权与行动权的官员的行动，考察其所说与所举为实情还是说辞，其所理解的农学与泰西新法有无误差。上述这些问题的解决，正是本书试图努力追求的方向。

第四节　内容与框架

本书主要通过对与农学有关的文本和实践争论的分析，厘清农学在近代中国的起源、流变的脉络及在此过程中遭遇的困境，并进一步探究近代农学与社会沿革及制度变迁的发展互动，注意思想、行为和制度之间的关联。具体的研究框架如下：

（1）农学知识的引介与传播。自古以来，中国便以农桑为本，内治之道首在劝农。农为政本，历代以来，劝农垦荒之令屡下。清初，当局于农务仍沿袭“督课以奖其劳”的传统农政做法。至晚近中国，农务兼采中西之法，设农务学堂的上谕出台后，科学形态的农学亦随之出现。在华传教士以报刊和图书的方式，介绍了西法农学的相关情况，这是早期农学知识重要的文本载体，也是近代中国从传统农政到近代农学过渡转变的重要环节。经由传教士对泰西农政院、新式务农机器和农学新法的宣传，近代新式农学知识开始为晚清社会所知。

（2）士绅对农学知识的解读。在传教士的宣传下，知识分子注意到了西法农学，意识到晚清“务农者不学”的现状，呼吁格致兴农。一方面，在士绅的解读中，农学为备荒之本政，乃格致种植新法，其要义为“机器以助耕，化学以助长”。但他们对农务化学含义的理解，语焉不详。另一方面，晚清读书人开始摘录西方报纸与图书中的农学知识，编成系列西学丛书，这成为农学知识的又一重要文本载体。在西学丛书的编撰过程中，农政与农学经常被混用，体现了时人对农务政学不分的特点。

（3）务农会与《农学报》的酝酿及定案。1896年，在汪康年及《时务报》报馆的帮助下，晚清士人开始酝酿设农会、办农报的行动，以考求农桑种畜之事，辨物土之宜。通过对务农会筹划与定案的具体过程及其会报《农学报》学术价值的分析考察，可以看出：当时的务农会实为沟通政界和发挥社会影响的工具，兼有政治和学术的双重意义。据此揭示仕与学一体两面相互纠结的复杂关系，从而丰富对近代中国农学从知识到制度转变的多重面向的历史认识。

（4）晚清朝臣对农学的比附与接纳。甲午战争后，农政渐兴。朝臣的奏疏中多次出现采西法农学以开利源的呼吁，鼓励兴农学以尽地力，强调“修农政，必先兴农学”。戊戌变法时期，晚清大臣集体签议《校邠庐抗议》一书的举动，更是其农学观的直接体现。在他们看来，西法农学中化学、矿学、光学及种植、制造诸学，古代《周礼》一书已有详细记载。尽管朝臣以“西学中源”、《周礼》所载相比附的方式接纳西法农学，但其学理上的认识意义不可忽视。新式农学在晚近社会的被调适，彰显了农学兴起之初的困境，但从另一角度来看，它移花接木地把西法试验农学农务化学的部分引进中国来，成为中西文化交冲汇融后，两者可能结合的一种特定形式。

（5）农学的制度化。长达半个世纪的努力终将农学纳入科目，朝廷以学堂章程的形式将农学置入分科大学及实业教育中,农业教育由此出现。学堂章程制定者如孙家鼐、梁启超、张百熙、张之洞等，都是应对农学的代表性人物。虽由于种种原因，难以事事照章执行，但我们不能把这几个章程看作“数纸虚文”，而忽略其意义。农学入教育章程创设的构思过程，农学学科的课程设置和教材选取等，反映了他们对农政传统、知识转型、制度变迁乃至时局变动的全盘思考与行动。

（6）初办农务学堂的尝试。与制艺之学迥然的农学，究竟在多大程度上影响和改变了士人的观念、政界的传统和近代社会风气，仍有必要以农务学堂创办的实证为基础，进行更加具体、深入的考察与对比。早期农务学堂主要经由直省督抚督办，其中尤以湖广总督张之洞为表率。将农学纳入专业学堂中加以实践，打破了以传统四书五经为内容的教育模式。在清末各省兴农事业中，他们起到了先锋模范的作用。虽然中枢的观念异同及人事变动直接影响了农务学堂的进度与成效，但农学的实践、农务学堂的兴建势在必行。此后，随着农务学堂的逐渐增多，如何处理农科毕业生的出路与科考正途之间的关系，消除此间日益尖锐的矛盾，并就农业学堂进行统一筹划与管理，成为清政府无法回避的问题。

（7）农学的困境。科举制度废除后，经由农业教育而出的海外农学人才和本土农学人才，被授予农科进士与农科举人的头衔。后科举时代农科进士与农科举人的出现，昭示着科举旧制容纳新兴农学的尴尬，有着特殊的时代烙印。农业人才的培养初衷与实效之间、自我认知与社会需求之间，是否存在出入，他们究竟发挥了怎样的作用，面临怎样的困境，其历史境遇为何等种种问题，需要进一步细致考察。农科人才如何善后，成为制约农学继续前行的瓶颈。对前所未有的专门农学人才而言，适应新变动的困难不小，因此在未来的社会改革中，如何在新知识传播与制度变革决策时，更多地考虑将疏通出路与疏导心理两者并重，对于社会稳定至关重要。

在近代中国社会文化变迁过程中，传统农政向现代农学的历史转折，是一个具有丰富历史内涵和独特价值的课题。晚清社会变动剧烈而复杂，其间社会思潮、政治力量、社会力量更迭变化，多方面地影响着社会与文化、学术与制度的变迁。本书将近代西方农学在中国的传播与吸收的过程作为一种独特的历史现象，依时间顺序，清晰地展示晚清社会从振兴农务、修农政到科学化农学形成的具体过程，同时结合晚清社会文化变动大势与社会潮流之关系，解析晚清农学形成的困境。在实践意义上，本书在近代商政渐兴的社会文化变动大势和工商立国的时代潮向下，围绕农学兴起的整体变革，理解农学知识兴起与制度嬗变过程中遇到的诸多困境和两难选择，以期为中国今日的农业教育提供启示。

第一章　传教士对西法农学的引介与传播

自古以来，中国便以农桑为本，内治之道，首在劝农。农为政本，历代以来，劝农垦荒之令屡下，竭人力以尽地利。至清代，当局于农务仍沿袭“督课以奖其劳”的农业政策。古者，有农政而无农学。[①]近代以来，重商渐兴，以商立国的观念一时蔚为风行，农政渐趋退隐。至戊戌变法时期，农务兼采中西之法，设农务学堂的上谕出台，农政渐兴，农学亦随之出现。

在近代中国西学东渐过程中，农学的引进、演变、传播、运用与定型是其重要方面。戊戌变法时期，虽然变法头绪万端，但关于农务、农事的上书往往优先处理，重点关注。[②]学界对近代农学的探究多始于光绪二十四（1898 年）。此前农学的传播、形成等活动的历史几乎湮没无闻，从传统农政到近代农学之间，缺少过渡转变的历程。故而，在追根溯源考察新事物农学出现的真实诱因方面，仍可拓展。实际上，戊戌变法之前，西方农学知识便已传入中国社会。最初对泰西农学情形进行介绍的，是以推广西方文化为宗旨的传教士们。

第一节　泰西农政书院

中国以农立国，农务向来是国家政要之一。但近代以来，重商渐兴，且以商立国的观念一时蔚为风行，农政渐趋退隐。农业伴随实业之起而兴，始于 1898 年。[③]但在此之前，西方农学新法和科学化农业便已零星介绍进来。最初对西方农务情形进行介绍的，是以推广西方文化为宗旨的传教士

---

① 古代农书“叙述历朝古籍所载的经验，缺乏统一的主张，原理的说明，从科学的态度观之，尚不能算其为农学”。至“十八世纪以来，各种科学，发展甚速，如植物学、动物学、化学，都大有进步，方始构成科学原理。十九世纪初年，推拉氏 Thaer 著学理的农业，首以科学原理，说明农桑状况，实为农学的起源”。顾复：《农业与农学》，《农村月刊》1947 年第 8 期。

② 茅海建：《戊戌变法史事考》，北京：生活 · 读书 · 新知三联书店，2005 年，第 324 页。

③ （清）刘锦藻：《清朝续文献通考》第 4 册，杭州：浙江古籍出版社，1988 年，第 11239 页。

们。[①]在海外农学知识传入近代中国的历史过程中，传教士扮演着重要的角色。科学化农学为晚近国人所知，离不开传教士的活动与传播。他们介绍世界农学知识，是为了消弭传统社会的一些观念，为其传教活动扫清思想障碍。[②]海通以降，传教士带来了西方农学，通过对泰西农政书院、西方农器和农学新法的描述与介绍，“农之有学”的域外农学观念在晚近中国社会广为传播，农学以知识的形态为人所知，秦汉以后农与士截然两途，学者不农的惯例被打破，士渐知农。

农学的兴起与传播，是从西方传教士对西法农学的论述开始的。传教士对西方农务的介绍，多以近代报刊为载体。西方科学化农业的思想，早期通过传教士报刊的渠道，传递到晚清读书人心中，从此对近代中国社会产生了影响。早在 1838 年，德国传教士郭士立主办的第一份近代中文报刊《东西洋考每月统记传》中，刊载的《推农务之会》一文描述了新加坡乡绅如何以农为本，齐集地方尊贵，开荒地、除根、种棉花的情形。[③]但由于当时报纸这种新式传播媒介尚未为晚清人士所认同，影响有限。至 19 世纪 70 年代，传教士在传教的过程中开始做一些讲座，通过物理和化学实验把关于自然规律的真实概念灌输给中国人。[④]英国传教士李提摩太为其中的代表。1880—1884 年，李提摩太购买了大量书籍和仪器。这些书籍中除神学著作外，还有介绍西方科学知识，如天文学、电学、化学、地理学、自然史、工程学、机械学、医学等方面内容的著作。订购的教学和科研仪器包括望远镜、显微镜、分光镜、手动发电机、电流表等西方工业革命的成果。有了这些书籍和仪器，他便以“化学的奇迹”为题，给官员和学者们做演讲。[⑤]

德国传教士花之安对西方农务的介绍较为具体。1872 年，《中国教会新报》刊载花之安的《西国农政说》一文。该文较早对西方农政进行了整体介绍，开篇即称：“古圣王教稼省耕，中外原同一辙，顾农政虽无异，而

---

① 近人叙晚清农务之变化，多自戊戌时始。但戊戌时士林论农并非无本之源。此前，经由传教士所说西法农务，已零星为士林耳闻，士渐知农。且传教士所说与后来士林所议，虽有由少及多、从部分走向整体之别，但实则一脉相承，不应被忽视。

② 吴义雄：《在宗教与世俗之间——基督教新教传教士在华南沿海的早期活动研究》，广州：广东教育出版社，2000 年，第 523—524 页。

③ 爱汉者等：《东西洋考每月统记传》，北京：中华书局，1997 年，第 316—317 页。

④ 〔英〕李提摩太著，李宪堂、侯林莉译：《亲历晚清四十五年——李提摩太在华回忆录》，天津：天津人民出版社，2005 年，第 39 页。

⑤ 〔英〕李提摩太著，李宪堂、侯林莉译：《亲历晚清四十五年——李提摩太在华回忆录》，天津：天津人民出版社，2005 年，第 137—138 页。

农术则有歧焉。”借助中西方都重视农政的叙事模式展开论述，而论述的重心放在“农术”上，也就是不同的农业方法上。文章中提出：“泰西时尚，举凡商贾农工，胥于格致。”西方农务能事半功倍的原因，在于“日创新法”。所谓新法，就是考察农业种植的原理法则，总结为科学理性的知识。域外农学新法的获取途径在“立书院，善导后进”。通过书院给农民讲授农作物种植之法。“是院课程，首以地产之物，查考原质，次辨土性所宜，余则粪溉壅培，终则某种应配某壤、某粪，务使各得其所。更或今年植此，而明年植他。盖变幻无常，则迁地为良者，即易地皆然，何论乎地之肥硗也哉。”花之安对域外书院讲授农学的描述，提出了几个新的概念，如原质、土性、施肥、匹配等，但并没有对这些专业概念进行解释。他对西方农政的描述显然与中国传统农政不同。除了西方农业种植之法，花之安还留意到西方使用农业机器从事农务的新景象，建议清廷农事可“夫农之为农，不苐善劳，五谷已也，应于三余之暇，诸果广栽”①。虽然这篇文章对西方农事的介绍比较笼统和抽象，但文中描述的西方农学新现象，经由传教士有意识的选择与转译，逐渐传入晚清社会，革新了晚清读书人的认知框架。

广东礼贤会教友王谦如为《西国农政说》作跋。他认为此文“于西人农政略见一斑”。接着他论述中国古农书，说古之农书所存者，有北魏贾思勰的《齐民要术》，宋代陈旉的《农书》《蚕书》《耕织图诗》，元代王磐的《农桑辑要》、鲁明善的《农桑衣食撮要》，明代桂萼的《经世民事录》、马一龙的《农说》、徐光启的《农政全书》、张履祥的《沈氏农书》等。《钦定授时通考》一书，“于天时地宜谷种，功分劝课，蓄聚农余蚕桑，无不缕析详明，集众说之大成，允农家之极轨”。但对于这些农书，“即一二善本，有切民用。而村愚多不识丁，又无讲授，如月吉读法亦虚悬而已，故常拘成法，不能推陈出新也”。同时对比泰西，赞其“学术昌明，远迈前代，致力富庶于农事一道，尤再三讲求。且设院分馆散置民间，究土地燥湿之宜，气候寒温之别，河渠通塞之利，农具便捷之巧。愈推愈密，较古事半而功倍。实切民间日用之常，不徒以机巧见长”，并强调徐光启从西洋人利玛窦，得其一切捷巧之术，笔记而为《农政全书》一书，有裨实用，希望“职司民牧，变通前法，斟酌时宜，上为国家储蓄聚，下为小民裕衣食”②。王谦如在此文中将西方农政书院所授内容描述为“土地”、“气候”、“河渠”和“农具”四部分，并比较中西在农事教育上的不同和优劣，但未述及具体内容。

① 花之安：《西国农政说》，《中国教会新报》1872 年第 170 卷。

② 王谦如：《西国农政说跋》，《中国教会新报》1872 年第 170 卷。

早期传教士将西方农学纳入西方学校整体教育的系统中进行说明。花之安在这方面留意甚多。1873 年，花之安写就《德国学校论略》一书。[①]该书“言书院之规模，为学之次第”，介绍了德国乡塾、郡学院、实学院、仕学院、太学院、经学、法学、智学、医学、技艺院、格物院、船政院、武学院、通商院、农政院、丹青院、律乐院、师道院和宣道院等情况。[②]《德国学校论略》中介绍德国农政书院的内容，被 1874 年 4 月 25 日的《教会新报》所转载。此文和之前《西国农政说》内容大体相同，只是文后多了“农政院课艺”部分。花之安罗列了德国农政书院各种课艺的名称，包括“课绵羊孳生事宜；课牛肥健、牛乳、牛乳油、牛乳膏；课马事宜；课鸡、鸭、鹅、孔雀、白鸽孳生；课蚕桑；课植葡提；课果木、蔬菜；课五谷丰歉；课草苑；课蓽酒叶；课植烟事宜；课农具；课农艺、农事源流；课农事沿革；课艺圃；课林木、花木事宜；课量地、土质；课鸟兽；课植学；课石质；课化学：一活化学、二死化学；课花事宜；课医鸟兽；课格物，格物另有专院此农事；课建田庐法；课显微镜察物法；课绘图法”[③]。从中可见，德国农政书院的学习内容有二十七门之多。《德国学校论略》描述了德国农政书院的相关信息，但对修习学生资格、具体学习科目、具体内容等并没有详细解释和说明。

然而，就是这本简单的小册子，在西学东渐的浪潮中，得到了晚清士人的高度评价。任职于京师同文馆的趋新人士李善兰在阅读此书后，盛赞德国的教育，感慨道：“德国之必出于学校者，不独兵也。盖其国之制，无地无学，无事非学，无人不学。……乡则有乡塾，郡则有郡学。其国境之内，无论在邑在野，无不为之立学焉。……文则有仕学院，武则有武学院，农则有农政院，工则有技艺院，商则有通商院。四民之业，无不有学……国之盛衰，系乎人。德国学校之盛如此，将见人才辈出。”[④]梁启超在编纂《西学书目表》时读到此书，认为其“分门别类，规模略具”[⑤]。

除对德国农政书院的描述外，传教士们还介绍了英国、日本的农政情况。1874 年 10 月，《中西闻见录》报道了英国农务情况，称英国小麦种植“视土性之浮松”，并总结道：“欲考何种与何种相宜可互种者，须

---

① 〔德〕花之安：《德国学校论略》，清同治十二年（1873 年）羊城小书会真宝堂本。

② 《杂事近闻：德国学校论略书（序目录并序篇）》，《教会新报》1874 年第 271 卷。

③ 《选德国学校论略书中：农政院》，《教会新报》1874 年第 283 卷。

④ 李善兰：《德国学校论略序》，《中西闻见录》1874 年第 21 号。

⑤ 梁启超：《读西学书法》，中国史学会编：《戊戌变法（一）》，上海：上海人民出版社，1957 年，第 455 页。

先论地土之性与某种相宜，次查农事应需之急物，兼视所饲牲畜之粪，足以敷用否。”且提出：“欲计农政之利，油麦、亚美利加薯二者为最，力节人逸、粪省、费廉，而得实较多，与小麦与菽异。”[①]该文被同年12月19日的《万国公报》所转载[②]。1875年6月，《中西闻见录》介绍了日本兴农新政：“日本力兴农政，其地本宜于稻，播种亦善。顾见泰西诸国所产谷，牲畜及培养之法，多为本国所未有，因于五年前，在东京设立农政司，延美国副将噶伯伦襄办，遍购佳种，传播国中。”致“日本农政，大有起色。北岛荒地，间已开垦，迁者亦众，天时虽属寒冽，将来可望兴盛。”该文感慨日本兴农之举，“实颇有益于富国裕民之道，而噶伯伦之协力襄助，其有造于农政”[③]。

早期对西方农事介绍较为详细的，当属英国传教士傅兰雅。1877年5月，傅兰雅在《农事略论》一文中对英国和法国的农政进行了相对详细的介绍。他认为西方农事属于格致学，注重讲求科学之道。傅兰雅将英国数十年内农政大兴的原因归结为四点，一为前律法科：“他国所来五谷之税必重，此律废后，英国农家所产之麦，必与别国所来者价值略同，始可出售。故必尽力讲究农事，使本国之谷麦与他国产者并丰，其价方能相若。所以他国所有之妙法，英国不能不采用。”二为各国所设博物馆内备存各种农器式样，便于农家详查其利益，而仿用之。这两个原因，在文中阐释得比较简单。也就是说，傅兰雅注意到了英国法律及各种农器对助推英国农政发展的重要性。

相对于前面两个原因，傅兰雅对英国农事运用化学之理描述得更加具体。他认为英国农政振兴的原因，三为重视化学。农业生产中，依据化学之理，“则能知何种泥土，合于种何种植物。若本处泥土不合种此物，则应如何加粪料培壅，使其土合于种之”。对农务化学的起源，他提出：

> 农事之化学，新得有益之法，大半靠化学家里必格所考出者。其理之大略，在乎查所种地之原质，并所配粪等壅培之质。植物，无论为野生者，或为栽种者，其成体所含之原质不过十八种，即氧、氢、氮、碳、硫、磷、氯、碘、溴、弗、钾、钠、钙、镁、铝、矽、铁、锰。虽一种花草内，不能兼备此各原质，然有数种为不可少，即以上十八种中之首

---

① 艾约瑟：《英国农政》，《中西闻见录》1874年第26号。

② 艾约瑟：《大英国事》，《万国公报》1874年第316卷。

③ 《日本近事：兴农新政》，《中西闻见录》1875年第34号。

> 四种，故如将植物烧尽，此四种质，俱能化气而散，再成他植物之材料，或从地内得之，或从空气得之。……农家须知何种土质能生何种植物，如其泥土之原质，与欲种之物不合，或缺所需之料，则必添补。或加砂灰、粉炭等质，使所种之物茂盛。或壅粪等料，使所种之土肥沃。故农家能将泥土化分，以知其可种何物，则不致有误。[①]

英国农政振兴原因，四为农会的设置。在实际观察中，傅兰雅留意到当时晚清中国社会并未开设农会，故他着墨较多，相对详细地介绍了英国农政公会的建制。1838年，英国设立农政公会，初有466人，次年有1104人。以后每年渐兴。至1840年，国家给凭，准为自主之会，惟会内议办之事不可干预国政。傅兰雅在文中强调："设此会本意欲广考农桑内格致之理法，求其巧妙有实用者，印如书中，传布众人知之。并查验各农器与所产之物，令人喜何器何物为妙等事。"换言之，英国农政公会注重对农学学理的考求和新式农业机器的使用。《农事略论》一文将英国农政公会设立缘由归纳为十点：

> 一、考究农政之书，并格致之书。查其所有已试而知其益于农田之事；二、函致天下所有之农政会或格致会，问农政之事，从所得之回信中，检出其有益者试行；三、凡既知有益之法，而欲试之，则请农家为之报知，如有受亏之处，则照数补偿；四、劝格致家想新而有益之法，造农器或农家之房屋，并考究化学杀有害之种，灭野草等事。如有费用，则从会中取之，并将其善法传布人知；五、劝农家查新种之谷类与菜来，比现所用者更有益于人，或为养六畜之用；六、考究管理树林与种植之处，并作篱笆等有益之事；七、想法教导专靠种地糊口之人，令其能明理法；八、想法令养六畜之事为最合宜，并考究医六畜之病；九、在本国内每若干时，请全国大农家聚会，带其田亩所产最佳之物并六畜，便于比价品评甲乙，最佳者有赏；十、用法令农工之人得平安与福气，劝其依法料理所住房屋与小园。[②]

从中可见，英国农政公会是国家农政要项。英国政府设立农政公会的初衷，是意欲在学术层面沟通农人和知识分子，通过试验推进农业科学化，以先进

---

① 傅兰雅：《农事略论》，《格致汇编》1877年第2卷。
② 傅兰雅：《农事略论》，《格致汇编》1877年第2卷。

农业技术和农器的使用促进农业生产的发展。

除英国农政外，傅兰雅还向晚清社会介绍了法国农事学院的情况。同英国农政公会类似，法国农事学院为国家农政的重要举措，国家专门划拨土地用于农事学院的运营，如“让公地一大段，约八千亩”。农事学院教育的相关开销，由国家承担。入学院学习的学生分两等：“上者，每年自出修金洋二百五十圆，次者一百八十圆。”法国农事学院设有十五门课：

> 一为农政之总理，并管理田亩之法；二为用本钱兴产物之法；三为管理账目之法；四为造农家合式房屋与开路及造器之法；五为植物学；六为种园之法；七为治理树林之法；八为医六畜病之法；九为习学本国兴产业相关之律法；十为测地画图之法；十一为画各种农器之图；十二为农事之格致理；十三为农事之化学；十四为地学与矿学之大略；十五为医学之大略，能治工人平常之病，每生徒必考求。以上十五事之理法，此农政书院所出之人，无不能不自作自理[①]。

除英国和法国之外，傅兰雅还简单提到了美国、比利时等其他西方国家的农事情况，称它们都注重“考究农学，而设农政书院”。域外新式科学化农学知识传入之初，就被传教士们纳入农政书院或农事书院等新式教育的基本框架中。

至19世纪80年代，传教士的报刊亦有对泰西农政书院的描述，并希望中国设立类似机构，以便传播泰西农政之法。1883年，《万国公报》刊载了德国传教士花之安的《农政辨要》一文，称：“泰西深明此理，故于农政之经，必先设立书院，互相考证，或审田质之肥瘠，或探耒耜之浅深。”[②]其后，该文由广学会重印单行本发行，称：“泰西于农政之法，设立书院，互相考证，审田质之肥瘠，探耕种之浅深，而加粪用功，其中课程甚为详密”[③]，同时“冀中国在上之人，在各省之中设立农政院，购各项美种器用，延请西人指示，务于农政之间勤于善法，使得丰凶无憾”。1893年，主管广学会事务的李提摩太在参加考试的秀才中散发花之安的《自西徂东》一书[④]，从而扩大了海外农学知识和农学机构的宣传。

---

① 傅兰雅：《农事略论》，《格致汇编》1877年第2卷。

② 花之安：《农政辨要》，《万国公报》1883年第733卷。

③ 〔德〕花之安：《自西徂东》，上海：上海书店出版社，2002年，第182页。

④ 〔英〕李提摩太著，李宪堂、侯林莉译：《亲历晚清四十五年——李提摩太在华回忆录》，天津：天津人民出版社，2005年，第202页。

第二节　新式务农农器

除对西方农政书院的描述外，泰西农器亦开始随着传教士的引介而为人所知。1873 年，《英国农器新法》被介绍进中国："农工需器多般，惟镰之为用，每多费人力，似未尽善。兹据新闻纸云：英国现请本国暨美国人，各用自创新法，造刈获之器，凡四十三种。送至英属北地某处，由试器总司，简派三人监之，定期试行。"其中有一类"出力在器，用器在人"，即"只须一夫之手，随意引之，无需推腕之力，即能刈获甚速"[①]。该文为 1873 年 6 月 7 日的《教会新报》所转载。[②]就此亦有报道称，英国务农"以西国大镰芟之"，而"西镰大于中国镰刀数倍，两手持用，若握锄然"[③]。

傅兰雅对西方农器进行了大致分类。1877 年 5 月，他在论述西方农器时，将西方农器分为农事机器、牲口运动之器和汽机运动之器三种。关于英国农器的真实情况，出使英国的晚清大臣郭嵩焘与刘锡鸿曾亲眼所见。1877 年，二人赴英国，"看视兰心西麦斯公司厂内所制各种农器于田亩中试行，看割麦与青草等收获之机器，再视看各种耒耜能合于各国各种泥土之用，再观打麦机器及切麦秸舂麦穰等事之机器"，目睹所制各种农器于田亩中试行之事，"甚觉奇异"，称："机器可合于中国农家之用。……看耕地汽机耒一耒，能耕六陇，甚为捷便。"[④]《格致汇编》1877 年论各种农器的文章即与此事大有关系。

《申报》就这一记载西方农器之事发文评论，称其"农事机器，绘图立说，俾阅者了然于心。其所陈说农事器具，凡有三等：一为人工之器，一为马力之器，一为煤火力之器。上中下三等，农事均可取用"[⑤]。但道晚清社会不能仿行，原因有三：机器转运，难以自如，一不行也；若用机器，将致人民游逸，势必为匪，二不行也；令向赁其田者一旦失业，又将何以处之？三不行也。故而认为"农事以机器为之宜，无望于中国矣"。

舆论虽作如是观，传教士们却以古法比附，以便促使晚清国人接受西方新式务农机器。传教士称"器机之设，肇于古人"，具体言之，则称："《周官·考工》所载，其法甚详。迨后人遗格物之理，不肯从此究心，故不能

---

① 《英国农器新法》，《中西闻见录》1873 年第 6 号。

② 《英国农器新法》，《教会新报》1873 年第 240 期。

③ 艾约瑟：《英国农政》，《中西闻见录》1874 年第 26 号。

④ 《中国钦差在英国查农器之事》，《格致汇编》1877 年第 7 卷。

⑤ 《读〈格致汇编〉二年第四卷书后》，《申报》1877 年 6 月 30 日，第 1 版。

制器以前民用耳。"[①]且"至火气之用，其机愈捷，不但可为工作之需，即耕耨亦可倍收其利，观于割禾、打禾、筛米、平田，皆借火力，事半功倍。中国止知用牛以犁田，入土不深，日久自变为瘠地。若能用火器，则能深入其地，而下之肥土亦可反转而上之，西国多用此法"[②]。

在传教士的介绍下，早期洋务派开始注意到西方农务情形。由洋务派创办的《西国近事汇编》对日本农政略有提及，称："日本国讲求农政，凡诸农器，亦仿西洋新制，俾春麦秋禾，事半功倍，转歉为丰，民以食为天，邦以民为本，可谓知所务矣。"[③]并言："近来泰西各国讲求化学精益求精，兹闻又新得一法，能以化学水凝练成膏，敷于纸上，如手掌大；贴在脊上第二、第三节骨外，可预避寒。"[④]泰西"有各种新式务农机器，从前三人所为之事，既有机器，二人即可优为之"[⑤]的情况为时人所知。虽然晚清士林无法目睹泰西农具的运作情形，但传教士描述的农具潜在着便利，吸引着向来不问农事的士绅群体的注意。

第三节　农学新法

西方传教士引介泰西农政书院与新式农务机器后，亦不忘对西方农务学理层面的关注。1893年，在华传教士为扩大《万国公报》的影响力，吸引士人对"五洲利国利民新法"的关注，举行《万国公报》征文活动。拟题数十道[⑥]，"请西国博学友人，分题合作"[⑦]。此次征文的30个题目中，其中之一为"农学"[⑧]。贝德礼据此著成《农学新法》一文，该文由李提摩太和蔡尔康合力译述，刊载在1893年5月的《万国公报》中，后由广学会出单行本发行。

---

① 〔德〕花之安：《自西徂东》，上海：上海书店出版社，2002年，第184页。

② 〔德〕花之安：《自西徂东》，上海：上海书店出版社，2002年，第185页。

③ 〔美〕金楷理等：《西国近事汇编》卷二，上海：上海机器制造局，1881年，第25页。

④ 〔美〕金楷理等：《西国近事汇编》卷四，上海：上海机器制造局，1881年，第51页。

⑤ 李提摩太：《农学新法小引》，《万国公报》1893年第52册。

⑥ 《光绪十八年广学会第五次纪略》，《万国公报》1893年第49册。

⑦ 《广学会第六年纪略》，《万国公报》1894年第60册。

⑧ 这30个题目分别是铁路之益，邮政之益，游历各国之益，公司轮船行于各国之益，钢厂、铁厂之益，农学，机器学，化学，电学，格物学，报馆之益，公家书院之益，博物院之益，寄居他洲之益，两国违言凭局外公断弭兵之益，集股贸易之益，五洲自主商局之益，银行汇通五洲之益，官录终年清折之益，生利分利之别，万国关税均齐之益，列国征收钱粮之法，列国地方官酌征公费之法，列国养民之法，列国教民之法，列国新民之法，列国安民之法，列国变通之法，列国行善之法，列国盛衰之故。参阅《光绪十八年广学会第五次纪略》《万国公报》1893年第49册。

李提摩太就《农学新法》作一小引，揭其纲领于首幅，着重强调新法，尤其是化肥对提高农作物产量的益处。他称："五十年来欧洲竞讲农学新法，未明新法以前，假如每田一亩可艺粟一斛者。既明新法，便可二斛。美洲地脉本肥，既得新法竟可增至六斛。……其口食，除粮食一百分增至一百二十分外，其牧养牛以供肉食者，每百分亦增五十七分之多，民安得而不富者"。成就巨大农业利益的新法，核心在于化学肥料："有化学所成之物，其形如灰，可以携挈至远道，而将一切地亩，遍行浇灌。"如此则"无粪之地约可产谷十二斗者，有粪之地可产三十二斗，用化学培植之地可产三十四斗"。李提摩太因而推断：中国每省之地，"若以化学浇壅，可使地加倍增产，则每县非增银一百五十万两乎。中国本有粪可以肥地，再于此一百五十万金中折半计算，不尚可增银七十五万乎。一县如此，一省若干。一省如此，十八省若干。一年如此，十年、百年若干"①。

《农学新法》之主旨在于"以化学导中国农夫"。该文作者是贝德礼，但由于相关记载不多，此人生平难知其详。该文欲纠正中国"惟今之农，仅知守成法"的现状，介绍"泰西之农学"，论"化学之关乎农学者"。开篇即言："西人于近百年来专讲化学，遂于农学全书而外别开门径，名曰：'农学新法'，或又称为'农学化学之法'。"贝德礼提出农学新法"其命意之所在，厥有五端：一、令人知地土、花草、树木、走兽及肥壅诸物，与夫空气等类，系何种原质配合而成。一、令人知各种草木皆自有相宜之地土，其相宜之地土，原质为何。一、令人知肥壅诸物之原质，以补益地土之原质。一、令人知何种草木，于喂食畜类最属相宜。一、令人知热知光，知一切事宜之关系于苗物者"。因此，农学新法即今天所谓的农作物与土质、气候等的关系及科学种田之法。

贝德礼的《农学新法》中，核心概念为"原质"，即今天的化学元素。他认为："农学所讲之化学，其原质大都不过十四种。举凡可耕之土，所苗之花草与夫万种物类，皆此十四种原质合成。"十四种原质指："一曰氧气，二曰氢气，三曰氮气，四曰碳，五曰矽，六曰硫，七曰磷，八曰氯气，九曰钾，十曰钠，十一曰钙，十二曰镁，十三曰铝，十四曰铁。"在这十四种原质之外，间或别有三种原质，分别为"锰、碘和氟气"。

在"原质"概念的基础上，贝德礼提出"于化学中以求农学，其大要有四"。此四法相对详细地说明了农学学理。

一曰察土性，即"考土之原质，大半系捶碎之石粉，小半系积烂之花

① 李提摩太：《农学新法小引》，《万国公报》1893年第52册。

草，而石粉又分青石、沙石两种。欲知何处之土质，应先知何种之石粉。石有青沙之异，土即有质性之殊。非于化学中深造有得，断不能逐细研究。夫土中所孕之五金等类，及所茁之花草诸物，万有不齐，而其实不过数十原质，或分或合，或多或寡，互相配合而成。虽化学家考究万物，甚有多至七十余种原质者。然农学所讲之化学，其原质大都不过十四种”。

二曰分原质，如“试取肥土一千斤，而分之内有矽六百四十八斤，烂草木九十七斤，铁锈六十一斤，石灰五十九斤，铝与氧气五十七斤，碳与氧气四十斤，镁与氧锈八斤半，磷与氧气四斤半，钠与氧气四斤，钾与氧气二斤，硫强水二斤，氯气二斤，另有杂耗十四斤零，此皆茁长百谷之土质大概情形也”。又如，“若考草木之质，大半以十原质配成。十者维何？曰碳，曰氢气，曰氧气，曰氮气，曰磷，曰钾，曰钙”。

三曰浇壅之法。贝德礼举以“骨”“磷养”和“鸟粪”三类之原质以概其余。

四曰权壅田，即“察生长之物系何种原质与之相宜”。

总而言之,《农学新法》的意义在于：欲使农家者流，“洞谙何种禾穑系何种原质，即以何种原质按其分量配给而成。就大田中灌溉，而培壅之。瘠土可成沃壤，沃壤更倍增腴”。贝德礼疾呼：中国虽地大但人甚稠，农学实为最要。化学即万不可抛。①

《农学新法》开西法农务介绍的风气，无锡侯鸿鉴对此做了进一步的演绎和发挥。文中称，新法即“种田机器，化学种田”，具体则为：

第一要讲究化学，什么叫化学，就是考究各样物件的体质，怎么把他分开做成几样，怎么把他合拢，做成一样，细验这各种质地所以成功的缘故，就叫化学。自从有了化学，种田的人就生出新法来，所以叫《农学新法》，这新法有五样道理：第一样，要知道地上所长的花草树木和天上飞的鸟、地下走的兽，是哪几样原质合成的；又要知道各样壅田的物件和空气等类，是那几样原质合成的，凡天地间无论什么物，都可以分出好几样质地来，分到无可再分。这质地就叫原质；第二样，要知道各种草木、各样地土的性质，那样草木与那样地土相宜，是有一定的。换了地土，就不容易生长。那样地土与那样草木相宜，也有一定的，换种别样草木也不会生长，又要知道与草木相宜的地土当中含什么原质；第三样，要知道肥田物料的各种原质。地土当

① 贝德礼：《农学新法》,《万国公报》1893年第52册。

> 中，缺少那一样原质，就拣有这种原质的肥田物料，补益地土；第四样，要知道那样草木，喂养那样畜类最为相宜……第五样，要知道热，百样花草，得了热气，才会生长；又要知道光，就是天上的日光，地上的电光，还有一种光叫做冷光，又叫做磷。什么是磷，就是俗名叫做鬼火的。又要知道，一切关系各物生长的事件。[①]

《农学新法》不足 3000 字，“仅能备其大旨，不适于用”[②]。

《农学新法》是晚近社会接触域外农务化学知识的重要文献。西方农学能给中国社会带来丰厚的农业利益，成为近代知识分子倡导农学新法的关键动因。1896 年，当梁启超谈到西书农学部分时，论证的依据是《农学新法》中所言：“西人谓设以欧洲寻常农学之法所产，推之中国，每县每年，可增银七十五万，推而至一省十八省，当何如耶？推而至十年百年，又当何如耶？……故中国患不务农耳，果能务农，岂忧贫哉？……中国悉无译本，只有农学新法一书。”[③]张謇则奏称：“考之泰西各国，近百年来，讲求农学，务臻便利，亦日新月异而岁不同。其见于近来西报中者，谓以中国今日所由之土田，行西国农学所得之新法，岁增入款可六十九万一千二百万两，然则地宝自在，人事可为。国家今日不必二百兆赔款之忧，而二十三省山林、川泽、田野不治之可忧。”[④]陈芝轩亦道：“西士李提摩太有言，中国苟兴农学新法，年款所增当六十九万万余两，推类以尽其义，则农学新法于圣王务本于农之意，未或背驰审矣。”[⑤]

《农学新法》中所言农务化学之法，亦引起了报刊舆论的关注。《申报》言：“泰西近来化学盛行，凡在种植之微，无不多以化学，故往往能得新法于意外。即如粪田之法，一经化学之推求，遂能于常法之外，别创新奇。”同时“考西国考求化学为植物之最不可少者”，厥有三质：一曰钾，二曰钙，三曰磷。主张“宜以粪壅培其土”。[⑥]且道：“农学本有新旧两法，而其要皆在于肥地以茁物，尽人力以夺造化之权。按农学新法，载于化学中，求农学其大要有四：一曰察土性，二曰分原质，三曰浇壅之法，四曰壅田相宜之物。华人虽素不明化学，而于土性浇壅之法，亦未尝不讲，惟

---

① 侯鸿鉴：《农学新法》，《无锡白话报》1898 年第 4 期。

② 张寿浯：《农学论》，1898 年。

③ 梁启超：《饮冰室合集》，北京：中华书局，1989 年，第 129—130 页。

④ 朱有瓛主编：《中国近代学制史料》第一辑下册，上海：华东师范大学出版社，1986 年，第 913 页。

⑤ 陈芝轩：《沟洫水利说（续）附：中国农务宜变通说》，《富强报》1897 年第 2 期。

⑥ 《论农务宜量为变通下》，《申报》1895 年 11 月 18 日，第 1 版。

不能如西人之精耳。其不能如西人之精者，究不能明化学之故。”[①]光绪二十四年（1898 年）正月，《大公报》刊载的《讲求农学新法》和《讲求农学土宜》两文，描述的依然是化学肥田及十四原质之说。

与此同时，早期承载西学知识的汇编书籍中也多见《农学新法》的踪迹。参与《农学新法》译述的蔡尔康将该文收入《新学汇编》中。[②]《时务策学备纂》主张“农学宜参用古法新法”，建议“藉化学之理以考物性”[③]。《西学通考》则称，《农学新法》“论化学之关于农学者，言之甚详”[④]。“以化学所成之物代粪”“察土性”等新法要旨亦被辑入 1897 年《时务通考》内。[⑤]黄庆澄在《中西普通书目表》中，将《农学新法》列为西学入门书，主张：“中国古书，如《齐民要术》、《农桑辑要》之类最为精理，可与《农学新法》一书互参。”[⑥]当孙家鼐奉命领官书局事时，鉴于“中人士之习西法者少也”，乃“博征中外著作，自算学以下，列为十八类”，其中一类为“农学”，共有文章四篇，分别为：《养民新说》（西国富户利民说）、《化学农务》（官书局审定本）、《染布西法》、《蔗糖西法》。唯一被官书局审定的《化学农务》一书，实为《农学新法》的翻版。[⑦]这从另一个侧面说明，《农学新法》获得了清廷的认同，产生了除在社会舆论之外的相当大的影响。

需要说明的是，并非所有人都对此赞同和欣赏，守旧之士谈到《农学新法》，则必曰：“农家之书，四库所固有也。士人取而习之，举而措之，以理民俗，以循吏治，无假外求矣。”[⑧]提出：“农学新法曰考土之原质，大半系捶碎之石粉，小半系积烂之花草。又曰农学所讲之化学，其原质大都不过十四种。西人以为新法，而吾以为古义也。”[⑨]这不过是晚清“西学中源说”的一种翻版。

近代中国对传教士描述的泰西农政之法，最初是以比附的方式来认同和接受的。“泰西之新法，乃窃我古圣之绪余，暗合三王之古法”[⑩]的理念

① 《论农为工商之本而农人识字尤为务农之本》，《申报》1897 年 1 月 5 日，第 1 版。
② 蔡尔康：《农学新法》，《新学汇编》第 4 卷，1897 年。
③ 胡家鼎：《策农要诀》，（清）陈骧：《时务策学备纂》第 39 卷，1897 年。
④ 胡兆鸾：《西学通考》卷 16，清光绪二十三年（1897 年）石印本，第 38—39 页。
⑤ 杞庐主人：《时务通考》卷 16，上海：点石斋，1897 年石印本。
⑥ （清）黄庆澄：《中西普通书目表》，清光绪二十四年（1898 年）刊本，第 8 页。
⑦ （清）孙家鼐：《续西学大成》，清光绪二十三年（1897 年）石印本。
⑧ 陈芝轩：《中国农务宜变通说》，《富强报》1897 年第 2 期。
⑨ 李元音：《十三经西学通义》第 5 卷，清光绪三十二年（1906 年）刻本，第 8 页。
⑩ 赵树贵、曾丽雅：《陈炽集》，北京：中华书局，1997 年，第 152 页。

存在于国人心中。虽然科学务农的关键在于农业化学，但事实上，农业化学不易掌握，即使到了民国时期，提倡振兴农业者人数众多，但理解农业化学的内涵及其重要性者仍然很少。[①]究其原因，是对西方农学的误解：在时人看来，西方人所言肥料，就是《周礼》所说的“分别牛羊麋和鹿等粪的性质，使和土壤种子性质，样样的相宜”[②]。故有人更为明确地提出："地宜何谷，播种必察其土脉；气分养淡，植物必顺其生机，此粪田之法有与《周官》草人土化焚骨渍种之法相似者。”对于泰西农器，晚清社会则有人认为使用西法农器成本太大，不适用于中国。[③]

① 冯子章：《农业化学之重要及述日本东京帝大农业化学科之内容》，《农声》1928 年第 113 期。

② 铭九：《中国以农立国易图富强论》，《北直农话报》1906 年第 4 期。

③ 陈学恂、田正平：《中国近代教育史资料汇编：留学教育》，上海：上海教育出版社，1991 年，第 8—9 页。

第二章　士绅对农学知识的解读与响应

通商数十载，商政渐兴，农政渐隐。“海内之士抵掌谭（谈）洋务者项相望。综其言论，不逾两途：一曰练兵，以敌外陵；二曰通商，以杜内耗。”[①]朝中政情虽如此，经由西方传教士对泰西农政院、新式务农机器和农学新法的描述，西法新式农学却终以西方农校和新式农具的形式为晚清士林所知，改变了以往“乡民农务，而不知农之有学”的情况。[②]学界现对晚清农学的探究，多自戊戌变法时起，此前相关史实多为人所忽略。在早期传教士对西方农务引介后，士人对农学知识所持态度为何，怎样解读，如何融合与接纳，传教士所述与士林的呼应之间是否存在偏差，这些问题还有明显的拓展空间。

第一节　初识域外农校与农器

早期维新派关于农事的论说，仍依循传统重农之策的思维展开，重视垦荒以兴农利，呼吁重视水利，强调官员的劝勉督促，力主轻徭薄赋的传统农政。1861 年，冯桂芬在避居上海期间写下《校邠庐抗议》一书。该书为“十九世纪六十年代开始的洋务运动的基本论纲”[③]。冯桂芬因袭传统农务重视水利[④]和垦荒的思维，同样重视官员的敦促[⑤]，提出于农桑之利外“佐以树茶开矿”之利以裕国的建议。[⑥]显然，“兴水利议”、“劝树桑议”、

---

① 梁启超：《农会报序》，《时务报》1897 年第 23 期。

② 《海宁绅士请创树艺会禀》，《农学报》1898 年第 26 册。

③ 中国第一历史档案馆：《清廷签议〈校邠庐抗议〉档案汇编》前言，北京：线装书局，2008 年，第 4 页。

④ 冯桂芬主张依据地势兴修水利，先绘图“则源流脉络倭指可数，然后相其高下，宜疏者疏之，宜堰者堰之，宜弃者弃之。不特平者成膏腴，下者资潴畜，即高原之水有所泄，粱麦亦倍收矣”。（中国第一历史档案馆：《清廷签议〈校邠庐抗议〉档案汇编》第一册，北京：线装书局，2008 年，第 179—184 页）

⑤ 就劝树桑，冯桂芬认为：“劝种之法，宜官为倡导。令编检部曹中嘉湖人，挈加至城外，发帑买地种桑，募其乡善饲蚕者为之师，雇本地人受其法。五年之后，招土著承买，归其帑，永为世业。”（中国第一历史档案馆：《清廷签议〈校邠庐抗议〉档案汇编》第一册，北京：线装书局，2008 年，第 205—207 页）

⑥ 中国第一历史档案馆：《清廷签议〈校邠庐抗议〉档案汇编》第一册，北京：线装书局，2008 年，第 92 页。

“垦荒议”和“筹国用议”的主张并非新话题，实为千年农本社会的旧知。尤其是重视垦荒兴利，强调尽地利一说，更为时人屡次呼吁。薛福成在给曾国藩的书信中，就“沃野千里，旷弃不耕”的现状，建议“修明开垦之政”。开垦之策有二：曰民垦，曰官垦。其中，民垦可以采取“民之有业而无力者，借以籽种、牛具资之耕，其旷绝无人之处，宜益募他州之人愿耕者，不计多寡，三年以后升科，给为永业，则亦可以少充国赋”[①]。官垦则欲借官垦之田养吏。陈虬分析道：“地利之在中国者，即种植尚多未尽；瓜果桑麻竹木，非如药材之当确守道地。”他建议：“田少人多，则示以区田之法。场地荒阔，则为讲沟洫之制。水泽之区，皆可植桑。内地塘塍，须种杂树。若能相土宜而广药材，则利益更大。”据此，他强调全国荒地不少，认为：“东南人浮于地，而西北则旷土尚多；其实东南荒僻未垦之处，亦尚不少。宜令户部分饬司员，协同省委各官，逐处履勘，招民佃种，地方官督劝居民赴佃，量给遣费，到佃后给籽种三年，始行科则。当无不乐从者。若边外兴屯，尤为攘外之要策。”[②]

除了对传统农政的呼吁外，甲午战争前，早期维新派和驻外使臣还接触到了域外农学的新知识。域外农事注重学理考察，农业被纳入学堂教育中，是他们对西法农学的初步印象。王之春较早对西方学校规制进行了粗略的说明。他称：“塾之上有郡学院，再上有实学院，再进为仕学院，然后入大学院。学分四科：曰经学，法学、智学、医学。……又有算学，化学，考验极精。算学兼天文地球勾股测量之法，化学则格金石植物动胎泾卵华之理。再有船政院，武学院，通商院，农政院……”[③]王之春用抽象的轮廓描述说明了西方学校的繁盛，对农学校，仅提及农政院，并没有进一步详细说明。冯桂芬在主张守旧法的同时，亦不忘采西学的构想，主张学习西方“历算之术，格致之理”[④]。曾任驻日使馆参赞的黄遵宪在《日本国志》一书中，介绍了日本大学分科的情况。他在书中描述道：“东京大学校，分法学，理学，文学三学部。法学专习法律，并及公法。理学分为五科，一化学科，二数学、物理学及星学科，三生物学科，四工学科，五地质学及采矿学科。文学分为二科，一哲学、政治学及理财学科，二和汉文

---

① 丁凤麟、王欣之：《薛福成选集》，上海：上海人民出版社，1987年，第12—13页。

② 中国史学会主编：《戊戌变法（一）》，上海：上海人民出版社，1957年，第225页。

③ 王之春：《广学校篇》，朱有瓛主编：《中国近代学制史料》第二辑上册，上海：华东师范大学出版社，1987年，第4页。

④ 中国第一历史档案馆：《清廷签议〈校邠庐抗议〉档案汇编》第一册，北京：线装书局，2008年，第156页。

学科。”[①]虽大学分科中并无农务，但黄遵宪称，日本“有农学校，以教种植”。具体而言，为“教之物性，教之土宜，教之地质，教之栽种之法，培养之方”，同时“各官省争译西书”，“农书”在其列。[②]

西方农业之盛，源于农业学校的普及。类似的观念在早期维新派言论中达成了共识。薛福成在《出使日记》中介绍西方学校时，提到西方国家“农则有农政院”，且“为兵为工为农为商者，亦莫不有学”。他对德国的学校体制相当推崇，认为：“近数十年来，学校之盛，以德国尤著，而诸大国亦无不竞爽。德国之兵多出于学校，所以战无不胜。推之于士农工贾，何独不然？推之于英法俄美等国，何独不然？夫观大局之兴废盛衰，必究其所以致此之本原。”[③]薛福成将“学校之盛”视为西方诸国勃兴之本。无独有偶，郑观应亦注意到西方国家“农有农政院”和“无地无学，无事非学，无人不学”的情况[④]，认为：“泰西各国犹有古风……其学校规制，大略相同，而德国尤为明备。”[⑤]郑观应对日本学校的介绍较王之春更为详细。他称日本学生“欲入分科大学，先入高等学校修豫备科。科分三部：第一部为法科、文科，第二部为理（即格致）、农、工，第三部为医学。门径既识，然后入大学校中分科专系。科分六门，却法、文、理、农、工、医六者，但较豫备科为专精耳”。他建议：“中国亟宜参酌中外成法，教育人材，文武并重，仿日本设文部大臣，并分司责任。聘中外专门名家，选译各国有用之书，编订蒙学、普通、专门课本，颁行全省。并通饬疆吏督同地方绅商就地凑款，及慨捐巨资”，使“各州县遍设小学、中学，各省设高等大学”[⑥]。关于考试方法，郑观应设想于“文武岁科外，另立一科，专考西学”。对于考西学之科，他做过精心设计，规定西学有三试：“一试格致、化学、电学、重学、矿学新法……二试畅发天文精蕴、五洲地舆、水路形势……三试内外医科配药及农家植物新法。”[⑦]

在农校让早期官绅对农学有了初步认识的同时，西国农器的使用引起

---

① （清）黄遵宪著，吴振清、徐勇、王家祥点校整理：《日本国志》下册，天津：天津人民出版社，2005年，第797—798页。

② （清）黄遵宪著，吴振清、徐勇、王家祥点校整理：《日本国志》下册，天津：天津人民出版社，2005年，第798—799页。

③ 丁凤麟、王欣之：《薛福成选集》，上海：上海人民出版社，1987年，第587页。

④ （清）郑观应著，辛俊玲评注：《盛世危言》，北京：华夏出版社，2002年，第92页。

⑤ （清）郑观应著，辛俊玲评注：《盛世危言》，北京：华夏出版社，2002年，第88页。

⑥ （清）郑观应著，辛俊玲评注：《盛世危言》，北京：华夏出版社，2002年，第89—90页。

⑦ （清）郑观应：《考试》，朱有瓛主编：《中国近代学制史料》第一辑下册，上海：华东师范大学出版社，1986年，第10页。

了趋新士绅的注意。冯桂芬建议垦荒“宜以西人耕具济之，或用马，或用火轮机。一人可耕百亩”[①]，称“西人书有火轮机开垦之法，用力少而成功多”，同时“佐以龙尾车等器，而后荒田无不垦，熟田无不耕”[②]。王韬在给李鸿章的信函中写道：“西国田具，如犁耙播刈诸器，力省工倍，可以之教农，以尽地力。”[③]在王韬看来，西方国家“农家播活之具，皆以机捩运转，能以一人代百十人之用，宜其有利于民。不知中国贫乏者甚多，皆藉富户以养其身家。一行此法，数千万贫民必至无所得食，保不生意外之变。如令其改徙他业，或为工贾，自不为游惰之民。而天地生财，数有可限，民家所用之物，亦必有时而足，其器必至壅滞不通”[④]。故而“地旷人稀者，则借资于西国机器，以补人工之不逮”[⑤]，倡导以机器耕地。此外，他还注意到：“西人近时亦兴蚕桑之利，特其地多寒，稍不相宜。然可见中国之利弊，西人无不欲攘为己有，其用心实精而胜。”[⑥]无独有偶，汤寿潜亦有类似的观点。他认为：“泰西新制，不特耕田机器，其他撒种、耕耨、刈获、汲水，亦无不以机器行之。”泰西新创耕田之机器，小者每具不过百金，胜人力十倍，因此他呼吁天津机器制造局“如法为之，万金可成百具，散之民间，通力合作，可为不耕之地，为吾民兴大利”[⑦]。

需要说明的是，就内部因素而言，一方面，虽然晚近知识界注意到了西方农学不同于传统社会的现象，但对西方农学的认识还停留在表面。例如，陈虬曾提出：“每省各派精通化学植物学者，巡视辖境，专办其实，视有成效，册报存档，优以不次之赏，其利未可以亿计也。”[⑧]且不计算是否真能有丰厚农业收益，光是各省“精通化学植物学者”，在当时也是寥寥无几，所谓建议，不过空谈。另一方面，在传统农政思维定式下，朝廷当局将农事视为直省督抚的分内事，绝大部分督抚仍依循旧知，强调重农带来的收益，而非重农之法。就此王韬有过深刻反思，一语道破农学的困境，他直言道：“即其所言农事以观，彼亦何尝度土宜、辨种植、

---

① 中国第一历史档案馆：《清廷签议〈校邠庐抗议〉档案汇编》第一册，北京：线装书局，2008年，第93页。

② 中国第一历史档案馆：《清廷签议〈校邠庐抗议〉档案汇编》第一册，北京：线装书局，2008年，第250页。

③ （清）王韬著，王北平、刘林编校：《弢园尺牍》，北京：中华书局，1959年，第85页。

④ （清）王韬著，王北平、刘林编校：《弢园尺牍》，北京：中华书局，1959年，第28页。

⑤ （清）王韬：《弢园文录外编》，上海：上海书店出版社，2002年，第159页。

⑥ （清）王韬著，王北平、刘林编校：《弢园尺牍》，北京：中华书局，1959年，第84—85页。

⑦ （清）汤寿潜：《危言》卷四《水利》，1890年，第3页。

⑧ 中国史学会主编：《戊戌变法（一）》，上海：上海人民出版社，1957年，第225页。

辟旷土、兴水利、深沟洫、泄水潦、备旱干、督农肆力于南亩，而为之经营而指授也哉？徒知丈田征赋，催科取租，纵悍吏以殃民，为农之虎狼而已。”①

就外部因素来看，虽然西方农务新法的确存在，但完整学科建制意义上的西法农学并未形成。换言之，当时西方并没有一个固定、统一、定义明确的农学科。即便如此，晚清士人通过报刊了解到的对泰西新法带来巨大农利的模糊描述，依然增强了人们对西方农学的好奇心。在《采西学议》中，冯桂芬关注的西学仅限于西方语言文字、历算之术、格致之理、制器尚象之法。②而郑观应以传统社会知识相比附，将西学分为天学、地学、人学，便于晚清知识界的理解与接受。在他看来，“所谓地学者，以地舆为纲，而一切测量，经纬、种植、车舟、兵阵诸艺，皆由地学以推至其极者也”③。他将种植之学的源头视为地学，却并没有提出农学的概念。这从侧面说明19世纪90年代前的西法农学尚在逐步发展与完善中，并不是一个相对成熟的学科体系。

第二节　备荒之本政

1876年，上海的格致书院创办。这是一个传播西方各门科学、启发新知的民间机构。通过了解格致书院的相关活动，能从中管窥戊戌变法前科学化的农学在近代中国社会的传播情况。格致书院创办过程中，有三个核心人物。创办之初的经费筹措与早期运营，主要经由徐寿之手。傅兰雅主要负责各类科学讲座的设计与安排、《格致汇编》的出版等工作。王韬的重心则放在书院考课之操办，组织课艺之阅卷、评选和出版等工作上。格致书院活动中的译书、创办教育和书院考课，成为早期近代科学新知识输入中国的重要途径。《格致汇编》创刊于1876年，1896年停刊，前后共出刊60期，所选内容聚焦于西方科学技术新知，推动西法农学在近代中国的传播。书院课程围绕西方科技知识展开，在傅兰雅于格致书院所授西学设想中，共有六门课，分别是矿物、电学、测绘、工程、汽机、制造等格致之学。这个时期的农学，并未发展为一门独立的学科。由于格致书院所设新学与科举之学出入很大，且并未得到官方经费的资助与政府政策层面的引

---

① （清）王韬：《弢园文录外编》，上海：上海书店出版社，2002年，第36页。

② （清）冯桂芬著、郑大华点校：《采西学议——冯桂芬 马建忠集》，沈阳：辽宁人民出版社，1994年，第83页。

③ （清）郑观应著、辛俊玲评注：《盛世危言》，北京：华夏出版社，2002年，第109页。

导，读书人并不踊跃，来院求学者寥寥无几。[①]

格致书院招收学生，并未得到士人的积极参与，但书院考课的新颖设置，士人响应很热烈。为引导读书人从事促进西学新知之讨论与理解方面的工作，傅兰雅和王韬精心构思格致书院考课。所有书院考课均聘朝臣命题，并送其评阅，酌定名次的同时，请命题者附赠奖金。晚清朝臣，尤其是身居高位的南北洋通商大臣的参与，无疑是一个信号，象征着政府层面对西学的关注，以及通过科学知识谋求富强的希望。故而对于格致书院的课题，士绅的参与非常积极。格致书院山长王韬将1886—1894年书院举办的历次考试中优胜者答案进行汇编，成《格致书院课艺》。据其中的观点，我们能认识科学化农学知识在晚清民众间传播时，士子们的反应，进而从中考察近代中国知识界的思想与观念的演变。

1886年，在朝廷仿行西人富强之术数十年却未见成效时，格致书院出题问："中国今日讲求富强之术，当以何者为先？"获此次课艺超等第一名的常州县学附生许庭铨就此感慨道："近日而论，未尝不竭力以振商务也，未尝不建电线以便信息也，未尝不开矿也，未尝不购枪炮也，未尝不用轮船铁甲也，未尝不延西人以教习也。而数十年来，未能转贫为富，转弱为强者，岂中国之事，必不可为哉？"他明确提出："夫所谓本与要有三，请备言之：其一曰培根本，其二曰蓄材用，其三曰厉法禁。"[②]并称"发捻之后，各省之荒地甚多，虽以浙江江苏之藩庶，亦所不免"，号召兴修水利。许庭铨立言的着眼点在于呼吁传统农政的振兴。

获超等第二名的士子则直接道破晚清"务农者不学"的弊端。他认为："中国不能与各大国抗衡者，何哉？格致之学不行也，欲求富强必先格致"，且凡天文、地理、化学、重学、声学、光学、航海、行军、动物、植物、工程、树艺各学，皆与格致有关。他建议："士工商兵与农，须各精其学，各专其艺。"[③]因西国"皆重格致之学"，且"工商兵农，莫不有学，莫不各学其所学，分之为各途，合之为同源"[④]，他将工商兵农之学定义为"有用之学，富强之本"。同时他强调："农者，士工商兵所赖以得食者也"，且"农本商末"，中国"年不顺成，卒岁无策，固由水旱遍灾，亦由务农者之不学也"。[⑤]从这篇课艺中可以看出：在19世纪80年代趋新读书人的认知

---

① 王尔敏：《上海格致书院志略》，香港：中文大学出版社，1980年。
② （清）王韬：《格致书院课艺》，上海：图书集成印书局，1898年石印本，第23页。
③ （清）王韬：《格致书院课艺》，上海：图书集成印书局，1898年石印本，第26页。
④ （清）王韬：《格致书院课艺》，上海：图书集成印书局，1898年石印本，第27页。
⑤ （清）王韬：《格致书院课艺》，上海：图书集成印书局，1898年石印本，第30页。

中，西方农学，尤其是西方农人通晓文字、精于耕种的印象，是应变局以救亡图存、富国强兵的重要方式与媒介。

需要说明的是，除了农人兴学的新式农学，士林在传教士的介绍中还接触到了西方机器务农的景象："一人可种华农数十人之田，一人可收华农数十人之获。"但在当时的读书人看来，购买务农机器所需费用太高，加之晚清社会农业劳动力丰富，自给自足的小农经济下，不主张机器务农。士林在比较中西农业后，将论述重心放在西方农人能读书、阅新报、得新法种植之法上。故而建议清廷当局："设农艺之塾，将见农家者流，父诏其子，兄勉其弟，劝令入塾，以求所为垦土之法，粪田之用，治生之术，豢畜之方，于是农政修，水利举，物产盛，而且富有。"①

获此次课艺超等第三名的士子，其"重农政"的号召与第一名许庭铨不谋而合。这位士子称目前"以九州十八省言之，则弃土尚多。一限于天时，一囿于地利，一夺于黄流"，力推用古人易田之法，勤加开垦，"则地脉壮而物产盛矣"。换言之，即鼓励开垦弃土。有趣的是，该士子还参用西法，主张"格致兴农"，即"至求雨之法，宜以祈求悬火药于空中，以电气燃之，空气流动，雨泽即降。若濒河之地，非用风轮扇，即用吸水机，以资灌溉。若用桔槔戽水，大不及水龙盖。水龙喷水甚高，一得空中氧气，与甘霖无异、禾稻沾之，其兴勃焉"。其中所言"氧气""电气"等西法知识，来源于早期传教士的描述，但因一知半解，叫人不知所云。

在1887年的课艺中，久居江南制造局翻译馆接触西学的赵元益将"农学"直接定义为备荒之本政。是年格致书院冬季课题以"古今灾荒平时如何预备，临事如何补救论"问及士子。获超等第一名的赵元益应对此题，提出："豫备之策者有八，曰树艺、曰绘图、曰农学、曰铁路、曰保商、曰治河、曰蚕桑、曰制造。"②其中，此备荒之本政为"农学"，其要旨有二："一于各省司道中，择精敏仁惠之大员，加以总督管农务之权；二仿泰西农学馆之法，藉化学之理，查究地脉，何土与何物相宜。借植物动物之学，俾栽种牧畜，各顺其性情。则不但原有之物，出产较前丰美，且可博采万方佳种，萃于一堂，散于通国。而农务因农学而愈盛矣。"赵元益据西方传教士丁韪良《西学考略》获悉："德国农圃各术，恒为实学馆。蒙馆之别课，其设专馆以教之，亦至百五十处，均附置庄田以备试验。自咸丰二年始开农课而肄业者，已有一万八千人。法国农学馆有上中下三等之分，

---

①（清）王韬：《格致书院课艺》，上海：图书集成印书局，1898年石印本，第30页。

②（清）王韬：《格致书院课艺》，上海：图书集成印书局，1898年石印本，第28页。

下者均置有庄田数十顷，设提调一员，教习三四人或五六人不等，今日本亦设农学馆。”[①]江南制造局翻译馆的任职，为赵元益提供了接触西学的机会。他的“备荒说”突破了传统备荒农政的范畴，为近代“农学”之议的先导，其“农学”包括立农官与设农学馆两方面的传统农政尚未具备的新内容。该文后被收入《皇朝经世文统编》和《皇朝经世文续编》[②]。1888年4月15日的《申报》以《备荒新说》为名，亦刊登了此文。[③]这里提到的农学馆其实就是前述传教士所描述的西方农政学院。

时论报刊与书院课艺的看法不谋而合，同样将农事视为备荒的重要途径，但立论角度不同。针对当时中西海通以降，社会多重商，商政渐兴，“近来谈洋务者往往舍本而逐末，重商而轻农”的现象，《申报》发表《农商轻重说》一文，呼吁重视垦荒兴利的传统农政。文章对农人开垦种植的现状与困境进行了分析，称：“荒田地坚，第一年开垦种植，势必所获者不敷。其所费至次年，则稍可盈余。至三年而始有实获。此计行，则彼垦荒者亦无异于外洋生意。”也就是说，乐观估计，农人需要三年种植，才可能收获农业种植之利。倘若在这三年中，“遇水旱蝗蝻之灾，即前功尽弃。故因垦荒而发财者，究亦杳无所闻”。自然条件的限制及天灾发生的可能性，使很少有农人能因农务种植而获取丰厚利益。但中国自古为农业大国，为国家大局考虑，国家层面呼吁农人广种植，招“开荒田者”仍是国计民生的重要环节。在强调近代中国社会必须重农开垦的同时，《申报》文章对比了西方农事，认为西方土地贫瘠，没有中国的土地肥沃，且西方国家因以牛肉、面包为主食而很少知晓稼穑之利。而中国人因主食为米面，特别关注农作物种植收益。这也是西方追逐商业利益而忽视农业的重要原因。[④]事实上，该文所论呼吁当局重视开垦以备荒政之法，与传统农政的着力点并无二致。不过，文中提及的西方农事未必都是实情，论说的落脚点在于：通过中西农业情势比较，重提素来重视农业种植的传统。

关于政府备荒的途径与方法，在《申报》舆论中，除了呼吁政府重新重视广种植的农政传统外，在西方农学知识的影响下，新的农学知识也成为政府应对荒政的选择之一。在强调广种植以谋赈济之方的同时，舆论亦将目光放在如何广种植的种植之法上。《申报》有文称：“泰西有植物学一

---

① （清）王韬：《格致书院课艺》，上海：图书集成印书局，1898年石印本，第3页。

② （清）盛康：《皇朝经世文续编》卷四十四《户政十六 · 荒政上》，台北：文海出版社，1972年。

③ 《备荒新说》，《申报》1888年4月15日，第1版。

④ 《农商轻重说》，《申报》1888年4月12日，第1版。

门，非徒为是花卉竹木之类，林泉园囿之观已也。”泰西植物学的本质在于“以辨菽麦之种，而兴阡陌之利焉。烛之以显微之镜，而知其脉络条理；参之于电学分合之法，而知其所秉者为何质；参之于化学体验之法，而知其所需者为何器”，据此可知“植之于何土，养之于何时，壅之以何料”。显然，论说的内容已脱离传统经验农学强调天时地利的话语体系，转向从西方移植而来的新的知识体系。虽然新闻舆论对“植物学”、“显微镜”、“电学”和“化学”等新兴概念并未详细解释和说明，但 19 世纪八九十年代这些新兴概念的出现，从一个侧面动摇了千年四部之学的知识框架。基于缺乏西方农书，舆论寄望士人“旁搜泰西之新学，参观互证，勒为一书”[①]。《申报》所载“备荒之法”与赵元益的“备荒说”已迥然于传统农政之备荒，二者所言均提及“借化学之理”，分析何土与何物相宜，实可以相互印证和补充。至 1890 年，格致书院考课学生之课艺，虽多以西学设问[②]，但直接关乎农事的问课并不多见，表明时人虽有通过引借西式农学之法用以备荒的想法，但对于西法农学的具体内涵，何以备荒的具体操作与举措，仍一知半解，语焉不详。

第三节　农学知识的进一步传播

20 世纪 90 年代，科学化的农学在趋新知识分子和近代报刊的介绍下得到进一步传播。较早明确提出“农学”概念的，当属孙中山。他所理解的“农学”，包括西方农部、农器、农会、农官、农学、农校及农会组织等内容要素。在分析晚清农务现状后，他指出：“农民只知恒守古法，不思变通，垦荒不力，水利不修，遂致劳多而获少，民食日艰”[③]，力主晚清当局从制度和知识两个层面振兴农业。就此，孙中山介绍了西方各国的情况，

---

① 《种植备荒说》，《申报》1889 年 5 月 22 日，第 1 版。

② 例如，1890 年北洋大臣李鸿章春季特科题三道：“一问化学六十四原质中，多中国常有之物。译书者意趋简捷，创为形声之字以名之，转嫌杜撰。诸生宜究化学有年，能确指化学之某质即中国之某物，并详陈其中西之体用欤？二问古设律度量衡，所以测点线面体也。自声学、热学、光学、电学之说出，而寻常律度量衡之用几穷。西人测音、测热、测光、测电，果何所凭借而知其大小多寡？能详言其法欤？三问锻炼金质，全视火候。西人将各物质试验，定为镕度，能一一详列欤？电池必用二种金质，一阴一阳，方能生电。有同一金质与彼金相较则为阴，与此金较则为阳，西人因列金质十数种，按序推排，任取二种，皆成阴阳，绝不淆乱。能详其说并列表以明之欤？”（清）王韬：《格致书院课艺》，上海：图书集成印书局，1898 年石印本，第 37 页。

③ 广东省社会科学院历史研究室、中国社会科学院近代史研究所中华民国史研究室、中山大学历史系孙中山研究室：《孙中山全集》第一卷，北京：中华书局，1981 年，第 10 页。

称泰西“各省设农艺博览会一所，集各方之物产，考农时与化学诸家，详察地利，各随土性，分种所宜。每岁收成，自百谷而外，花木果蔬，以至牛羊畜牧，胥入会，考察优劣，择其异者奖以银币”[①]，对泰西农部、农官情况也有所描述。因此，他建议清廷专派户部侍郎一员赴泰西各国，“讲求树艺农桑、养蚕牧畜、机器耕种、化瘠为腴一切善法，泐为专书，必简必赅，使人易晓”[②]。同时他还留意到泰西农器，“如犁田，则一器能作数百牛马之工；起水，则一器能溉千顷之稻；收获，则一器能当数百人之刈……我中国宜购其器而仿制之”[③]。对内则“每省派藩臬道府之精练者一员，为水利农田使，责成各牧令于到任数月后，务得本管土田肥瘠若何，农功勤惰若何，何利应同，何弊应革，招徕垦辟，董劝经营。定何章程，作何布置；决不假手胥役生事扰民，亦不准故事奉行，敷衍塞责”[④]。

此外，孙中山对新式科学化农学知识的介绍，也相对详细。他“重历各国，亲察治田垦地新法”[⑤]，注意到农学的化学元素，并就此指出：“西人考察植物所必需者，曰燐（磷），曰钙，曰钾。燐（磷）为阴火，出于骨殖之内，而鸟粪所含尤多。钙则石灰是已，如螺蚌之壳，及数种土石，均能化合。而钾则水草所生，如稻藁茶蓼之属。考验精密，而粪壅之法，无微不至，无物不生。”[⑥]也就是说，泰西农家“先考土性原质，次辨物产所宜，徐及浇溉粪壅诸法，务欲各尽地利，各极人工。所以物产赢余，昔获其一，今且倍蓰十百而未已也”[⑦]。孙中山对农学学理的重视，在当时的社会环境中实属罕见。

需要说明的是，孙中山认为“农学”是一个综合学科，涵括泰西地学、化学、植物学、动物学、格物学与医学之有关的病虫害预防等方面的知识内容。在他看来，若明其理法，“则能反硗土为沃壤，化瘠土为良

---

① 广东省社会科学院历史研究室、中国社会科学院近代史研究所中华民国史研究室、中山大学历史系孙中山研究室：《孙中山全集》第一卷，北京：中华书局，1981 年，第 4 页。

② 广东省社会科学院历史研究室、中国社会科学院近代史研究所中华民国史研究室、中山大学历史系孙中山研究室：《孙中山全集》第一卷，北京：中华书局，1981 年，第 5 页。

③ 广东省社会科学院历史研究室、中国社会科学院近代史研究所中华民国史研究室、中山大学历史系孙中山研究室：《孙中山全集》第一卷，北京：中华书局，1981 年，第 11 页。

④ 广东省社会科学院历史研究室、中国社会科学院近代史研究所中华民国史研究室、中山大学历史系孙中山研究室：《孙中山全集》第一卷，北京：中华书局，1981 年，第 5 页。

⑤ 广东省社会科学院历史研究室、中国社会科学院近代史研究所中华民国史研究室、中山大学历史系孙中山研究室：《孙中山全集》第一卷，北京：中华书局，1981 年，第 5 页。

⑥ 广东省社会科学院历史研究室、中国社会科学院近代史研究所中华民国史研究室、中山大学历史系孙中山研究室：《孙中山全集》第一卷，北京：中华书局，1981 年，第 4 页。

⑦ 广东省社会科学院历史研究室、中国社会科学院近代史研究所中华民国史研究室、中山大学历史系孙中山研究室：《孙中山全集》第一卷，北京：中华书局，1981 年，第 4 页。

田，此农家之地学、化学也。别种类之生机，分结实之厚薄，察草木之性质，明六畜之生理，则繁衍可期而人事得操其权，此农家之植物学、动物学也。日光能助物之生长，电力能速物之成熟，此农家之格物学也。蠹蚀宜防，疫疠宜避，此又农家之医学也”①。因农学知识的复杂性，孙中山倡议政府设农政学院，派学生出洋学习西方农学知识，从而“急兴农学，讲求树畜，速其长植，倍其繁衍”②。孙中山除对中央层面的呼吁外，还呼吁各省督抚集思广益开设农学会以传播农学知识：“首以翻译为本，搜罗各国农桑新书，译成汉文，俾开风气之先。即于会中设立学堂，以教授俊秀，造就其为农学之师。且以化学详核各处土产物质，阐明相生相克之理，著成专书，以教农民，照法耕植。再开设博览会，出重赏以励农民。又劝纠集资本，以开垦荒地。”③综上所述，孙中山的农学主张是基于对西方农学发展的思考所得。

孙中山的农学主张，虽相对详尽，但其对西方农学的关注有着掩饰其革命倾向的意图，加之孙中山并不属于清廷官员，所以其主张并未得到重视。较之而言，曾游历四方、供职户部的陈炽的农学主张更具经世之学的特点，更能对晚清政坛产生影响。

一方面，为减轻新知识在传统社会的阻力，陈炽将西法农学与传统旧制相系，提出“泰西之新法，乃窃我古圣之绪余，暗合三王之古法”的观点④，认为“英国用周制大宗之法，举国之田，概归宗子，余皆佃人”。实际上，在陈炽的认知中，泰西“植物有学，近更化分土质，审别精粗，故能百产蕃昌，亩收十倍。所验各土质外，植物所断不可缺者三，曰碱，曰磷，曰钙。碱则藁草积水酝酿而成，钙则中国之石灰是已，有取之于山者，有出之于地者，有骨角所成者，有螺蛤之壳所化者。磷则海岛鸟粪所含最多。中土致之匪易，然橐驼、羸马、人畜之矢溺，皮毛骨革及腐草败木之间，均含此质”⑤。值得注意的是，陈炽和孙中山均承认西方农务化学元素有三者，然具体三者为何，却见解不一，钙、磷二质同时提到，碱与钾则分述之。

---

① 广东省社会科学院历史研究室、中国社会科学院近代史研究所中华民国史研究室、中山大学历史系孙中山研究室：《孙中山全集》第一卷，北京：中华书局，1981年，第11页。

② 广东省社会科学院历史研究室、中国社会科学院近代史研究所中华民国史研究室、中山大学历史系孙中山研究室：《孙中山全集》第一卷，北京：中华书局，1981年，第11页。

③ 广东省社会科学院历史研究室、中国社会科学院近代史研究所中华民国史研究室、中山大学历史系孙中山研究室：《孙中山全集》第一卷，北京：中华书局，1981年，第25页。

④ 赵树贵、曾丽雅：《陈炽集》，北京：中华书局，1997年，第152页。

⑤ 赵树贵、曾丽雅：《陈炽集》，北京：中华书局，1997年，第27页。

另一方面，陈炽对英国、法国、德国、美国、日本等国的农业种植情况进行了集中介绍。甲午战争后，陈炽为“救中国之贫弱”作《续富国策》，倡导仿西法广种植以农利。[①]该书分为“农书”、“矿书”、“工书”和“商书”四部分。“农书”部分共16篇文论，涉及比较广义的农学范畴，分别为“水利富国说”“种树富国说”“种果宜人说”“重桑育蚕说”“葡萄制酒说”“种竹造纸说”“种樟熬脑说”“种木成林说”“种橡制胶说”“种茶制茗说”“种棉轧花说”“种蔗制糖说”“种烟加非说”“讲求农学说”“畜牧养民说”“拓充渔务说”。他认为，水利之事，“诚宜创译专书，博求良法。如滨临沧海，则多开港汊以通潮；逼近江湖则广浚沟渠以引水；泉源所在，则筑塘蓄泄，勿使一泻而无余，旷土太多，则凿井深通，亦可汲之而不竭。高原若旱，则翻以龙尾之联车。下隰多霪，则吸以鳞滕之碎石（此法为西人所创，其地积水，泥泞不干，则四面开一深沟，满铺碎石，高若田塍，碎石自能吸水，使污泥干燥而土脉不枯，亦化学也）”。此外，陈炽为兴农利，介绍了法兰西人种树的情况，称“其植物化学，详考动植二物，循环滋养，互为始终。动物之收入者，氧气也。放出者，碳气也。植物之收入者，碳气也。放出者，氧气也”[②]。依循此例，他还说明了美国苹果、欧西葡萄所兴之利，描述了德国精究蚕桑之学、法国葡萄制酒、外国机器造纸公司、日本樟脑出口价值、西人种植胶树及以化学考茶质、美国畜牧和渔务之利。[③]陈炽将农利单独列出，与早期薛福成将农利囊括在商政内的想法已有所别。[④]

陈炽属于较早呼吁清廷当局“讲求农学”的官员，他的立论依据是：英国“讲求农学，耕耘培壅、收获均参新法，用新机，瘠者皆腴，荒者皆熟。一人之力，足抵五十人之工，一亩之收，足抵五十亩之获”，故而建议当局“劝令考求培壅、收获新法，购买机器……因地制宜，令各种有利之树，或畜牧之类，而又为之广开水道，多辟利源”[⑤]。

早期官绅对农学的重视，得到了新式报刊媒介的响应。《申报》直接提出泰西“足国莫如重农说”，认为“西有益于中者，则农学是已”，并认

---

① 赵树贵、曾丽雅：《陈炽集》，北京：中华书局，1997年，第147页。

② 赵树贵、曾丽雅：《陈炽集》，北京：中华书局，1997年，第154页。

③ 赵树贵、曾丽雅：《陈炽集》，北京：中华书局，1997年，第150—178页。

④ 薛福成提出，商务之兴，厥要有三：“一曰贩运之利，一曰艺植之利，一曰制造之利。”其中“艺植之利”为“丝茶之利”。他建议“令郡县有司劝民栽植桑茶”，同时奖励“讲求缫丝之法与制茶之法者”。丁凤麟、王欣之：《薛福成选集》，上海：上海人民出版社，1987年，第540—543页。

⑤ 赵树贵、曾丽雅：《陈炽集》，北京：中华书局，1997年，第174页。

为西方农学主要在于兴修水利之法和设立农务学堂两端。在舆论看来，所谓西方农学，一为西法水利。因“天时水利河患之害，若以西法处之。如遇天旱，则用气球悬火药于空中，以电气燃之，空气流动，雨泽即降。至于兴修水利，则有挖河机器，其法尤便。遇有山石为阻，致水湍急者，可穴石以入棉花火药轰而去之，以视铲削消磨为功。尤捷若濒河之区，非用风轮扇即用吸水机，以资灌溉。若用桔槔戽水，则固不及水龙盖。水龙喷水甚高，一得空中氧气与甘霖无异，稻麦沾之其兴也勃焉”①。二为鼓励中国仿设农务学堂。泰西“凡农家者流，其子必先入学，通文字识机器，能造作。而后农之子可恒为农，其所以胜于华农者。虽由机器之精，一人可种华农数十人之田，可收数十人之获。亦由其善学间得新法，而不至贻卤莽灭裂之讥也”②。报刊中的文字，显然语焉不详，个别地方读来不知所云。对西方农学知识，亟须进一步明白易懂的介绍与说明。

1897 年 1 月，陈虬主编的《利济学堂报》问世。“本报原出利济医院学堂，故医学独详”，报刊内容上“凡学派、农学、工政、商务以及体操、堪舆、壬遁、星平、风鉴、中西算术、语言文字暨师范、蒙学等类，区分十二门：一利济讲义、二近政备考、三时事鉴要、四洋务掇闻、五学蔀新录、六农学琐言、七艺事裨乘、八商务丛谈、九格致卮言、十见闻近录、十一利济外乘、十二经世文传”③。至专门性农报出现前，其“农学琐言”栏译文情况如表 2-1 所示：

表 2-1　1897 年 4 月—1897 年 5 月《利济学堂报》“农学琐言”栏译文统计表

篇名	册数	刊行时间	备注
《蚕桑大兴》	6	1897 年 4 月 4 日	节二月十六日《苏报》
《课桑设局》	6	1897 年 4 月 4 日	节二月十九日《新闻报》
《明府课桑》	6	1897 年 4 月 4 日	节二月二十七日《商务报》
《粤东蚕兆》	6	1897 年 4 月 4 日	节二月二十七日《商务报》
《芋益民食》	7	1897 年 4 月 20 日	节二月二十七日《商务报》
《日本劝农》	7	1897 年 4 月 20 日	节三月初三日《商务报》
《茶酒新法》	7	1897 年 4 月 20 日	录《考查东方情形报》
《电气利农》	7	1897 年 4 月 20 日	录三月初八日《官书局汇报》
《讲求种茶》	7	1897 年 4 月 20 日	录三月初十日《官书局汇报》
《日本议察中国蚕桑》	7	1897 年 4 月 20 日	节三月十一日《时务报》
《椰树利厚》	7	1897 年 4 月 20 日	节三月十三日《商务报》

① 《足国莫如重农说》，《申报》1896 年 12 月 19 日，第 1 版。
② 《足国莫如重农说》，《申报》1896 年 12 月 19 日，第 1 版。
③ 陈虬：《利济学堂报例》，《利济学堂报》1897 年第 1 册。

续表

篇名	册数	刊行时间	备注
《臭腐神奇》	7	1897年4月20日	录三月十六日《知新报》
《地球蚕业》	7	1897年4月20日	节三月初一日《商务报》
《养牲者言》	7	1897年4月20日	参《纽约农务报》
《醉粟异闻》	7	1897年4月20日	录《西报》
《杭州蚕讯》	9	1897年5月21日	节四月《商务报》
《饲蚕新法》	9	1897年5月21日	节四月《商务报》
《广蚕桑说》	9	1897年5月21日	节四月《商务报》
《台利可惜》	9	1897年5月21日	节四月《商务报》

资料来源：上海图书馆：《中国近代期刊篇目汇录（1）》第1卷，上海：上海人民出版社，1965年，第612—626页

从表2-1中可见，《利济学堂报》的“农学琐言”栏，搜集来自《苏报》《新闻报》《商务报》《考查东方情形报》《官书局汇报》《时务报》《纽约农务报》《知新报》等报纸中的农事信息，涉及西方蚕桑、农作物、农产制造、农业政策、土壤肥料、家禽畜牧、农具等方面的内容。《利济学堂报》创办人陈虬在“农学琐言”栏中，将西方农务分为农部、农会和农院三类，称“环球巨利，百谷为首。刍狗树艺，国将萎瘁。西士先觉，神明兹道；上设农部，则巨责乃有专司；中开农会，则风气自能大畅；下建农院，则新理于焉日出”。因近日报章多议及农事，故而《利济学堂报》“录辑其要，不无裨补……一则可以兴中华固有之利权，一则可以敌外洋勃起之商务”[①]。

此后，《利济学堂报》中未收录的《经世报》亦有农务情况的描述。该报由章炳麟、陈虬等为主编，于1897年8月在杭州刊发。[②]该报设有“农政”栏，介绍内外农事。第一册收录“杭州府林太守启请筹款创设养蚕学堂禀”的情况，“广西巡抚史念祖中丞奏种植树木办有成效折”，绍郡中西学堂的“山阴山西闸图说”，“光绪十九年天下出麦多之各国列表”，“陕甘总督陶模奏报甘肃各属被灾情形折”，“浙江巡抚廖寿丰饬布政司、厘捐总局筹议通饬整顿茶务札（附雷税务司原禀）”及瑞安何炯论“广树艺以宏地利”的文论。在介绍士绅对农务的看法外，还选译了《中法新汇报》中论“试种葡萄”，《英京自立报》中介绍“美国年岁”，《英华政报》中描述“奥农近况”、“英牛大赛”和“安南种茶”，《英华邮报》中“法议民食”，《伦

① 《农学琐言叙》，《利济学堂报》1897年第13册。
② 该刊停刊时间不详。

敦农学报》中论“种葡萄法”和“冬藏果树简法”的文章。[①]

在近代中国专门性农学报刊创刊前，对泰西农学介绍较全面的当属《知新报》。鉴于“《时务报》译报，政详而艺略”的特点，《知新报》选译内容则分为论说第一，上谕第二，近事第三，西国政事报第四，西国农学、矿政、工艺、格致等报第五。[②]第五类即与农学有关。在《知新报》中，维新派将西方农学等同于农事，有专门的“农事”类。“农事”类文章介绍了英国、美国、法国、俄国、日本等国的农务情形，共选译西方农事文章120篇，每篇文章都比较简短。1898年前，大部分为对英国《伦敦农务报》、美国《纽约农人报》的文章选译，包括对西方农利的描述、西式农器的介绍、肥料的说明及耕稼要旨的阐述。

就农利而言，《知新报》介绍了泰西种茶、萝卜和甘蔗，以及牛乳、养鸡等树畜之利。[③]就农器而言，《知新报》节选《美国格致报》中《电气犁田》一文，该文称：“美国可利地方，有一大耕植公司，以电犁耕田。其犁机共用三人管理，每六分钟之久，能反实土十英寸，深二英尺，阔至四百码长。其费比汽机廉，以汽机犁田，需费银一元者，以电机则五毫半。若以牛力拖，则须一元二毫半也。”[④]在肥料方面，《知新报》选译文章较多。《纽约农人报》云：“凡田料用鱼，最为上品。此物含氮氧磷质甚多，惟欠钾质。若以海水之鱼，或淡水之鱼，加入碱砂之中，即变为最上之田料矣。”[⑤]就植物而论，“植物受害于虫极深，须得猛药杀之。凡细嫩之苗，宜用巴黎绿或烟叶粉，最嫩之苗，宜用烟叶煮水淋之”[⑥]。就土质而言，“泥土之中，有养植物生长之质，谓之田料土质”，且“植物之质，总分二大类：一能焚而飞散者，一不能焚而定留者”。而“植物之灰烬，藉其根强。自水土之中吸入，若将此灰烬，再以化学之法细核之，则得磷氧五酸、硫氧三酸、碳氧二酸、钾氧、钠氧、钙氧、镁氧、氯气、矽氧、铁锰等质。另有罕见之质，为氟气铜质之类”[⑦]。具体言之，“豆谷之类，其根丝之间，有一种微物，能助其根强发力，而吸食氮气”，故而“由此新理而推，凡田土

① 上海图书馆：《中国近代期刊篇目汇录（1）》第1卷，上海：上海人民出版社，1965年，第833—843页。

② 梁启超：《知新报叙例》，《知新报》1897年第1册。

③ 参见《知新报》第1册、第6册、第13册、第14册、第15册、第16册。

④ 《电气犁田》，《知新报》1897年第5册。

⑤ 《鱼充田料》，《知新报》1897年第3册。

⑥ 《新法汇述》，《知新报》1897年第3册。

⑦ 《肥田土质》，《知新报》1897年第4册。

质肥者，有数种生物在其中，则豆类之根丝内生微物，赖之而成”[①]。就盐质则称：“农人只知惯用硝强苏打并钙氧磷二物下田，其余别项盐类，则未甚知之。如前报所云：凡物含氮、磷二质之多，皆为上等田料。此所以农人专用此二物。虽钾氧之盐，比上二物为罕用，然不得谓之下等田料。因有多种禾稼，以此为妙用也。至其下等田料，多含于粪壤之中。人落粪灰于田，即添补此料矣。”[②]

《知新报》中介绍西方农学最为详尽的，当属《耕稼要旨》一文叙西方农学十法。1897 年 5 月 12 日，《知新报》选译《伦敦农务报》中《耕稼要旨》一文，该文中称：“凡新法未兴之国，种植之事多用旧法为之。其人劳其工拙，其收成少未能尽取天地自然之利。无所谓农学者，即有之，亦不过以口相授而已。不若新法大兴之国，学堂教耕，以士为农，必使种植之事尽沾天时地利人事之益。”因而提出农学之法有十。一为算学。农事之关乎算学者，“不必过深，若能精通各款成法，已足用矣。不识算者则不精于农。盖凡田亩谷种工用，资本之多寡，收成利息之厚薄，何物为宜种，何物不可长，必先筹之极熟，始获胜算也”[③]。二为化学。“大地之上，物类几无量数，然总不外六十四原质化合而成。其原质之要者，不过三十余种关于植物者，只十四种农人须讲究者，仅得数种。此数种原质之理明，然后知各物体所含何质，即有何种性情，而需何等田土以种之，不然灌溉培植之事，必不能尽得其宜也。”[④]此处提到的十四种原质的说法，与之前李提摩太所译《农学新法》中的说法互相印证。三为土化。“田地有上下旱潦之别，泥沙肥瘠之分，或含铁、含钾、含磷、含氮，何处宜于麦，何处宜于粟，皆须洞达靡涯，庶无遗憾。”[⑤]四为水法。强调：“新法则有开地填砂以疏水，开地插管以取水汽，机代人力以车水，故瘠地化为沃田。”[⑥]五为物种，讲究因地因时进行种植。六为器械。文中对比了中西农具的差异：“中国之犁，每人扶一具，而以一牛托之，入土仅得五寸；西国之犁，每人驾一具，而以二马拖之，入土较深，而快捷又过之。其他如镰耙斧铲，皆利而适用，更以车轮载运，以火机舂磨，是以农户尽能省力收益。”[⑦]七为天时。因“日月风霜雨露，俱与植物有大关系，预早推知极为有益。格

---

① 《植物新法》,《知新报》1897 年第 8 册。
② 《盐类大用》,《知新报》1897 年第 11 册。
③ 《耕稼要旨》,《知新报》1897 年第 17 册。
④ 《耕稼要旨》,《知新报》1897 年第 17 册。
⑤ 《耕稼要旨》,《知新报》1897 年第 17 册。
⑥ 《耕稼要旨》,《知新报》1897 年第 17 册。
⑦ 《耕稼要旨》,《知新报》1897 年第 17 册。

致家有寒暑表、风雨表。又考知何物忌风，何物恶寒，何日可播种，何日勿收割，庶几举措咸宜也”[①]。八为杀蠹。“有害苗之虫极多，当思设法以杀之，或以避之，或以阻之，或以迁之，否则徒劳无功也。”[②]九为栽种。譬如，“果有嫌其酸，移续其枝于甜果树之上，则果甜矣。果有嫌其小，移续其枝于大果树之上，则果大矣。瓜有嫌其瘦，接续其藤于大瓜藤之上，则瓜大矣。诸类善法，能补化工之未备矣”[③]。十为宜兼畜牧。“凡农事收成，未必尽合于市。其粗浅者，可施诸畜以免遗弃，而畜之粪可肥田，畜之力可助耕，故有相济为用之利。”[④]

《耕稼要旨》对西方农学的叙述较此前传教士介绍的《农学新法》更为详备。日本人对出自《伦敦农务报》的此文也有自己的翻译。[⑤]该文多次为报刊转载[⑥]，五年后仍被提及[⑦]。

第四节　“农务宜量为变通”的呼吁

士林对西法农学知识的描述，自泰西农学新法带来的农利而始。而农利的获得来自机器化学夺人力天功，即现代农器以助耕而化学以助长。“人欲通晓格致种植新法，必须先事此，一土质，二氧气，三性物。惟能晓此三事所宜，在于考察物性为最要留心之事。”[⑧]然而，自秦汉以后，“农官既不备，农学亦渐废，而天下后世土旷多荒地广不治者”。在东西农务强烈的对比下，士林发出“农务宜量为变通”的呼吁。[⑨]

《申报》较早提出农务变通的建议，体现在农务承旧与启新两方面。就承旧而论，《申报》载：“后世人君果能留心农政，务当因地制宜，兼收并蓄，取前代区田、代田、围田、湖田、梯田、沙田一切之法、分别而并用之，则井田虽不可复，而田野自无不治之虞。”除对田制、田法的强调外，还强调对古农书的重视：“如《齐民要术》于农圃衣食之法，甚

① 《耕稼要旨》，《知新报》1897年第17册。

② 《耕稼要旨》，《知新报》1897年第17册。

③ 《耕稼要旨》，《知新报》1897年第17册。

④ 《耕稼要旨》，《知新报》1897年第17册。

⑤ 《集成报》亦收录此文，然辑自《官书局报》，《官书局报》则自《日本邮报》中得此文。《农务十要（译日本邮报）》，《集成报》1897年第10册。

⑥ 《伦敦农学家言》，《富强报》1897年第3册。

⑦ 《农学新法十条》，《政艺通报》1902年第17期。

⑧ 《种植格致》，《知新报》1897年第26册。

⑨ 《论农务宜量为变通上》，《申报》1895年11月11日，第1版。

为详备。《农桑辑要》于元代颁行民间，元世祖所以诏天下崇本抑末也。此外若王桢之《农书》、鲁明善之《农桑衣食撮要》、徐光启之《农政全书》类皆留意于农事，其中不少可采之法。”耐人寻味的是，《申报》还提出对西方农书的学习，主张“欲修明农政，宜聘请泰西著名农师，将泰西近来培土种树蓄水布种一切农政新法，译成华文，参以中国农书所载古法之可行者，合成一编。务使简而易行，浅而易明”。换言之，《申报》建议农务参以西法以启新。而西法农务最鲜明的反映和特点为农务化学之法。“考西国考求化学为植物之最不可少者，厥有三质：一曰钾，生于水草之中；二曰钙，即石灰也。凡瘰蚌之壳以及各种土石均能化合而成此质；三曰磷，生于骨。”西法粪田之料，多含三质，如“西国所以盛用鸟粪耘田者，为其所含磷质独多耳”。因“中国不知化学”，便以古法相比附：“如稻藁苍蓼之属，亦为中国粪田所不废，则与西国用钾之意相同。北方苦寒之地农民，有以石灰红矾硫磺等物，以助地之暖，则与西国用钙之意相同。”最后提到了泰西农器的应用：“凡地之卑湿者，宜以机器竭其水地之。硗瘠者，宜以粪壅培其土，更宜以西国耕具机器济之，则用力少而成功多。”[①]

《申报》所言讲求农学化学之法和泰西农务机器的引进。《富强报》则进一步提出中国农务宜变通三法。陈芝轩谓：“使购新机，力所不逮。化分之法胡暇谈也。就如耰锄耒耜，访求新式，而道途之转运，友朋之请托，费固不赀动，或得咎益且未形损。”[②]他提出中国农务宜变通，“为今时当道者计，厥有三事。户部之设，实本地官，然辨物之掌，今已阙。则农务大臣宜设也”[③]，此为一。二为立农务学堂。“艺学之事与理学殊求诸文字，匪有师传，无批卻导款之精，有刻舟求剑之误。且格致之器，独力莫能备。化学之分，寒士莫能考，则农务学堂宜立也。”[④]三者主“凡有立为农学会者，大则赐以嘉名，等同文方言之馆；次则助以帑项于董事诸人，加以头衔，又次则援拟建坊之例，俾邀天语之荣”[⑤]。

梁启超亦力主农务效仿西法，然“旧译农书不过数种，且皆简略，末从取资”，认为“译农书为当务之急”[⑥]。因时人对西方农书情况知之甚少，

---

① 《论农务宜量为变通下》，《申报》1895年11月18日，第1版。
② 《中国农务宜变通说》，《富强报》1897年第2册。
③ 《中国农务宜变通说》，《富强报》1897年第2册。
④ 《中国农务宜变通说》，《富强报》1897年第2册。
⑤ 《中国农务宜变通说》，《富强报》1897年第2册。
⑥ 梁启超：《论学校七：译书》，《时务报》1897年第29册。

康有为拟借日本书目了解泰西学术，于光绪二十二年（1896 年）开始编撰《日本书目志》，翌年五月完稿。[①]该书由上海大同译书局于光绪二十四年春梓行。《日本书目志》记录了 19 世纪下半叶日本新书书目，每卷之后附康有为论序，对所列各类书目以按语形式作简要介绍及评论。其资料“出自日本《东京书籍出版营业者组合员书籍总目录》一书”[②]。据孙家鼐光绪二十四年七月初三日所递《遵旨议覆编书局折》，《日本书目志》与康有为所编《日本变政考》等书“业已进呈御览”，但进呈本今未见，进呈时间亦难确定。[③]《日本书目志》共 15 卷，其中一卷为“农业”门，分农学总记、农业经济、农业杂书、农政书、农业化学书、土壤类、肥料书、农具书、稻作书、果树栽培书、圃业书、烟草类、林木书、害虫书、农历书、畜牧书、蜂蜜附蚕桑书、茶叶书、渔产书 19 类，共收图书 404 种。其中有康有为的按语 17 条，共 6000 字。

康有为鲜明地提出泰西农从士出的观点，迥然于晚清士农分途的传统。在其《日本书目志》介绍日本农书之前，有“农工商总序”一篇，约 2000 字。在该文中，康有为论说中西农务情况，与所收书籍的内容介绍并无直接关联。康有为认为：“泰西之农工商皆从士出，各业皆有专书千数百种以发明之，国家皆有专门学校以教授之，举数十国又开社会以之求之。其有新书、新器、新法为厚奖高科以诱劝之，大集赛会以比较之。故其民精益求精，新而又新，进而愈上，欲罢不能。”较之清代社会，“吾中人之为农工者，皆愚惰之人，目不识字，况乎图算？足不出乡，何有讲会？即其农书，等于词章吟诵之学，而不能施之于用。即使可用，农工不能识考而施行之。况皆旧法，比于日新争巧者，相去亦远矣”[④]。

康有为所提日本农书，在晚清社会并非可见书目。然而，其在书目中于农务的点滴文字，折射出当时士林新见，颇有深意。《日本书目志》农学总纪类，共收录图书 47 种。康有为强调“农”的重要性，称：“今天下皆知言矿学矣，然地面之矿未开，遑言地下之矿乎？农者，地面之矿也。万物所出，其获利显巨宏深矣。”虽“泰西农学讲求日精”，但泰西农书尚少，“泰西农学虽未尽见，藉此可以考其大端矣。若其教育学馆并设此学，编

---

① 康有为撰，姜义华、张荣华编校：《康有为全集》第五集，北京：中国人民大学出版社，2007 年，第 88 页。

② 王宝平：《康有为〈日本书目志〉资料来源考》，《文献》2013 年第 5 期。

③ 康有为撰，姜义华、张荣华编校：《康有为全集》第三集，北京：中国人民大学出版社，2007 年，第 262 页。

④ 康有为撰，姜义华、张荣华编校：《康有为全集》第三集，北京：中国人民大学出版社，2007 年，第 359 页。

《初等农学》一书以授农蒙，其《农学阶梯》、《农学读本》等书，《农理学初步》、《小学农书》、《小学农丛书》附之，为初等小学校之用。《农学通论》则为中等学校之用。《农业书》等则为高等学校之用”。康有为还说，泰西“官有农商部、劝农局以督劝之，民有振农会以讲求之”。同时，他乐观地畅想：“农本九流之一，昔吾后稷，实为农家之祖。农师、田畯，本用士人，亦何愧焉！考求农理，道参天地，岂可付之胼胝不识字之人哉！中国地当温带，阻山海而拓平原，地广万里，草木二十六万种，为地球冠。如译书开学以教之，土地之毛何可胜用哉！”[①]

在农政书方面，康有为主张效法“其它讲求农政、田制，并可为中土之参稽。如《普国布利特邻大王农政要略》，为泰西农政佳书，更可采用施行矣”[②]。颇有意味的是，康有为将古代农法与泰西土化之法相比附，称：“吾读日本所译《土壤篇》，何其暗与《管子》合也！泰西合数十国撢求之，益精详矣。又加以改良之书，则吾《周礼》骍刚用牛、赤缇用羊之法也。”并道：“《周礼》草人掌土化之法，以化学为农业本，吾中土学也，惜不传矣。泰西穷极物理，皆可以化学分合变移之。造物者之神灵，亦不过造化而已。今泰西于制冰、制电，皆以人力代化工。化之为学，大矣哉！今泰西化学要书，日本皆已译之，戎氏农学尤其精绝，亦中国宜亟亟也。”[③]他也注意到两者有区别：“中土粪灌最古，但无学人考究，未尝变改增加之，所进益盖鲜矣。泰西近用灰石、磷酸、骨粉及电气，故能化小为大，化淡为浓，易少以多，刻期成熟，操纵开阖如治兵然。”[④]

《日本书目志》中所见日本词有农学、农业、教科书、农场、林业、害虫、水产学。但这只是作为书名的一部分加以引用而已，康有为在按语中并没有多做解释。“对康有为来说充其量只是一种符号，而不是‘词’，康有为并不理解这些新词的意义。即使那些在按语中使用的新词，康有为也不一定准确把握了词的意义，大多数场合不过望文生义，聊加引申罢了。”[⑤]上述事实说明，传教士对泰西农务新法所带来的农利阐述，引

---

① 康有为撰，姜义华、张荣华编校：《康有为全集》第三集，北京：中国人民大学出版社，2007年，第362页。

② 康有为撰，姜义华、张荣华编校：《康有为全集》第三集，北京：中国人民大学出版社，2007年，第363页。

③ 康有为撰，姜义华、张荣华编校：《康有为全集》第三集，北京：中国人民大学出版社，2007年，第364页。

④ 康有为撰，姜义华、张荣华编校：《康有为全集》第三集，北京：中国人民大学出版社，2007年，第366页。

⑤ 沈国威：《康有为及其〈日本书目志〉》，《或问》2003年第5号，第51—68页。

起了士林的议论及对西方农报的翻译和传播介绍，在知识和图书分类上试图调和双方的矛盾，但不甚系统的言说难解人们对泰西农学知识具体内容之惑，故而对泰西农书详细翻译，做进一步的专门介绍，成为士绅亟待解决的问题。

尽管甲午战争前，清廷当局的着眼点仍在自强求富的工业技术和商政上，“盖有商则士可行其所学而学益精，农可通其所植而植益盛，工可售其所作而作益勤。是握四民之纲者，商也”[①]。但此时社会舆论对西方农法开始关注，渐兴重农之论，维新派所论与所译之西方农务，既对农事有所强调，也对农学知识有较全面的涉猎，产生了相当影响，并被当时渐行的西学丛书所留意。

第五节　政学不分的困境

士绅对农学知识的解读与回应，进一步扩大了农学知识的传播范围。清代西学丛书中亦有对“农”类知识的收录。贺长龄、魏源辑的《皇朝经世文编》，以“学术为纲领，以六政为框架”。关于“农务”的文论多收录在其“户政”类中。“励农功、权水利、宽赋税、劝种植”为《皇朝经世文编》“农”类的主要内容。饶玉成的《皇朝经世文续编》延续了此种做法，同样强调“治民之道，农事为先，而治民于大乱之后，尤以养民为患”，主张农事“尤必须督之以官，经界沟渠之互争，籽种牛力之不给，必得官为经理，而后讼端息”，提出“今日孜孜所以为农民计者，诚以兴修水利为当务之急”。[②]而葛士浚将十四篇徐鼒务本重农桑的《务本论》等收入《皇朝经世文续编》，更加深了士人对务农的重视，且叙述不脱治农田水利及广种植的窠臼。

《策学备纂》中对农类文章的收录同样不出古代农业政策的范围。1888年，吴颎炎编辑《策学备纂》，依据四书分类，分该书为经部42卷、史部94卷、子部29卷、集部24卷。其中，“史部”卷二十为“农政”，例言中曰：“次农政，圣王治法重农，乃本豳风之图，悬之黼座，稼穑艰难，学士大夫所宜知也。凡播植嘉种，农家器具，附见于下，木棉之利，衣被天下，尤宜究心，得卷二。”农政一为“历代农政”：叙述从三代农政、汉代农政、

① 丁凤麟、王欣之：《薛福成选集》，上海：上海人民出版社，1987年，第297页。

② 刘汝璆：《金衢严三府疏浚堰坝陂塘井设立筒车》，（清）饶玉成：《皇朝经世文续编》卷三十八《户政十三》，光绪七年（1881年）江右饶氏双峰书屋刊本。

六朝农政、唐代农政、宋代农政、元代农政至明代农政的举措，同时描述了辨谷，麦种，黍稷、玉黍、粱、豌豆、芝麻、茄子等的播种情况，以及蚕桑、树植的历史。农政二为“农器”类，是对古代农器的描述。[①]除此之外，“子部”中还有“农家”类，其中介绍的农书均为古代农书，包括《农家总论》《齐民要术》《农书（蚕书）》《农桑辑要》《农桑衣食撮要》《救荒本草》《农政全书》《泰西水法》《野菜博录》《钦定授时通考》。“农家”类存目则收录《耒耜经》《耕织图诗》《经世民事录》《野菜谱》《农说》《别本农政全书》《沈氏农书》《梭山农谱》《豳风广义》。[②]

至19世纪中期以降，经由翻译西书学习西学成为中国欲求富强的曲径。然而，王韬在总结晚清社会西学情况时说：“方今崇尚西学，亦徒有名而无实耳。”因时人“不知西学皆实学也，非可以空言了事也”。在他看来，“自象纬、舆图、历算、测量、光学、化学、医学、兵法、矿务、制器、炼金类皆有用之学，有裨于人，有益于卉，富国强兵，即基于此”[③]。王西清、卢梯青编辑《西学大成》一书时，将其按十二天干分为十二篇，具体为算学、天学、地学、史学、兵学、化学、矿学、重学、汽学、电学、光学和申言篇，并没有对泰西农务的介绍。

在梁启超的启发下，泰西农学渐入晚清士人的视野。梁启超道：“论者谓中国以农立国，泰西以商立国，非也。欧洲每年民产进项，共得三万一千二百二十兆两。而农田所值，居一万一千九百三十兆两。商务所值，仅一千一百二十兆两。然则欧洲商务虽盛，其利不过农政十分之一耳。”在指出泰西农务之利后，他进一步称：“西人谓设以欧洲寻常农学之法所产，推之中国，每县每年可增银七十五万。推而至一省十八省，当如何耶？推而至十年百年，又当何如耶？”[④]1896年，梁启超在《读西学书法》中总结道：“西人富民之道，仍以农桑畜牧为本。论者每谓西人重商而贱农，非也。彼中农家，近率改用新法，以化学粪田，以机器播获，每年所入，视旧法最少亦可增一倍。中国若能务此，岂患贫邪？惜前此洋务诸公，不以此事为重，故农政各书，悉未译出。惟《农事略论》、《农学新法》，两种合成，不过万字，略言其梗概耳。”[⑤]梁启超提到的《农事略论》及《农学新

① 吴颎炎：《策学备纂》第37—38册，上海：点石斋，1888年石印本。

② 吴颎炎：《策学备纂》第42册，上海：点石斋，1888年石印本。

③ 王西清、卢梯青：《西学大成》序，上海：醉六堂，1895年石印本。

④ 梁启超：《西书提要农学总序》，《时务报》1896年第7册。

⑤ 梁启超著、夏晓红辑：《〈饮冰室合集〉集外文》下册，北京：北京大学出版社，2005年，第1165页。

法》内容，出自西方传教士傅兰雅主编的《格致汇编》，曾多次被时人引用，其内容和传播情况已经见于前文。

梁启超除强调西法农利外，还对传译至晚清社会二十余年的西学书籍进行了分类。他称："译出各书，都为三类：一曰学，二曰政，三曰教。今除教类之书不录外，自余诸书分为三卷。上卷为西学诸书，其目曰算学，曰重学，曰电学，曰化学，曰声学，曰光学，曰汽学，曰天学，曰地学，曰全体学，曰动植物学，曰医学，曰图学。中卷为西政诸书，其目曰史志，曰官制，曰学制，曰法律，曰农政，曰矿政，曰工政，曰商政，曰兵政，曰船政。下卷为杂类之书，其目曰游记，曰报章，曰格致，总曰西人议论之书。曰无可归类之书。"[①]梁启超在《西学书目表》中提到"农政"类书籍有七种，分别为李提摩太的《农学新法》（广学会本），傅兰雅的《农事略论》，康发达的《蚕务图说》，傅兰雅的《纺织机器图说》、《西国漂染棉布论》、《种蔗制糖论略》及《西国养蜂法》，后六本均为格致汇编本。[②]从中可见，西方农书被划归到"政"的范围。而梁启超在编纂《西政丛书》时，有"农政"类，包括四种农书，分别为《农学新法》、《农事略论》、《蚕务图说》和《纺织机器图说》[③]，均为西学，表明传统农政范畴中增添了新的内容。

梁启超的论述影响了后来搜集西书者的思路。胡兆鸾参照《读西学书法》所言，编纂了《西学通考》。该书细目分"学类"与"政类"，还注明了各条目来源。其中，"学类"包括格致总考、算学考、重学考、电学考、化学考、声学考、光学考、汽学考、天文考、地学考、全体学考、动植物学考、医学考、图学考、西文考、西书考，共16卷。其中，"西书考"中有"农政类"，提到的西学农书仅5种："《西国养蜂法》：英傅兰雅撰，是书言用光学聚蜂，以化学察峰等，理至谶至悉；《农学新法》……是书论化学之关于农学者，言之甚详。"[④]剩下为《蚕务条陈》、《种蔗制糖论略》和《饲蚕新法》。

而《西学丛书》"政类"之一总目亦名"农政考"，至具体分册细目中分类又变为"农学考"。此部分论及内容与来源如表2-2所示：

---

① 梁启超：《西学书目表序例》，《饮冰室合集》，北京：中华书局，1989年，第123页。

② 梁启超著、夏晓红辑：《〈饮冰室合集〉集外文》下册，北京：北京大学出版社，2005年，第1133—1134页。

③ 梁启超：《西政丛书》，清光绪二十三年（1897年）石印本。

④ （清）胡兆鸾：《西学通考》，清光绪二十三年（1897年）石印本，第38—39页。

表 2-2　"农学考"论及内容与来源

篇名	来源	篇名	来源
《各国农学说》	《西学考略》	《磷质聚于谷仁》	《化学初阶》
《各国禾稼值银多少》	《农学新法小引》	《黑土产麦》	《栽树以防水灾论》
《生物以热力为盛衰》	《八星之一总论》	《麦中钙质甚少》	《香港瑟里报》
《生物兼恃雨泽》	《农学新法小引》	《麦中磷质》	《农学新法》
《新法利益》	《农学新法小引》	《鸟粪肥田》	《富国策》
《察土性》	《农学新法》	《田料用鱼》	《纽约农人报》
《分原质》	《农学新法》	《粪田新物》	《农学新法》
《浇壅之法》	《农学新法》	《物产优劣》	《八星之一总论》
《电感五谷》	《英国公论报》	《肥田物质优劣》	《纽约农人报》
《电光照煏草木》	《英国公论报》	《田料视淡气为优劣》	《居宅卫生论》
《稻麦棉花原质》	《农学新法》	《古阿奴田料》	《居宅卫生论》
《种树有益于田亩》	《栽树以防水灾论》	《耕田电器》	《英国公论报》
《田亩除害》	《纽约农人报》	《电犁新法》	《美国新民报》
《园圃要事》	《西国名菜嘉花论》	《电光利于园圃》	《美国新民报》
《灌田新法》	《西国名菜嘉花论》	《种棉花法》	《种植杂说》
《种常菜法》	《西国名菜嘉花论》	《种山薯法》	《纽约农人报》
《薯含钾质》	《农学新法》	《种蛇田子法》	《纽约农人报》
《种艺养人多少》	《香港瑟里报》	《杀虫法》	《纽约农人报》
《萝葡牧羊》	《富国策》	《养鸡法》	《格致汇编》
《察蚕病法》	《格致汇编》	《饲蚕新法》	《格物杂说》
《除蝇虱法》	《美国格致报》		

从表 2-2 中可以看出，"农学考"选文集中在农田肥料、饲养之法、讲土质方面，有别于讲求水利、呼吁种植的传统农政。饶有深意的是，《农学新法》一书的内容被《西学通考》分别措置在"学类"之"动植物学考"[①]和"政类"之"农政考"中。加之"政类"总目中"农政考"与"农学考"混用，从一个侧面反映出时人将"农学"与"农政"意义等同，以及政学不分的情况。

和梁启超一样将新式农书划入农政类的，还有《时务策学备纂》的编辑者陈骧。《时务策学备纂》于光绪二十三年（1897 年）由湖南求贤书院纂刻。该书分为天文算学部十卷、舆地部三十卷、史学部八卷、吏部四卷、户部五卷、礼部八卷、兵部十卷、刑部二卷、工部八卷、商部十卷、总论

① "动植物学考"来源有《格致汇编》《农学新法》《泰西本草撮要》《英国公论报》《化学鉴原续编》《东京日日报》《香港瑟里报》《西国名菜嘉花论》《时事新报》《知新报》《纽约农人报》《伦敦东方报》《英国温故报》《虫学略论》。

四卷。虽然书目分类因循传统六部的架构，但内容与六部执掌已有出入。就农事而言，户部五卷中，第三卷为“农政考”。“农政考”中共辑入文章十五篇。其中李提摩太的《西农新法说略》和贝德礼的《农学新法》出自《格致汇编》，再次被收录。郑观应《盛世危言》中的《泰西农会考》和《垦荒说》、《东京经济杂志》中的《印度棉花情形》、《格致汇编》中的《养蜂获利》、《澳门知新报》中的《肥田土质》、《格致堂堂编》中的《农务说》同样被纳入“农政考”中。除具体注明出处的文章外，还有未道来源的论说，如《电犁新法》、《中西蚕桑异同说》、《泰西各国养蚕源流得失考》、《养蚕宜察地气说》、《纺织事宜六泽》和《种棉源流考》等。

在《时务策学备纂》“农政考”中，最值得一提的是节自胡家鼎《策农要诀》一书中的《农学亦参用古法新法》一文。该文开门见山道：“中国自古重农，以农政为国家之本，不可不实力讲求者也。间尝旷览古之，盱衡时局，谓课农之法有宜引用古法者，有宜参用西法者。”称宜引用古法者有四：“一曰修水利，夫井田之法，虽不可行。而沟洫之制，则不可废。今各省水利多不讲求，而京畿地势平衍，尤多水旱之患；二曰建社仓；三曰顺河流；四曰除苗害。”从中可以看出，胡家鼎所言引用古法者，实为传统中国农政兴农务的内容。

此外，胡家鼎还宣称宜用西法亦有四种。他所提倡的四种西法，完全不同于古法所述。一曰占天时稼穑之事。此说来自“泰西格致家谓每年雨水，本由日光热气。日西蒸，水中凉气，达至高处，激而为雨。故日面偶有黑点，热气便大，不崇朝而雨作焉。苟黑点愈多，则热力愈大，即有水患之征；若黑点净尽，则雨泽愆期，定为旱灾之兆”。除对气候的解释外，他还呼吁“宜用风雨表以测之，则风之方向，雨之大小，皆得豫知之，而有备无患矣”。二曰察地理。胡家鼎立说的依据来自西人丁韪良在《富国策》中所言：“英国挪佛一岛，昔为荒地，嗣审其土宜，广播萝葡，居民以之牧羊，而获利甚厚。撒里思平原之地，本硗薄，自肥以鸟粪，而百谷滋生。伊里岛田向苦备湿，后用机器竭其水，而土脉转肥，可见转移之妙。天下无不可耕之地。又有西人有栽树引雨之法，盖以树木葱茂，则天气下降地面上升，非特空中之气，可蒸而为雨，即地之脉委，引而为泉，此说最为有理。”三曰讲农学。在胡家鼎看来，所谓的农学即设立“泰西各国已有之农学馆”。因丁韪良在《西学考略》中云：“德国农圃各术，恒为实学馆。……自咸丰二年始开农课，而肄业者已有一万八千人。”法国农学馆有上、中、下三等之别。且近日本亦踵而行之矣。今中国若仿其法，专设农政大臣，教民耕耨，则各省素荒之地，可变为不荒。中国自由之物，可致于富有，并可博访外洋嘉种，革于一方，如是而犹虑荒歉者，未之有也。四曰格物性。“查格致家有植物学一门，藉化学之理以考物性也。有内长，有外长，其生也，或种子，或根芽，细心考验，不惟能识化机，并可知某为益人之物，某为有用之材，用西法推究物理，则何物宜何地，何物宜何时，皆得广为种植。”①

对西方农务的介绍在“经世文编”中亦有体现。1897 年，盛康编辑《皇朝经世文续编》，其“户政”之“农政”类中，虽沿袭“经世文编”收录农事的先例，以田制、农本、水利、劝重农桑棉麻为主，但辑录了王炳燮对西洋机器的讨论。王炳燮认为：“西洋奇器，便于治水，而难于治土，有未易收其实效者。”②与他同时期的陈忠倚在论养民时，则收录了李提摩太关于养民的许多看法。值得注意的是其《农人新法纪略》，该文后来亦为麦仲华的《皇朝经世文新编》所收录。《农人新法纪略》为李提摩太翻译“西国农人新法之大略”而成。文中指出，新法旨要有二：首先，“贵择籽种。昔曾有嘎力者，数年之间所择之种有一粒，可收成一万八百四十粒，于是择麦种七八百粒，试播于地，勃然而生，至于日至成熟竟敷一人一年之用，是其效也”。其次，相土脉，具体指的是：“如地旁有碎石若干，设法碾碎杂于土中，亦可化为沃壤。”文中还强调“粪尤田地之所不可缺”的重要性。因“贫家无力买粪”，有三法可获。一是“化学所造之粪，在制造药料可以当有水之粪浇灌田地，盖药内所生之小虫臭烂可壮土脉也”。此外，还有二法：“如天气寒冷，将水罐若干盛以沸汤藏置土中，使土脉和暖此一法也。再用玻璃罩围护之以御寒气，则生长必速又一法也。如用各法合而行之，则不但每亩多出十倍，即出百倍皆可预期。”③所言内容，皆为新式农学知识。

除将西方“农学”划归到农政类外，部分丛书并未遵循西方译书分学、政、教三类的方法，而是单列农桑之目。杞庐主人编有《时务通考》一书，该书卷十六为“农桑”，共收录文章四十三篇，较为详细。首篇为《中国农政宜仿效泰西》，该文称：“欧洲每年民产进项，共得三万一十二百二十兆两，而农田所居一万一千九百三十兆两。稼穑之富，美国为最。每十方里所产可养人二百，而化学家以为能尽地力，每十方里所产，可养人至一万六千，而美国所产较欧洲已增一倍有余。然则今日欧洲农政，直萌芽中之

---

① （清）陈骧：《时务策学备纂》，清光绪二十三年（1897 年）刻本。

② （清）盛康：《皇朝经世文续编》卷四十一《户政十三 · 农政上》，台北：文海出版社，1972 年。

③ （清）陈忠倚：《皇朝经世文三编》卷三十四《户政十三 · 养民上》，台北：文海出版社，1966 年。

萌芽耳。中国农政，又远在欧洲后，如三十四与十二之比例。西人谓设以欧洲寻常农学之法所产推之中国，每县每年可增银七十五万。况中国去赤道近，日热厚，雨泽足，同用一法，所获又可加丰于欧洲，若推而极于尽地力之法，则四万万之民岂有极寒之患哉？”此文节选自梁启超的《西书提要·农学总叙》部分。接着，《时务通考》描述了泰西农政的情形：“泰西农政，皆设农部总揽大纲。各省设农艺博览会一所，集各方之物产，考农时，与化学诸家详察地利，各随土性，分种所宜。每岁收成，自百谷而外，花木果蔬，以至牛羊畜牧，胥入会考察优劣，择尤异者，奖以银币若。用旌其能。至谷蠹、木蠹何豫防？复备数等田样，备各种汽车。事事讲求，不遗余力。先考土性原质，次辨物产所宜，徐及浇溉、粪壅诸法，务欲各尽地利，各极人工，所以物产赢余，昔获其一，今且倍蓰十百而未已也。”此篇取自《盛世危言》。

《时务通考》中的《欧美农产比较》一文，较之其他文章，在论述泰西农利、农理、农器甚至农产品方面，部分内容相对具体。文中称：“美洲禾稼之多，甲于欧洲，每年所产，约可值银三千一百兆两。其次则俄罗斯，每年值银二千二百兆两。又次则法国，每年一千八百余兆两。又次则德国，一千七百兆两。又次则奥国，一千三百兆两。又次则英国，一千兆两。又次则意国，八百兆两。又次则西班牙，六百七十兆两。”①并强调：“西人近得新法，每田十亩，四围掘一深沟，宽一二尺，深三四尺，填以碎石，高出地面。石能吸水，雨潦则泥泞皆干。”②文中还介绍了几种土壤之法：一为“相土粪田之法”，即治田宜相土脉，如地旁有碎石若干，设法碾碎；二为“用青肥壅地法”，即“钾养肥田之外，尚有稍用含氮气草木之法，其效亦与用钾养相仿。肥田各物所费，以此为最多。惟其费多，往往所收不敷工本。数年前，西人查得菜蔬，如青黄各豆及莠稗丁香之类。多加钾养磷酸，即能满收天中之氮气，此等含氮气之菜蔬，壅入地中，名曰青肥，能供氮气颇多。加之金石之质，平常必获丰收，是为最省之法。田壤经此青肥者，因有腐烂草木之质，其土必松，易聚潮气，故用青肥可以一再种植，含氮气用钾养、磷养肥田之法，虽荒土沙地，亦可耕种，出产颇饶。”③此文节选自1897年5月2日《时务报》第25册中《盐质利农》一文。此外还描述了田亩御寒之法，建议“如天地寒冷，将水罐若干，盛以沸汤，

① 杞庐主人：《时务通考》，上海：点石斋，1897年石印本。
② 杞庐主人：《时务通考》，上海：点石斋，1897年石印本。
③ 杞庐主人：《时务通考》，上海：点石斋，1897年石印本。

藏置土中，使土脉和缓，此一法也。再用玻璃罩围护之，以御寒气，则生长必速又一法也”。建议用马粪肥田必加钾与磷，因为“马粪本为肥田之物，以其多含氮气，惟氮气过多，则所生之草，往往枝叶茂而果实转少，欲除此弊，但加钾与磷分数适宜，则其效捷于影响矣”。同时描述了以化学所成之物代粪的情况：“泰西农家，当年亦全恃粪力，今有化学所成之物，其形如灰，可以携挈至远道，而将一切地亩，遍行浇灌。具利何可胜道，试以验过之地亩言之，无粪之地，约可产谷十二斗者；有粪之地，可产三十二斗，用化学培植之地，可产三十四斗。”[①]

《时务通考》关于种植之学的描述亦占了一定的篇幅。因“西人考察植物所必需者，曰磷，曰钙，曰钾”，收录“种植必须之物”。在《农事先贵择籽种》篇中则道：“西国农人播种之法，前则十亩仅养一人，今且养十人者，何也？其法新也。法新维何？先贵择籽种。……数年之间，所择之种有一粒，可收成一万八百四十粒。于是择麦种七八百粒，试播于地，勃然而生，至于日至成熟，竟数一人一年之用，是其效也。”[②]且强调“察土性”：“考土之原质，大半系捶碎之石粉，小半系积烂之花草。而石粉又分青石、沙石两种。欲知何处之土质，应先知何种之石粉。石有青沙之异，土即有质性之殊。非于化学中深造有得，断不能逐细研究。夫土中所孕之五金等类，及所茁之花草诸物，万有不齐，而其实不过数十原质或分或合，或多或寡，互相配合而成。……农学所讲之化学，其原质大都不过十四种。举凡可耕之土，所茁之花草与夫万种物类，皆此十四种原质合成……一曰氧气，二曰氢气，三曰氮气，四曰碳，五曰矽，六曰硫，七曰磷，八曰氯气，九曰钾，十曰钠，十一曰钙，十二曰镁，十三曰铝，十四曰铁。”以上十四种原质而外，间或别有三原质：一曰锰，一曰碘，一曰氟气。同时不忘“权壅田相宜之物”，即“考察生长之物，系何种原质与之相宜”。这些内容多出自《农学新法》一书中。[③]

此外，关于西方农器的内容也出现在其中。《时务通考》中收录的《耕田汽机》称：“西国耕田，近已通用机器，一汽机将犁迁往，即停而移向前。又一汽机，将犁牵回，亦停而向前。犁头之多少与形成，宜准汽机之力，与地之坚硬。又有奥沙之制，用耒轮车，以汽车转耒轮，而推车前行，耒轮之式，略如汽车。”还介绍了打麦若用四马力之汽机和电犁新法。《时务

① 杞庐主人：《时务通考》，上海：点石斋，1897年石印本。
② 杞庐主人：《时务通考》，上海：点石斋，1897年石印本。
③ 杞庐主人：《时务通考》，上海：点石斋，1897年石印本。

通考》"农"类还描述各种种植情形，包括麦种发芽、麦钙、山芋小粉、麦小粉、论小粉消化之性、葡萄糖、蔗糖、糖枫树糖、论糖类变化之性、胡麻油、蓖麻油。同时注意到植物生长应考察植物含炭气、植物含硫、论种子、植物宜辨土性的情况。《时务通考》"农"类的最后还收录了直隶候补道姚文栋的《禀北洋大臣请开北方利源总公司条议》，其论及西方农政八端：

> 一曰食用品。凡充民食者皆是，以小麦、大麦、裸麦、燕麦、玉蜀、马铃薯六项为最要。大麦即芒大麦也。裸麦即米大麦也。燕麦一名雀麦。玉蜀黍即苞谷。马铃薯即洋芋也。惟稻生熟地，不宜于北耳。二曰贸易品，如砂糖、烟草、茶、咖啡之类，不由耕种而得，多自贸易而来者也。三曰酿造品。以律穗、葡萄两项为最要，皆供造酒之用。四曰纺织品。如棉花、大麻、亚麻之类，供纺织纱布之用。五曰制造之附益品，茜蓝红花，用以染色。葛粉，用以表糊。皂荚，用以洗濯。凡此类皆是。六曰作油品，芥菜为最要。又罂粟、胡麻、棉花子之类皆是。七曰秣草，供刍秣之用。八曰菜蔬，用腌蓄之法，亦可远售。以上泰西农政之大略也。

收录的"蚕桑"则包括树桑之法、缫丝当用机器、育蚕、种桑、烘茧、论接桑医蚕之法、留种、腌种、布叶、搭山、落茧、丝车、法国和印度养蚕之法、洋人养蚕新法不外中国、以中国之娥与日本牝牡配合法、饲蚕育蚕养蚕之法、种桑宜广、养贝宜精、烘房宜建、机器宜用、公院宜设、法人巴斯陡养蚕最精之选蚕之法、日本丝业最盛、蚕有病忌、中国出口丝数多寡比较、以显微镜辨蚕子、立墉售丝等内容。[①]

从上可知，《时务通考》中关于"农"的文章，出自《时务报》和《农学新法》一书，不同的只是将文章分割为小段的内容。1896年前的译书并未专门强调西方农书的翻译。关于西方农务的内容，时人亦多囊括在格致学之中。时人谓："格致之学，分有质体、无质体二支。有质体一支，又分非生物，生物两类。非生物者，金石原质是也；生物者，动植是也。无质体一支，声光热电之感化与夫心性之原始是也。格致有质体之事，以分别形类始，至详验质力终。格致无质体之事，自考察动感起，至追求原始止。其学广大精博，然人之能力，只仗比例，分合推测三端为用而已。"而"格物，皆自地上之世界人物起，故地学宜先讲求也"。"地学既悉，则任从地

---

① 杞庐主人：《时务通考》，上海：点石斋，1897年石印本。

面地层两宗入手矣。从地面考求，有测绘之图学，有测候之用学，考求物类则为植物学、动物学、全体学。由地质分考者，则有金石学、矿务学、冶炼学、工程学。此皆明体之学也。至于致用，则从实在物质以明其结成化散之理，乃化学之事也。穷究化易循环之妙，归于动力传感者，力学之理也。而精动力交化之理，方能明夫声光热汽电各学之要，故化学可知土界各质和合兑易之理，力学可明各质互相驱吸之理，声光汽热可知气界助化学之理。至电之为用，其学已见精气之入神矣。然犹未离乎质体也。”“欲考求地面物类，则有动物、植物焉。动植物学，西人谓之万生学，亦一大宗。中国于此二学无专门大宗之书。学者先读《植物图说》、《植物学》、《西学启蒙》中之《植物学启蒙》三种，已可知大概品类体干分别之法矣。然不过开宗明义，于分门别类之法条目犹未详备，至论形性土宜利用之道，则尤远也。但《植物学》与《植物学启蒙》均讲及用功立册记计表格之式，学生切宜遵用。”①

士林辑集丛书，对“农”类文章的措置并无统一规划，但其对西方农务的收录，从一个丛书的层面体现了晚清社会对科学化农学知识的接纳，以及将西学纳入晚清社会知识体系的尝试和努力。官书局大臣孙家鼐编辑《续西学大成》，试图让朝廷当局注意到泰西农之有学的事实。孙家鼐认为：“自泰西互市而洋务兴，稍识西人语言文字，乘时会以邀利达者，不可胜数。然而语制造，则无其工；语训练，则无其将；语格致，则无其师。”他提出：“西学一日不振，即人才一日不出，人才一日不出，即国势一日不振。”鉴于此，他“博征中外著作，自算学以下，列为十八类”。这十八类分别为算学、测绘学、天学、地学、史学、政学、兵学、农学、文学、格致学、化学、矿学、重学、汽学（水学）、电学、光学、声学、工程学。从中可见，“农学”一词被认可，且被单列为一类。“农学”类收录文章共四篇，分别为《养民新说》（即《西国富户利民说》）、《染布西法》、《蔗糖西法》和《化学农务》。由官书局审定的《化学农务》宣扬“化学之有益于农学”。该文称：“泰西农学有新旧两法，其要旨在于肥地以茁物本，于中华成法无甚差殊。今姑舍旧法而言新法。新法中之可法者甚多，其他不必论。论化学之关系农学者，盖西人于近百年来，专讲化学，遂于农学全书而外，别开门径，名曰化学农务。”②此主张实为《农学新法》中的重要观点。和

① 王扬宗编校：《近代科学在中国的传播》下册，济南：山东教育出版社，2009 年，第 658—659 页。

② （清）孙家鼐：《续西学大成》，清光绪二十三年（1897 年）石印本。

孙家鼐一样，弃西政、西艺的分类模式，以更细致的划分替代西学的还有沈桐生。[①]

由此可见，此时的晚清社会已经开始注意到欧美农学、泰西农政、农业机器及化学农务的问题，但此时“考求农学，外国专书甚多，惟已译之本甚难得予，所见者，只《农学新法》、《农事略论》二书。然《农学新法》亦仅能备其大旨”[②]。故而有将西方农学知识归入传统“农政”类，也有单独分列的处理，如1898年《时务策学统宗》将西学分为天学、地学、电学、矿学、化学、光学、声学、重学、力学、热学、气学、水学、形学，并无农学的概念。[③]这一方面说明时人注意到西学有农务的现象，另一方面反映出晚清士人对西学知识体系的认识不甚清晰，陷入了政学不分的困境，农务并未固定分类，正如徐维则所说：“东西学书，分类更难，言政之书，皆出于学；言学之书，皆关乎政，政学不分。”[④]这是中西方知识分类的矛盾，也是当时农业从传统向现代转型过渡的一种反映。

---

① 沈桐生将东西学书录分为天学、地学、地志学、学制、兵制、农学、工学、商学、法律学、交涉学、史学、算学、图学、矿学、化学、电学、光学、声学、重学、汽学、医学、全体学、动物学和植物学类。转引自孙青：《晚清之“西政”东渐及本土回应》，上海：上海书店出版社，2009年，第220页。

② 张寿浯：《农学论》，1898年。

③ （清）顾其义：《时务策学统宗》，清光绪二十四年（1898年）石印本。

④ 王韬、顾燮光等：《近代译书目》，北京：北京图书馆出版社，2003年，第28—29页。

第三章　务农会与《农学报》的酝酿及定案

光绪二十四年（1898年）五月十六日，清廷颁发上谕："上海近日创设农学会，颇开风气。著刘坤一查明该学会章程，咨送总理各国事务衙门查核颁行，其外洋农学诸书，并著各省学堂广为编译，以资肄习。"①戊戌政变后，朝廷严禁报馆会名。当年十月三日，两江总督刘坤一上折，提出："农学会、农学报，实所以联络群情，考求物产，于农务不无裨益，似不在禁止之例"，就此请特旨。当年十月二十五日，清廷同意刘坤一奏农学请准其设会、设报的建议。②戊戌政变之后，务农会及其《农学报》仍可以设立，其特殊性与重要性由此可见一斑。

第一节　《时务报》报馆与务农会

既往学界对务农会的研究不乏关注③，多集中在《农学报》《农学丛书》

---

① 中国第一历史档案馆：《光绪朝上谕档》第24册，桂林：广西师范大学出版社，1996年，第229页。

② 中国第一历史档案馆：《光绪朝上谕档》第24册，桂林：广西师范大学出版社，1996年，第548—549页。

③ 管见所及，海内外相关研究较具代表性的论述有：白瑞华称"《农学报》是更加细分化的农业报刊，于1897年创刊于上海，开始为半月刊，后来改为旬刊。这份刊物在报道有关中国农业改革方面的内容取得了相当可观的成绩。尽管其农业改革宣传是教条式和务虚的，但刊物却惊人地受欢迎。《农学报》于1898年落入日本人手中，共出版315期"（Roswell Sessoms Britton，*The Chinese Periodical Press，1800-1912*，Shanghai：Kelly and Walsh Ltd.，1933，pp.94-95）；张静庐则指出1897年《农学报》在上海刊发，罗振玉、蒋黼主办。初创为半月刊，石印本，每期约二十五页，内容分为古籍调查、译述、专著等。第二年改为旬刊，后让给日本人香月梅外，出至三百一十五期止（张静庐：《中国近代出版史料初编》，北京：中华书局，1957年，第79页）；实藤惠秀称，《农学报》1898年转给香月梅外经营，且《农学丛书》是《农学报》的合订本（〔日〕实藤惠秀著，谭汝谦、林启彦译：《中国人留学日本史》，北京：生活·读书·新知三联书店，1983年，第212页）；钱鸥通过考察罗振玉与务农会、《农学报》之事，将罗振玉的名字与"新学"并列，认为其曾经是深受戊戌变法的感召向往新学，积极投身晚清新政改革的时务青年（钱鸥：《羅振玉における「新学」と「経世」羅振玉における「新学」と「経世」》，《言语文化》1998年第1号，第71—103页）；伊原泽周从务农会的创设、《农学报》的刊行、《农学丛书》的编印及东文学社的创办的角度，探讨了务农会在戊戌变法史上的地位（〔日〕伊原泽周：《务农会在戊戌变法运动史上的地位》，《从"笔谈外交"到"以史为鉴"：中日近代关系史探研》，北京：中华书局，2003年，第260—292页）。此外，潘君祥、章楷、朱先立、林更生、汤志钧、石田肇、吕顺长、杨直民、杜轶文等人的论述对务农会、《农学报》、藤田丰八和罗振玉等亦有涉及。

及务农会代表人物方面。然而，《农学报》数目庞杂，加之资料散佚，给研究增添了困难，以致相关史实语焉不详，相关论述错漏较多。[①]不少文论在叙述务农会产生时，多依据时人回忆和章程条文直接铺陈，对务农会创设的真实诱因、具体过程等内容仍有忽略，低估了近代学会、报刊创设的现实困难与曲折，缺少细致解读和深入分析。

务农会及其《农学报》依托汪康年与《时务报》报馆的帮助而立。然而，自《时务报》停刊后，务农会和《农学报》并未随之消亡，其境遇颇堪玩味，值得重新审视和思考。十年《农学报》的命运折射出清末以降，近代中国社会在西学东渐背景下传统中国农政发生的根本性变化。

一、创务农会的设想

1896年8月9日，《时务报》创刊。三个月后，罗振玉致函汪康年，对其办报之举表“钦佩之意”，因“兴学校为要图，而开学校之先声，则报馆为尤急”，同时称：“昨与敝友蒋伯斧参军议中国百事皆非措大力所能为。惟振兴农学事，则中人之产，便可试行。蒋君忻然，急欲试办。”并专程就此事询问汪康年，希望能通过他的帮助购买机器、聘请农师及仿行日本铁棒打井之法之东西人选。[②]无独有偶，半个月后，朱祖荣鉴于时下洋务诸公“不修农政”的明显缺失，也向汪康年道出其“拟倡兴农学会”的设想。因“中西农书多未译出”，他托汪康年“采访欧洲浅近农书之善本，如西国名花嘉卉，论之明白易晓者，译印多部，遍与农民”[③]。在汪康年的介绍下，蒋黼、罗振玉致函朱祖荣共商此事。阅信后，朱祖荣自言：“不禁雀跃三百，喜予志之不孤也。”[④]至于徐树兰是怎样与蒋黼、罗振玉及朱祖荣取得联系，如何商谈，期间经过哪些途径，谈过什么具体问题等，因原始资料缺乏，目前难知其详。只知在“兴农事”这一点上，罗振玉、蒋黼、朱祖荣、徐树兰四人不谋而合，且均求助于当时颇有声望的汪康年。

---

① 就所见材料而言，不仅所述不全，且多有舛误。例如，认为《农学报》每期仅25页，1898年落入日本人手中。但观结论，未见材料支撑。又如，将《农学丛书》、《农学丛刻》与《农学报》并列言之。前人研究内容较概略，观点亦有可商榷之处。笔者在相继查阅华南农业大学农史研究室、南京农业大学农学遗产研究室、南京图书馆、复旦大学图书馆、上海图书馆、国家图书馆相关史料的基础上，尝试还原务农会创设原委及过程。

② 上海图书馆：《汪康年师友书札》第3册，上海：上海古籍出版社，1987年，第3153页。罗振玉在来函中说：“购买机器，聘请农师，及仿行日本铁棒打井等法，非托诸东人、西人不可。兹专诚投前，拟先与尊馆翻译古城君议之，若西方学者，阁下交游中定不乏人，尚乞一言为介，俾得有成。至此事举办细章，仍乞示以指南，无任祷企。”

③ 上海图书馆：《汪康年师友书札》第1册，上海：上海古籍出版社，1986年，第223页。

④ 上海图书馆：《汪康年师友书札》第1册，上海：上海古籍出版社，1986年，第222页。

时任《时务报》报馆经理的汪康年亦主张“设务农会，凡农桑种畜之事，悉心考求，辨物土之宜，求孳乳之法”[①]。因而，他积极为务农会的创立造势宣传：“农蚕种畜为我国自有之利，与商务之须求诸人者不同。又但须取材于地；兴商务之与人争衡者亦不同。今有朱君阆樨、徐君仲凡、蒋君伯斧、罗君叔蕴，欲在上海创设务农会，斯实今日且要之举，特将公启附于报末以俟同志。”[②]该公启为罗振玉、徐树兰、朱祖荣和蒋黼四人联合署名，开篇即点明“近年西学大兴，有志之士，锐意工商诸政而于农学绝不讲求，未免导流塞源，治标忘本”，欲“召集同志并创设务农会，以开风气，以浚利源”，并拟《务农会公启》十条：

一、本会筹集款项在江浙两省地方购田试办，惟需款浩繁，尚冀四方同志解囊慨助，以成此举，所购之田，即作为会中公产。

一、同志捐助之款，统由《时务报》馆代收，按旬登报，以征信实。

一、拟聘请化学师一人，辨别土宜，并酌购外洋机器农具，为中国所不可少者，以佐人力之不逮。（泰西人工极贵，故事事须用机器，中国工价甚廉，可不藉机器之力，然人力不胜之处，亦非机器不可）

一、农之为义，兼耕牧言。本会除树艺五谷外，博采中外各种植物，一一试种，兼及饲养牲鱼等事，以广利源。

一、每年收款除开支薪水等项外，陆续添置田亩，翻译农书，并创刻农学报章，专译各国农务诸报，及本会开办后一切情形，将来试办有效，即开设制造糖酒等厂，禀请设立农务学堂。

一、每年出入款项，汇录登入本报，以杜浮销，报章未行以前，则登《时务报》。

一、此举虽用西法，然耕植饲养，仍用本处农人，并不夺其固有之利。

一、海内同志愿入会者，请将台衔住址开寄《时务报》馆，以便遇事公同商酌。

一、试办之时，如有聪颖子弟情愿从学者，可至本会学习，不收束脩，自备饮食，将来学成即可派充各处分教习等职。（西国农部各员，无不由农学学堂出身者）

---

① 汪康年：《论中国求富强宜筹易行之法》，《时务报》1896年第13册。

② 《务农会公启》，《时务报》1896年第13册。

一、此系初拟简要章程，俟开办有期再订细章。[①]

从上述公启中可以看出，务农会欲办之事有“购田试办”“译书办报”“开厂”“设学堂”这四项。决意创办务农会，资金和人力的支持至为关键。值得注意的是，《务农会公启》中明言：“同志捐助之款，统由《时务报》馆代收。”并称“海内同志愿入会者，请将台衔住址开寄《时务报》馆”。换言之，事关重要的捐款和入会两方面的事宜，都与《时务报》报馆密切相关。

光绪二十二年（1896 年）十二月十一日，《时务报》沪上同志“拟设一会课，略取会文辅仁之义，每年开课二次，由同人公同拟题，其课卷即由《时务报》馆收齐，糊名编号，送通人阅定，薄拟润资。第一名各三十元，第二、第三各十五元，第四至第十各十元，择佳卷汇刻”，同时出第一次时务会课的课题。课题有二：一“问中国不能变法之由”；二“论农学”（详论中国农学之宜兴，暨农学新法、各省土宜，以条举详尽为主），并规定，二题必须全做。答题课卷于光绪二十三年（1897 年）五月十一日收齐，六月一日阅定。[②]

阅毕《时务会课告白》，高凤谦建议道：“时务会课以农学命题，所以博采群言而裨农学会也。惟农学一门，中土既无专书，西土亦少译本，读书人士又不留心穑事，欲求通知中西农学，及各省土宜，而能条举详尽者，斯世殆无其人。似宜降格以求，令各省之人，就其见闻所及，详细条引，但求切用，无取具文，下至一邑、一乡之所有，一草、一木之所宜及。凡附隶于农事者，苟能道具其窾窾，详其功用，即可完卷，无庸繁征博引以求高深。”[③]对于“西土农书少译本”的情况，梁启超亦指出：“西人言农学者，国家有农政院，民家有农学会，农家之言，汗牛充栋。中国悉无译本，只有《农学新法》一书，不及三千言，本不能自为一部。”[④]此外，朱祖荣、邹代钧的言论也可作为当时西方农书翻译缺乏情况的佐证。[⑤]

在高凤谦的建议下，《时务报》于 1897 年 3 月 3 日对“农学”一题予以解释：“盖欲同志诸君考求各地之土宜物产，著为论说。俾得列诸报内，

---

① 《务农会公启》，《时务报》1896 年第 13 册。
② 《新设时务会课告白》，《时务报》1897 年第 17 册。
③ 上海图书馆：《汪康年师友书札》第 2 册，上海：上海古籍出版社，1986 年，第 1616 页。
④ 梁启超：《西书提要农学总叙》，《时务报》1896 年第 7 册。
⑤ 朱祖荣在给汪康年的信函中言：“此种西书多未译出，只有《农学新法》、《农事略论》两种，说固未备。”（上海图书馆：《汪康年师友书札》第 1 册，上海：上海古籍出版社，1986 年，第 223 页）邹代钧也称：“农学书甚可译，此书中国无译本。”（上海图书馆：《汪康年师友书札》第 3 册，上海：上海古籍出版社，1987 年，第 2701 页）。

使有志于农务者，知所效法也。海内作者，尚其就见闻所及，详细列条，但求切用，毋取具文。即下至一邑、一乡之所有，一草、一木之所宜，及凡附隶于农事者。苟能导其窾窾，详其功用，俾人知何利之，可与何弊之，当除即为不朽之作。幸务繁征博引，过求高深，本馆有深望焉。”[①]时务会课中“论农学”一题的出现，无疑为当时处于初创阶段的务农会做了极好的宣传。与此同时，《知新报》也提及“上海新设农学会”及《农学报》拟出之事[②]。这表明，《时务报》和《知新报》在务农会及《农学报》的创办上存在默契。

一个月后，即 1897 年 4 月 2 日，《时务报》刊登了由“农学会同人公启”的《农会报馆略例》。文中称：“蒙等招集同志创设务农会，本拟开会，以后再行创立报馆。惟现在经费未集，同志未多，旷日持久，殊非善策。兹先设农会报章以通消息，以广见闻。一俟同志日多，捐款稍裕，然后详订会中章程，定期开会。”并拟报馆略章。该略章分“报刊凡例”“办事规条”“筹款章程”三部分。

“报刊凡例”部分言：其一，本报之设以明农为主，兼及蚕桑畜牧，不及他事；其二，本报用第三号字模，每月刊报两次，每次约三十页；其三，本报专译东西农学各报及各种农书，将来开会以后，详载本会情形，如报章日多，即添人专译农书，不附报后，以期出书迅速；其四，本报并无论说，如海内同志以撰述见教者（必有关农学者），当择优录登，以备众览。“办事规条”部分则对《农学报》报馆的组织情形予以说明：设理事二人，一总理庶事，一润色书报；日本翻译和英文翻译各一人；司账、写字一人；杂役二三人。也就是说，报馆共计十人左右，同时规定：“本馆出入帐目，每月清揭，每季附刊报末，以征信实。”而“筹款章程”部分较之前的《务农会公启》中的规定更为细致：“本会银钱出入，统由汪君穰卿主政，凡诸君助款，请迳寄本馆，由本馆填给本会收条，并送请汪君签字，以昭凭信。”[③]在《农会报馆略例》后，首见四位务农会捐款者的姓氏。[④]汪康年一如既往地为务农会代启：“农会为中国目前至要之事，创办诸君以筹款不易，因先报馆以资研究，已延请上等翻译，

① 《本馆告白》,《时务报》1897 年第 19 册。

② 《吾道不孤》,《知新报》1897 年第 3 册。《吾道不孤》中称：“上海新设农学会，拟先出《农学报》，每月两次，每次五十叶，将于今年二月间开办。”

③ 《农会报馆略例》,《时务报》1897 年第 22 册。

④ 《务农会捐款姓氏》,《时务报》1897 年第 22 册。《务农会捐款姓氏》中称：“山阳邱于蕃捐银壹白圆，会稽徐仲凡捐规平银三百两，丹徒刘味清捐银一百圆，仪徵鹿柴居士捐银三百圆。”

准四月出报，惟经费未充，不能多印。且不能概送，远近同志，如欲阅此报者，本埠请迁至新马路梅临福里农会报馆挂号，外省请在各寄售本报处挂号，或函知《农会报》馆，均可。”[①]

1897年4月22日，维新派重要宣传刊物之一的《知新报》，鉴于“中土农学，不讲已久”之故，盛赞“拟复古意，采用西法，兴天地自然之利，植国家富强之原”的上海务农会创立，并将《务农会章》十二条登报以供众览。该文后亦在《农学报》首刊上登载。相较《务农会公启》，《务农会章》更为详备，言：“农学门径广博，约举其要，厥有六端，曰农，曰圃，曰林，曰泽……”将“农”之范围等同于农学的范围，并且所持农学观点显然属于广义方面。同时明确表示：“本会翻译欧美日本各种农书农报，创立报章，俾中国士夫，咸知以化学考地质，改土壤，求光热，以机器资灌溉，精制造之法之理。”[②]强调的是翻译以农务化学为主的内容。

需要说明的是，《务农会公启》刊登时，署名人蒋黼、罗振玉、朱祖荣、徐树兰四人并不在上海，因分处两地，他们与汪康年的联系全以信函形式进行。《务农会公启》刊出后，汪康年致函罗振玉与蒋黼，让他们邀上朱祖荣，同来上海晤商务农会事宜。[③]而《农会报馆略例》署名为“农学会同人公启”，乃集合众人之意而成，并非单独的个人著述。叶澜曾言：“农学会收捐章欠清晰，大致本弟所拟，而改去学问要领，想系归入详章也。”[④]蒋黼、罗振玉二人则提出他们对《农学报》的规划。[⑤]另外，《务农会章》各部分的具体撰稿人为谁，最后采纳了多少人的意见，难知其详，只知在《农学报》首刊前，“定章不附告白”的《时务报》报馆多次

---

① 《务农会捐款姓氏》，《时务报》1897年第22册。

② 《务农会章》，《知新报》1897年第13册。

③ 上海图书馆：《汪康年师友书札》第3册，上海：上海古籍出版社，1987年，第2928页。蒋黼与罗振玉的联名致函中提到：“忽奉前月廿八日手示，嘱弟等到沪面商一切，并邀朱君同来，遵守即函致阆翁，约其到沪晤商矣。弟等定于十一日由淮起身，屈计十七八日可抵申，一切容面罄。”

④ 上海图书馆：《汪康年师友书札》第3册，上海：上海古籍出版社，1987年，第2573页。

⑤ 1897年1月10日，罗振玉、蒋黼联名会意汪康年：“报馆一节，弟等窃议开办愈速愈妙，总须在正、二月间出报，弟等俟元宵后即拟同沪上经理此举。”信中咨询了“前托代延东文翻译”事情进展，提出增加西文翻译人选的构想。为了避免偏而不全，两人商量：“每期译书四种，东西各半，每种四叶，共十六叶。又译东西文报章约十余叶，统计三十叶上下。”提议“先出月报，如翻译迅速，拟改为半月报，庶几成书较疾”，并询问所购西方农书详况（上海图书馆：《汪康年师友书札》第3册，上海：上海古籍出版社，1987年，第2928册）。

为其登载告白。[①]

二、农会题名与捐款

1896年12月5日，《务农会公启》在《时务报》刊出后，“四方君子，谬相许可，或代拟章程，或诒书商榷，崇论闳议，厘然盈箧”[②]。马相伯著《务农会条议》，后收入《农学报》“农会博议”栏。[③]谭嗣同拟《农学会会友办事章程》十八条，提出“总会、分会会友于农学一有新理之得”则互相联络的构想。[④]草拟务农会收款章程的叶澜建议“先须译书习法，购地试验，一面考求中地各处土质，定其所宜”[⑤]。因“无款可助”，欲“将祖遗萧山田三十亩助入公会为试地（此指派人未学成时言），并许由会收租作用费，而自分余利。但须派人在会学习农学，将来即派在所助试地上种植”[⑥]。吴樵则言：“农学会章当与同志观之，惜办事章程甚略，仅后六条。”并感慨道：“撰章程能敷陈所办之事之有益，能为其曲折者，已属不易；能撰办事章程曲尽事理，不漏不益，纲领既得（以能打穿数层后壁为佳），细微亦有用，真不多见。”[⑦]据时间推断，此处“办事章程”指代《务农会公启》。邹代钧指出：“农学书甚可译，此书中国无译本故耳。惟此学甚不易，欲辨土性之宜，非讲地质化学不可；欲察草木之性，非讲植物化学不可；求粪壤之法，又必兼讲动物化学。气候寒暑，风雨多少，处处不同，非遍考不能言农学。此事与舆地有关系，若能讲求，鄙人之愿也。”[⑧]并称自己有“德文地学图”，该图“于农学有补”，如能翻译，愿贡献此图。邹代钧认为农务化学包括地质化学、植物化学、动物化学等门类。谭嗣同则请汪康年将同县黎少谷一生考究农学著作《浏阳土产表》转交给务农会，同时寄上自己所作《浏阳土产表叙》。[⑨]

此外，士绅纷纷询问相关消息，密切关注务农会事宜。罗振玉、蒋黼二人致函提出设想：“先译书报，即求代物色东文翻译（拟明春即举办）；先为月报，并译农学各书。”他们估算“一岁之需，不过二千金左右”，并

---

① 《本馆告白》，《时务报》1897年第25册。
② 《农会博议》，《农学报》1897年第1册。
③ 朱维铮主编：《马相伯集》，上海：复旦大学出版社，1996年，第14—20页。
④ 蔡尚思、方行：《谭嗣同全集》增订本上册，北京：中华书局，1981年，第271—273页。
⑤ 上海图书馆：《汪康年师友书札》第3册，上海：上海古籍出版社，1987年，第2555页。
⑥ 上海图书馆：《汪康年师友书札》第3册，上海：上海古籍出版社，1987年，第2573页。
⑦ 上海图书馆：《汪康年师友书札》第1册，上海：上海古籍出版社，1987年，第520页。
⑧ 上海图书馆：《汪康年师友书札》第3册，上海：上海古籍出版社，1987年，第2701页。
⑨ 上海图书馆：《汪康年师友书札》第4册，上海：上海古籍出版社，1989年，第3238—3239页。

称："书报既出，消息可通，我辈今日所咨询于人而各执一词者，异日可自于所译书中得之。旁观者亦知会中人认真办事，庶几渐能相信。此事所费少，而见效速。"[①]湖南龙山县前知县李智俦多次向汪康年询问"农会诸君子到否"，关注"何日出报"的农会信息。[②]1897年4月16日，徐维则亦致函汪康年，问及"《农会报》何时可出"[③]。周学熙也问过汪康年同样的问题。[④]卢靖"闻之欣慰曷胜利。窃维农事为工商之本，著效又极速，三十年来识时务者诸巨公独缺而不讲，舍本而逐末，置易而图艰，宜其法愈变而国愈弱也"，并询问"《农会报》可否即名为《农学报》？务农会可否即名为务农公司？"[⑤]

汪康年则致函王修植、夏曾佑和孙宝琦，欲通过他们向封疆大吏王文韶建议，倡导农学。信函道：

> 弟等客冬在上海与同志创设农会，大略情形曾登报牍，想蒙鉴及。惟开办之始，条理万端，同人聚谋，约有数说。或主先立学堂，肄习化学，以立大纲；或主垦荒购器，先求实效；或谓宜制造肥料，以代筹款；或谓宜先立译书报，立定根基，再求进步。首立学堂，继垦荒地，然后制肥料、造农器，以广利源，而便民用。学堂则募捐设立；垦荒等事则借款兴办，还清借款永为公产。如借贷不易，则设开垦公司，成熟后以几成归股主，以几成为会中经费。此数说者次第不同，用心则一。然译书、印报、实扼要之举，故此事已经开办，其余诸事尚未举行。众说既多，莫衷一是，撮其大要，质诸高贤，孰后孰先，尚祈指示。且事繁费巨，筹款惟艰，必有德位兼隆之大护法首为提倡，然后观成可望。因思夔帅名德硕望，锐意振兴；而三君子卓识鸿猷，睠怀时局，欲求提倡，舍是奚从！[⑥]

值得注意的是，此时蒋黼和罗振玉均为附生，徐树兰为举人，朱祖荣

① 上海图书馆：《汪康年师友书札》第3册，上海：上海古籍出版社，1987年，第3154页。

② 上海图书馆：《汪康年师友书札》第1册，上海：上海古籍出版社，1986年，第566—567页。李智俦在1897年3月4日和1897年3月28日致汪康年函中均有问及此事。

③ 上海图书馆：《汪康年师友书札》第2册，上海：上海古籍出版社，1986年，第1519页。

④ 上海图书馆：《汪康年师友书札》第2册，上海：上海古籍出版社，1986年，第1206页。周学熙在1897年4月20日致汪康年函中问道："《农务新报》何时可出？"

⑤ 上海图书馆：《汪康年师友书札》第3册，上海：上海古籍出版社，1987年，第2983页。

⑥（清）汪康年著、汪林茂编校：《汪康年文集》下册，杭州：浙江古籍出版社，2011年，第564—565页。

为廪贡生，四人均为仅有功名而无官衔实权的士绅，在士林中籍籍无名，其影响力自是微乎其微。而汪康年因《时务报》的兴办，早已声名远播。故而罗振玉和蒋黼曾请汪康年出任务农会经理，总农会之事。但汪康年并未答应，“仅允经理银钱”[①]，认为欲“振兴农学事”，还需晚清重臣的提倡。因此，《务农会公启》刊登后不到一周，蒋黼便托汪康年“函请张香帅[②]提创此举”，以期“天下豪俊闻风兴起”[③]。

汪康年果然写信给张之洞报告务农会宗旨及要办的事，努力争取其支持，称：

> 康年去冬与海上同志创设务农会，窃谓国势之强由于富，富之本源在工商，工商之本源则又在农田种畜。今日谋富之道，较有把握者，莫如振兴农事，讲求本务矣。春间曾与同志草订略章，由钱念劬太守转呈，当已鉴及。会中应办之事，条理繁多，约举之则有五端：曰译书报，曰垦荒地，曰试新法，曰购器具，曰立学堂。五者之中当以译书报为最先，立学堂为最要，而开荒、购器、试种等事，亦须次第举行。此刻书报业已译印，会中同志又捐地千五百亩，以备试种。然非立学讲求，难期实效，顾才力绵薄，需款孔多，非得德位兼隆之人为之维持，不能有成。我公德业炳蔚，海内宗仰，定能俯年民艰，许以提倡，凡在含灵翘企待泽，不仅农会诸人已也。[④]

他还建议：“去年读华侍御辉《请开农田水利疏》，探源立论，颇中肯綮。又孙尚书复奏大学堂折，所立诸科，农学居其一，此均农务振兴之机。部臣覆奏华侍郎折，有饬各省督抚胪陈地利情形之语，未知我公已经覆奏否？如能于覆折内并将农会一事叙入，倘或俞允，较易成功。”[⑤]

《务农会公启》中曾言：“海内同志愿入会者，请将台衔住址开寄《时务报》馆，以便遇事公同商酌。”[⑥]《务农会章》亦道：“凡愿与会者，乞赐示衔名住址，俾按先后，以期集事。”光绪二十三年（1897年）四月，

---

① 上海图书馆：《汪康年师友书札》第2册，上海：上海古籍出版社，1986年，第1524页。

② 指张之洞。

③ 上海图书馆：《汪康年师友书札》第3册，上海：上海古籍出版社，1987年，第2927页。

④（清）汪康年著、汪林茂编校：《汪康年文集》下册，杭州：浙江古籍出版社，2011年，第563页。

⑤（清）汪康年著、汪林茂编校：《汪康年文集》下册，杭州：浙江古籍出版社，2011年，第564页。

⑥《务农会公启》，《时务报》1896年第13册。

《农学报》首刊刊登了一份“农会题名”，称“以先后为序，以后入会诸君依次续登”[①]，列出了45位列名农会者[②]，包含8位代收捐款者的姓名[③]。代收捐款共8处9人，即江苏4处、浙江2处、四川和广西各1处，分别为江苏金陵文正书院张謇，江苏通州范湖洲朱祖荣，江苏江阴浙盐总局刘梦熊，江苏淮安南门大街百善巷邱宪、王锡祺，浙江绍兴水澄巷徐树兰，浙江杭州文龙巷邵章，四川成都定兴书院陶在宽，广西桂林广仁善堂龙焕纶。[④]

仅1897年一年，就有209人名列题名者，占3年“农会题名”的61%。[⑤]其中，99人为仅具功名的士绅，78人为有仕履的官员，32人为无任何头衔的人。而78位官员的官衔多为候选训导、记名道、候补知县等无重权的虚衔。值得一提的是，文华殿大学士李鸿章、湖广总督张之洞、七名内阁中书[⑥]、户部郎中刘锦藻、刑部郎中王锡祺亦名列其中。在农会同人的宣传劝说下，1897年杭州太守林迪臣、江宁太守刘名誉、顺天府尹胡燏棻、浙江巡抚廖寿丰、湖广总督张之洞、两江总督刘坤一饬令所属购阅《农学报》。[⑦]

务农会及《农学报》的创设，除需人脉聚集，取信于人外，还必须有一定的经费来支撑运转。务农会的筹款章程中云：“本会银出入，统由汪君穰卿主政，凡诸君助款，请迳寄本馆，由本馆填给。”[⑧]在《时务报》报馆和农会同人的共同努力下，1897年共收到捐款银圆4560元，银两350两[⑨]，包含41位捐款人和“直隶临城矿务局”1个捐款单位，

① 《农会题名》，《农学报》1897年第1册。此外，《农学报》资料散佚，“农会题名”与“农会续题名”散见于上海图书馆、复旦大学图书馆、南京图书馆、华南农业大学农史研究室，以及姜亚沙、经莉、陈湛绮主编的《中国早期农学期刊汇编》第3册（北京：全国图书馆文献缩微复制中心，2009年，第593—640页）。笔者据所搜集到《农学报》中“农会题名”内容，进行史料比勘，推断出题名大致时间。

② 分别为蒋黼、罗振玉、汪康年、梁启超、徐树兰、朱祖荣、邱宪、马良、马建忠、陈虬（字志三）、叶瀚、张謇、张美翊、李智俦、叶意深、连文冲、陈庆年、陶在宽、沈学、沈瑜庆、凌赓飏、魏丙尧、王镜莹、邵章、邵孝义、龙泽厚、龙焕纶、汪鸾翔、况仕任、王浚中、龙朝辅、刘梦熊、谭嗣同、柳齐、周学熙、高崧、沙元炳、吴廷赓、马燮光、邓嘉缉、胡光煜、桂高庆、李钧鼎、李盛铎、龙璋。

③ 《农学报》第2册刊登的《代收捐款诸君名氏》中，多金陵钟山书院缪荃孙一处。王锡祺题名见《农学报》1897年第16册，缪荃孙题名见《农学报》1897年第4册。

④ 《各处代收捐款诸君名氏住所》，《农学报》1897年第1册。

⑤ 今所见资料，仅1897—1899年的“农会题名”。据统计，入会列名之人共342位，其中“黎宗鋆”“唐才常”“黄绍第”“曾仰东”两见。

⑥ 分别为徐维则、蒋锡绅、文廷楷、张鸿、王景沂、陆树藩、吴燕绍。

⑦ 所发公文见《农学报》第5、7、8、12、13册。

⑧ 《农会报馆略例》，《时务报》1897年第22册。

⑨ 《农学报》1897年第11册、1898年第20册。

具体见表 3-1。

表 3-1　1897 年务农会捐款人身份、金额详细清单

捐款人	身份	数额	捐款人	身份	数额	捐款人	身份	数额
蒋黼	秀才	500 元	赵次珊	廉访	100 元	张謇	殿撰	50 元
罗振玉	秀才	500 元	严范孙	学使	100 元	狄楚卿	大令	50 元
张之洞	湖广总督	500 元	刘竽珊	太史	100 元	陈伯潜	阁学	40 元
徐树兰	孝廉	300 两	沈雨辰	太史	100 元	黄叔颂	太史	30 两
席麓生、席沅生	观察	250 元	朱阆樨	广文	100 元	徐菊人	太史	20 元
张燕谋	观察	200 元	沙健庵	太史	100 元	韩稺夫	大令	10 两
卢木斋	大令	200 元	吴坚庭	广文	100 元	奚冕周		10 元
许笈云	进士	200 元	马苇庭	太学	100 元	王司直		10 元
刘梦熊	刺史	100 元	祝稺农		100 元	徐赞廷	刺史	10 两
林迪臣	太守	100 元	刘聚卿	观察	100 元	张璠隐	舍人	10 元
松鹤龄		100 元	徐以愻	舍人	100 元	郁莲卿		10 元
孙实甫		100 元	董竟吾		100 元	沈愚溪	参军	10 元
蒋仲京	司马	100 元	刘伟庵		100 元			
胡云楣	副宪	100 元	李小池	司马	100 元			

资料来源：《农学报》1897 年第 11 册；《第二次报销清册》，《农学报》1898 年第 20 册

其中，蒋黼、罗振玉、张之洞均捐 500 元，徐树兰捐 300 两，其余人捐 10 元到 250 元不等，捐款之人多为列名农会者。[①]需要说明的是：1897 年 11 月，务农会曾明确规定："会员每年纳金会中，谓之会金。其数由银三元至六元，量力之厚薄纳之。……会中名誉会员以及已捐助之会友不在此例。"[②]若以每位会员纳会金 6 元计算，1897 年，209 位列名农会者共应纳 1254 元，远不及实际所收捐款 4560 元。另相形之下，如谭嗣同、叶瀚、吴樵等人，在光绪二十二年（1896 年）和光绪二十三年（1897 年）曾为创办《民听报》想方设法，四处筹款，却终一无所获。[③]故而，自是可以推定，"务农会"筹款主要是靠汪康年及《时务报》报馆的声望募集而来，也是社会士绅开始重视新式农务的结果。

---

① 邱于蕃捐 100 元，李智俦捐 300 元，但二人的名字见于《时务报》第 22 册和《农学报》第 1 册，却未见于《农学报》1897 年第 11 册农会捐款人的总结中，原因不详。

② 《务农会试办章程拟稿》，《农学报》1897 年第 15 册。

③ 蔡尚思、方行：《谭嗣同全集》增订本下册，北京：中华书局，1981 年，第 493—496 页。

三、《农学报》的创刊

务农会创设之始，立愿至为宏大[①]，但因早期“经费未集，同志未多”[②]，拟先“捐集款项，创立报章。其他各事，俟创办时酌订章程，先期登报，以期集事”[③]。在汪康年的帮助下[④]，务农会已订购泰西、日本的农书、农报[⑤]，聘请藤田丰八为日文翻译，英、法文翻译并已得人[⑥]。故而，光绪二十三年（1897年）四月，寓务农会事于报事的《农学报》问世。[⑦]

《农学报》早期的具体内容在见报前，即已见诸它报。例如，1897年5月首刊中的第一篇文章《农学报略例》与光绪二十三年（1897年）三月

---

① 《务农会公启》中就提到“购田试办”“办报”“开厂”“设学堂”四事。其中，“购田试办”一事，虽有建议，却少有实效。李智俦曾向汪康年建议：“张季直殿撰如至申江，请与商议沙洲事，如能指拨少许与农学会，则有立足之地矣。”（上海图书馆：《汪康年师友书札》第1册，上海：上海古籍出版社，1986年，第566页）蒋黼和罗振玉在给张謇的信中也提到：龙研仙大令捐献如皋沙地，由朱祖荣就近照料（甘孺：《永丰乡人行年录（罗振玉年谱）》，南京：江苏人民出版社，1980年，第17页）。此外，徐树兰、叶澜、谭嗣同对“购田试办”的建议分别见上海图书馆：《汪康年师友书札》第2册，上海：上海古籍出版社，1986年，第1524—1525页；上海图书馆：《汪康年师友书札》第3册，上海：上海古籍出版社，1987年，第2573页；蔡尚思、方行：《谭嗣同全集》增订本下册，北京：中华书局，1981年，第492页。而“设学堂”亦有打算，如徐树兰致函汪康年询问道：“设立农学堂，拟如何办理，有成议不？”（上海图书馆：《汪康年师友书札》第2册，上海：上海古籍出版社，1986年，第1526页）。罗振玉曾请汪康年与陈锦涛、严复酌定《农学堂章程》（上海图书馆：《汪康年师友书札》第3册，上海：上海古籍出版社，1987年，第3157页）。张元济言：“农学馆开后似可请南洋具奏”，并称：“农学堂总宜速开，陆纯伯未必能办”（上海图书馆：《汪康年师友书札》第2册，上海：上海古籍出版社，1986年，第1720、1731页），但终未果。而“开厂”一事，具体操作较少被人谈及。

② 《农会报馆略例》，《时务报》1897年第22册。

③ 《务农会章》，《知新报》1897年第13册。

④ 1896年，汪康年在给廖寿丰书中言：“承委代购东洋农具一节，康年询农会中人。据言农具品类甚繁，既须视地土所宜，又须视教习之意趣，必须先待教习请定，再请其购办农具，方为款不虚糜。且惟日本农师，方肯用日本农具，若延聘欧洲农师，则若辈畛域攸分，自必向欧洲购办。至日本农师之薪金，其由大学堂出身者月不过百元，若欧洲之农师，则尚不止此数。又张香帅去岁曾向美国办到农具，计用去银二千八百元云云。以上皆农会中人云，合并奉闻，以备采择。”（清）汪康年著、汪林茂编校：《汪康年文集》下册，杭州：浙江古籍出版社，2011年，第562页。

⑤ 上海图书馆：《汪康年师友书札》第3册，上海：上海古籍出版社，1987年，第2927页。

⑥ 上海图书馆：《汪康年师友书札》第3册，上海：上海古籍出版社，1987年，第3156页。

⑦ “寓会事于报事”的设想，邹代钧在给汪康年的信中言：“所讲之学，门径甚多，我辈数人自问所有，似不足以答天下之问难，且泰西学会无非专门，如舆地会等类是也。今欲合诸西学为会，而先树一学会之的，甚不容易。若能先译西报，以立根基，渐广置书籍，劝人分门用功，相互切磋。以报馆为名，而寓学会于其中较妥。”上海图书馆：《汪康年师友书札》第3册，上海：上海古籍出版社，1987年，第2639页。

初一日《时务报》第 22 册刊出的《农会报馆略例》一文，除“凡例”部分文字稍微有出入外[①]，其余内容完全相同。后者文末 4 位捐款姓氏的名字亦出现在《农学报》第 1 册的“捐款姓氏”之中。[②]紧接着，《时务报》第 23 册中梁启超《农会报序》一文亦出现在《农学报》第 1 册中。[③]此外，作为维新派宣传报的《知新报》在梁启超文发表 10 天后，刊登了《务农会章》。《知新报》报馆称：“农学为富国之本，中土农学，不讲已久，近上海同志诸君，创设农学会，拟复古意，采用西法，兴天地自然之利，植国家富强之原，甚盛举也，兹蒙寄到开办章程，谨登诸报，以供众览。”[④]《知新报》所载《务农会章》12 条的内容与《农学报》首刊所见《务农会略章》文字完全相同。

与《时务报》不同的是，《农学报》并无论说，虽如此，其仍规定：“海内同志，以撰述见教者（必有关农学者），当择尤录登，以备众览。”[⑤]“农会博议”刊“有要于农事者”文论 18 篇，其中最引人注意者当属马相伯的《务农会条议》15 条。徐树兰在读完该文后，感慨其“条分缕析，言皆有物，非深识静意，何以及此。钦佩！钦佩！”[⑥]。罗振玉亦称：“相伯先生细章，业读一过，精密之至。”[⑦]汤蛰仙、吴剑华、朱祖荣则对该文的部分内容予以指驳。[⑧]而叶意深认为：“《农学报》已阅至第三册，体例悉协，所载马相伯观察条议，至为精当。诸家指驳似少体会。”[⑨]

前述谭嗣同于 1897 年 2 月 19 日《农学报》创刊前，在给汪康年的信中推荐的本籍黎少谷的《浏阳土产表》及其所作的叙，登载于《农学报》中。《浏阳土产表叙》见于第 2 册，《浏阳土产表》则连载在第 2—5

---

① 《时务报》登《农会报馆略例》的“凡例”部分，第二条为“本报用白纸石印，每月刊报两次，装订成册，每次曰三十叶内外”。《农学报》第 1 册对文字稍有改动。第三条为“本报专译东西农学各报及各种农书，将来开会以后，详载本会办事情形，如报章日多，即添人专译农书，不附报后，以期出书迅速”。《农学报》对此则更加具体，称：“本报详载各省农政、附本会办事情形，并译东西农书农报，以资讲求，竢报章日多，捐款渐裕，即添人专译农书，不附报后，以期出书迅速。”而第四条的“本报并无论说，如海内同志，以撰述见教者（必有关农学者），当择尤录登，以备众览”。《农学报》明言择优录登“农会博议”一栏中。

② 4 人为邱于蕃、徐树兰、刘梦熊、鹿柴居士李智俦。

③ 《农学报》无文论标题，仅文末书“新会梁启超序”。

④ 《务农会章》，《知新报》1897 年第 13 册。

⑤ 《农学报略例》，《农学报》1897 年第 1 册。

⑥ 《农会博议》，《农学报》1897 年第 2 册。

⑦ 上海图书馆：《汪康年师友书札》第 3 册，上海：上海古籍出版社，1987 年，第 3154 页。

⑧ 《农会博议》，《农学报》1897 年第 2 册。

⑨ 上海图书馆：《汪康年师友书札》第 3 册，上海：上海古籍出版社，1987 年，第 2446 页。

册及第 10 册中。1897 年 9 月 7 日，因收时务会课征文“收佳卷甚多”，《时务报》刊载了此次会课卷次第姓氏五十名，第一名为张寿浯。他论农学的文章刊载于《农学报》第 4—15 册中。梁启超的《蚕务条陈叙》和朱祖荣编辑的《蚕桑问答》亦见于光绪二十三年（1897 年）的《农学报》中。[①]

《农学报》的销量，应该是比较可观的。光绪二十三年（1897 年）的《农学报》每月出报 2 次，每次 30 页左右[②]，当年共出版《农学报》18 册。1897 年 7 月 10 日徐树兰给汪康年的信函中称：“弟带回之《农报》，因随同《时务报》派去，仍多折回。”[③]这时《农学报》已经出版到了第 5 册，徐树兰的言论可作为最初《农学报》销量的证据。邹代钧在 1897 年 12 月 19 日的来函中提到：“沪上以后寄报多少开呈，祈遍告照行。《时务报》七百册，近来销数稍减；《知新报》一百册；《农学报》五十册；《萃报》五十册；《求是报》、《妇孺报》祈属暂停寄，缘无人购阅耳。”[④]也就是说，早期《农学报》的销量虽无法与《时务报》相提并论，但仍相当可观，截至 1897 年底，《农学报》的销量有约 3000 份。[⑤]梁启超在 1897 年给康有为的信函中说：“一馆之股，非万金不办，销报非至三千不能支持。”[⑥]据《农学报》报馆统计，1897 年共收报费 4229.525 元[⑦]，其中自收报费 517.155 元，代派处收报费 3712.370 元。代派处的销量为本埠的 7 倍多，充分可见庞大销售渠道的影响。[⑧]光绪二十四年（1898 年），因《农学报》报馆“去岁第一期至第十八期之报，久经售罄，补印不易，兹将去年报中报中译印已成之书二十三种（其已译未全之书，俟随后印行）编为《农学丛刻》”[⑨]。

① 《蚕务条陈叙》，《农学报》第 2 册；《蚕桑问答》，《农学报》第 1、2、3、5、7、8 册。

② 《农学报略例》，《农学报》1897 年第 1 册。

③ 上海图书馆：《汪康年师友书札》第 2 册，上海：上海古籍出版社，1986 年，第 1525 页。

④ 上海图书馆：《汪康年师友书札》第 3 册，上海：上海古籍出版社，1987 年，第 2749 页。

⑤ 《本馆告白》载：“本馆开创以来，承同志协助，派出之报将三千分（份）。”《农学报》1898 年第 18 册。

⑥ 丁文江、赵丰田：《梁启超年谱长编》，上海：上海人民出版社，1983 年，第 79 页。

⑦ 《农会报销清册》，《农学报》，册数不详，复旦大学图书馆藏。

⑧ 代派处报费未算未缴清的报费，《农学报》曾多次发声明，向代派处催要欠费。见《农学报》第 9 册、第 14 册、第 18 册、第 25 册等。《农学报》曾经为代派处缴纳报费之事修改章程，如光绪二十四年（1898 年）十二月底的告白中称：“《农报》开创于今两年，因各埠派报处报费不齐，难资周转，致种种棘手，且多折阅，前承两江督宪刘大臣奏明将会报改归官报，并拨款资助，理宜重订售报章程，以矫往者收费不易之弊，兹将所订新章列如左。……该新章集中与报纸涨价、不零售及收报费三点上。”

⑨ 《本馆告白》，《农学报》，具体时间未知（仅能据其前后的“告白”推测其为 1898 年的告白，且在《农学报》1898 年第 25 册之后）。

《农学报》由刊升级为丛书，反映出社会对该刊需要量的增大。

《农学报》本埠在新闸新马路梅福里本馆及《时务报》报馆、格致书室、文瑞楼、著易堂等处销售，各埠售报所情况①如表 3-2 所示：

表 3-2　《农学报》各地代售情况表

地区	代售所（个）	地区	代售所（个）	地区	代售所（个）	地区	代售所（个）
直隶	9	安徽	2	江西	3	四川	2
河南	1	浙江	13	福建	2	香港	1
山西	1	湖北	5	广东	3	澳门	1
江苏	29	湖南	1	广西	2		

资料来源：《农学报》1897 年第 1—5 册、第 10 册、第 12 册

从表 3-2 中可见，《农学报》到光绪二十三年（1897 年）九月，在全国 15 个地区设立了多个分销处。②值得注意的是，除南京及广西、浙江三个地区的代销点不同外，《农学报》销售面所能覆盖的地区，均为《时务报》销售分布的地方。而不久后创办的《国闻报》销路始终局限在北方各省，严复和王修植虽一直试图开拓南方市场，却未成功。③另外，1898 年共出版《农学报》39 册④，全年印报 126 550 册，印报费为 5184 元，所收报费为 7175.3495 元⑤，对比 1897 年《农学报》初创 18 册，收报费 4229.525 元，一年之内，增加近一倍，可见《农学报》的销路迅速增长。此外，从《农学报》创办头三年的收支情况中也能看出，该报的受众面不断扩大。

---

① 其中江苏代售处数目为 20—29 不等，浙江代售处数目为 11—13 不等，变动原因在于销量较少的小代售点有增加。为便于统计，表 3-2 以《农学报》第 5 册公布的各处代售所为依据。

② 分别为直隶 9 处、河南 1 处、山西 1 处、江苏 20 处（5 册 29 处）、安徽 2 处、浙江 13 处（5 册 11 处）、湖北 5 处、湖南 1 处、江西 3 处、福建 2 处、广东 3 处、广西 2 处、四川 2 处、香港 1 处、澳门 1 处。见《农学报》第 1—5 册、第 10 册和第 12 册中“各埠售报所名单”。

③ 王修植在光绪二十四年（1898 年）三月二十四日来函中称：“《国闻（报）》馆所求于左右者，不在帮助资本，而在设法推广销路，上海去年托《新闻报》馆代销，嗣以销路为难见复。以后能否附在贵馆，由贵馆派人每日分送，每张定价十文，外加邮费每张两文，报价以八折计算，将二成作为分报人工食，能否照办？至东南各埠，能由贵馆经销处一并代销尤妙。其包封由津总寄上海再由贵馆分寄各埠，能如此，则《国闻（报）》受施多矣。”上海图书馆：《汪康年师友书札》第 1 册，上海：上海古籍出版社，1986 年，第 82 页。

④ 《本馆告白》载：“本报今年系半月报，全年价洋三元。明年自正月起改为旬报，每年三十六册。”见《农学报》1898 年第 18 册。因戊戌年闰三月，故《农学报》共出版 39 册。

⑤ 《农学会第三次报销清册》，《农学报》1899 年第 67 册。

四、农会、农报的时代象征

1898 年 8 月 8 日，《时务报》停刊。不久，戊戌政变发生。1898 年 10 月 5 日，慈禧太后下谕，谓："莠言乱政，最为生民之害。前经降旨将《官报》、《时务报》一律停止。近闻天津、上海、汉口各处，仍复报馆林立，肆口逞说，捏造谣言，惑世诬民，罔知顾忌，亟应设法禁止。著各该督抚饬属认真查禁。其馆中主笔之人，率皆斯文败类，不顾廉耻。即由地方官严行访拿，从重惩治，以息邪说，而靖人心。"[①]六日后，慈禧太后再颁懿旨，称："联名结会，本干例禁。乃近来风气，往往私立会名，官宦乡绅，罔顾名义，甘心附和，名为劝人向善，实则结党营私，有害于世道人心，实非浅鲜。著各直省督抚严行查核，拿获入会人等，分别首从，按律治罪，其设会房屋，封禁入官。"[②]朝廷封报禁会的上谕，使"海上志士，一时雨散"，蒋黼"自行敝馆散会……感于时危，归淮安奉母"[③]。无怪乎汪有龄叹息道："时局日坏，不复有望挽回。近闻沪上《农》、《蒙》各报亦殆不支。"[④]

《时务报》停刊，沪上志士离散，朝廷禁报馆会名，蒋黼归去，此时的《农学报》已出至 40 多册。在这样的背景下，罗振玉托李智俦面陈时任两江总督刘坤一："请将报馆移交农工商局，改由官报。"刘坤一回复道："《农报》不干政治，有益民生，不在封闭之列。至农社虽有乱党名，然既为学会，来者自不能拒，亦不必解散。至归并农工商局，未免掠美有所不可。"[⑤]并令"上海道拨款维持，沪道发二千元"。罗振玉在 1899 年 5 月 29 日给汪康年的信中道出苦心："弟归晤斧兄，渠以家事回沪未有期，即来沪亦携其眷属归耳。农事不与闻矣。刻下又当绝续之交，弟不能至宁，半月后，仍须至沪料理，若弟赴高等之招，则此局休矣。今年农会处万难之势，仍须努力，存此孤注，是私衷耿耿者耳。"[⑥]时有人曾问："农馆得南洋借款，如何章程？"[⑦]1899 年 11 月，徐树兰、程少周、汪康年、罗振玉四人

---

① 中国第一历史档案馆：《光绪朝上谕档》第 24 册，桂林：广西师范大学出版社，1996 年，第 452—453 页。

② （清）朱寿朋编、张静庐等校点：《光绪朝东华录》第 4 册，北京：中华书局，1958 年，第 4221 页。

③ 罗振玉：《集蓼编》，《罗雪堂先生全集》续编二，台北：大通书局，1989 年，第 713—714 页。

④ 上海图书馆：《汪康年师友书札》第 1 册，上海：上海古籍出版社，1986 年，第 1090 页。

⑤ 罗振玉：《集蓼编》，《罗雪堂先生全集》续编二，台北：大通书局，1989 年，第 713—714 页。

⑥ 上海图书馆：《汪康年师友书札》第 3 册，上海：上海古籍出版社，1987 年，第 3163 页。

⑦ 上海图书馆：《汪康年师友书札》第 2 册，上海：上海古籍出版社，1986 年，第 1230 页。

联名出《农学会公启》。[①]

将务农会及《农学报》的命运置于动态的社会情境和具体史实下加以考察，可知《农学报》在上海创刊，该报为务农会会报，两者关系自然极为密切，但《农学报》与《时务报》关系的密切同样不可小觑。务农会同样由如皋朱祖荣、会稽徐树兰、上虞罗振玉、吴县蒋黼诸人所创设[②]，而汪康年力为之助[③]。在前期“定翻译人员”、“购农书农报”、“筹措经费”与“取信于人”方面，汪康年及《时务报》报馆的确提供了很大的帮助。故而1897年2月23日，罗振玉、蒋黼二人在致汪康年函中就言：“报馆一切应办之事，务求相宜办理，不必候弟等商酌。”[④]张元济则盛赞道：“《农（学）报》已到，同人极为称赞。盖非我公主持其事，乌能臻此。”[⑤]沈克諴将“广《农学报》，又设农学会”[⑥]之举视为汪康年的一大作为。李智俦更明言：农会“附庸贵馆，尚望始终提挈。”[⑦]“定章不附告白”的《时务报》报馆称：“农学会报本馆亦与其，故为登告白。”[⑧]

《农学报》于1897年5月正式出刊。此前，报馆的筹备工作经由《时务报》宣传及士人与汪康年的书信往来，已进入实质性的推进阶段。[⑨]但

---

① 《农学会公启》记载：“敬启者，本报开创，初由同人协立，既经江督新宁尚书奏改江南总农会，力加倡导，拨款维持，岁月不居，忽忽三岁。去岁至销报三千余分（份），然因各寄售处报金多不清缴，致度支不给，几至中辍。今年整顿寄售章程，而销数又绌，综计各省官私所销，不及去岁三分之一。设法补苴，幸勉失坠。然核计今年出入款项，除已经挪用之外，以后尚缺千数百圆。窃惟报章为农会基址，报章之有无，关于农会，实非浅鲜。自未便因目前支绌，遽尔停止，谨与同志公议，敬请同会诸君子，合力维持，每人认捐一股，或数股、数十股，每股墨银十圆，一面集股为延续目前之谋，一面筹常年经费及推广销报。俟筹款有著，即停股捐。树兰等各认若干股，以为之倡同人所出股份，即祈于今年冬间寄沪，以济办报之须，凡入股者，报章出后，照股数寄报，以酬盛谊、古语有之，慎终如始。又曰：‘人之欲善，谁不如我。’将伯之呼，无任祷企。兹将已认捐之姓氏列左。徐树兰等公启。”后为四人捐款：徐树兰捐一百元；程少周捐五百元；汪康年捐五十元；罗振玉捐五十元，同时附呈了“《农学报》馆开办以来出进款项清单”。《农学会公启》，《农学报》1899年第87册。

② 汪诒年：《汪穰卿先生传记》卷六，1938年，第6—7页。

③ 汪康年在《论华民宜速筹自相保护之法》中提出：“一曰宜设农会、农报、农务学堂、农学试验场，并制肥料及杀虫药，以劝导农民。中国农业尚为讲求，然泥于成法，不思变通，其器轻窳，其法旧拙，其于辨土宜、兴水利、防灾患之道，咸未讲求，故必集东西之良法，择可者试行之，使远近农民得所仿效，而兴地利。”《论华民宜速筹自相保护之法》，《时务报》1897年第47册。

④ 上海图书馆：《汪康年师友书札》第3册，上海：上海古籍出版社，1987年，第3156页。

⑤ 上海图书馆：《汪康年师友书札》第2册，上海：上海古籍出版社，1986年，第1694页。

⑥ 上海图书馆：《汪康年师友书札》第1册，上海：上海古籍出版社，1986年，第1125页。

⑦ 上海图书馆：《汪康年师友书札》第1册，上海：上海古籍出版社，1986年，第566页。

⑧ 《本馆告白》，《时务报》1897年第25册。

⑨ 如士人来函问出报时间，即《知新报》言：《农学报》拟正二月间出报。

对于馆外各界人士而言，仅从《时务报》和《知新报》的只言片语中，只能理解其大概拟章及刊物的规模，而对于刊物究竟有哪些具体内容不甚明了。《农学报》并没有如《时务报》般标明具体的“办事诸君名氏”，蒋黼、罗振玉与徐树兰曾多次请汪康年出任务农会总理，但汪康年“辞逊甚坚，仅允经理银钱”[①]。同时，《农学报》也没有推行试刊，在根本没看到实际报刊的情况下，列名务农会者、捐款者、代售者和报馆之间，谈不上传播者和受众的关系。他们之所以纷纷建言，热心捐款，愿入务农会，自然是因为汪康年、梁启超及《时务报》报馆在士林阶层中所具有的社会影响力。此外，《农学报》报馆置译之农书，是经由汪康年托《时务报》报馆翻译古城贞吉代购而得。[②]

从《农学报》的创办过程来看，《农学报》和《时务报》之间有着密切的关联，并不是像后来罗振玉所回忆的那般容易和简单：“丙申春至上海设农报馆，聘译人译农书及杂志，由伯斧总庶务，予任笔削。及戊戌冬伯斧归，予乃兼任之，先后垂十年，译农书百余种。……当时所谓志士，多浮华少实，顾过沪时，无不署名于农社以去。”[③]务农会早期“经费难酬”与“无以取信”的两大难题[④]，是在《时务报》报馆的鼎力相助下才得以解决的[⑤]。《农学报》实乃一批志同道合的人通力协作的结果，同时其初期主要借助《时务报》的声望和销售渠道，才扩大了社会影响力。

然而，戊戌政变后，《时务报》不但未销者无人过问，已售者也均被视为厌物。[⑥]而《农学报》在《时务报》停刊后，仍能继续存在，且前后长达近十年之久，耐人寻味。在戊戌封报禁会时，《农学报》仍被张

---

① 上海图书馆：《汪康年师友书札》第2册，上海：上海古籍出版社，1986年，第1524页。

② 上海图书馆：《汪康年师友书札》第3册，上海：上海古籍出版社，1987年，第2587页。

③ 罗振玉：《集蓼编》，《罗雪堂先生全集》续编二，台北：大通书局，1989年，第711页。

④ 上海图书馆：《汪康年师友书札》第3册，上海：上海古籍出版社，1987年，第3154页。

⑤ 汪康年出力不小，至1898年，他在《上晋抚胡聘之中丞书》中还言：“前闻盛指，将辟蒙地，实是本原之策（惟今日报言，中国许英山西矿地万里，令得开矿、垦田、不知确否）。今农会在杭州、镇江、如皋各得拨沙田一二千亩，而上海又得田十余亩。现拟延日本上等农师，在上海开设农务学堂，讲求农学，并化土质、辨土宜、仿制肥料，仿造农具，并试种各种植物。又于杭、镇、如皋三处，各拨田五十亩，由农师派日本老农前往试种，必令农务日进……尚须筹款，现已与江浙各大府商筹款项，以资兴办。此事由民办理，自较官场简捷。我公有志振兴民利，而于农务尤为关切。惟欲讲求农务，自不能不研究新法。然使各省分道讲求，则费巨力分，又多费时日，不如并归一处。俟有成效，再分设各省，似较有益。如蒙俯才斯言，则拟恳设法提倡，俾得速成，实所盼切。”（清）汪康年著、汪林茂编校：《汪康年文集》下册，杭州：浙江古籍出版社，2011年，第573—574页。

⑥ 上海图书馆：《汪康年师友书札》第3册，上海：上海古籍出版社，1987年，第3874页。

之洞推为“讲农政者宜阅”之报。[1]其后所译农学新书不减反增，“销行甚畅，所得利益，除偿本金及维持农馆、东文学社外，尚赢数千元”[2]。个中因由，除《农学报》内容少专门论说，无主笔人员，实为一份出新的农学译报，以及务农会虽有会名，却无实际聚众集会行动；加之得刘坤一、张之洞等晚清重臣的提倡外，还在于其乃“中国农政大兴”之前兆的结果。[3]

早在光绪二十二年（1896年）八月二十三日，御史华辉即奏请讲求“务本至计”，提倡“广种植”“兴水利”，以开利源。[4]张謇极赞同华辉所言“广种植”“兴水利”二端，并进一步指出：“然必先之以专责成，征实事，宽民力”，称“此三者为振兴农务之要领”[5]。光绪二十四年（1898年）五月二日，江南道监察御史曾宗彦提出“励农学以尽地力”[6]，并“明诏鼓舞”上海务农会。该折上奏当天，光绪帝即发上谕：“著总理各国事务衙门一并议奏。”[7]五月十六日，总理衙门议覆：“所称上海农学会，由江浙绅士创设，行之有效，是风气业已渐开，惟该学会何人经理，一切章程未经呈报，无案可稽。应请旨饬下南洋大臣，查明该绅等姓名及该会章程，咨送臣衙门备核，仍由南洋大臣就近考察。如果确著成效，请旨嘉奖，为直省农学之倡。其如何妥为保护，并应否筹给经费，以垂久远之处，统由该大臣酌核奏明办理。”[8]此时南洋大臣为刘坤一。当日光绪帝就此下发谕旨：“著刘坤一查明该学会章程，咨送总理各国事务衙门查核颁行。”[9]诚如茅海建所论，至戊戌变法期间，康有为、王景沂、程式谷等亦上书言农事，“特别是七月二十日之后，由于条陈急剧增加，即便处理，也拖得很晚，而有关农业改革的上书却优先处理、重点关照。很可能处理上书事务的新任四章京，得到了光绪帝的特别指示”[10]。

务农会及《农学报》问世前，有识之士如孙中山曾言：“我国家自欲

---

① （清）张之洞：《劝学篇》，上海：上海书店出版社，2002年，第57页。

② 罗振玉：《集蓼编》，《罗雪堂先生全集》续编二，台北：大通书局，1989年，第722页。

③ 中国史学会主编：《戊戌变法（二）》，上海：上海人民出版社，1957年，第307—309页。

④ 中国史学会主编：《戊戌变法（二）》，上海：上海人民出版社，1957年，第301—302页。

⑤ 中国史学会主编：《戊戌变法（二）》，上海：上海人民出版社，1957年，第308页。

⑥ 国家档案局明清档案馆：《戊戌变法档案史料》，北京：中华书局，1958年，第386页。

⑦ （清）徐致祥等：《清代起居注册（光绪朝）》第61册，台北：联合报文化基金国学文献馆，1987年，第30800页。

⑧ 国家档案局明清档案馆：《戊戌变法档案史料》，北京：中华书局，1958年，第388页。

⑨ （清）徐致祥等：《清代起居注册（光绪朝）》第61册，台北：联合报文化基金国学文献馆，1987年，第30859页。

⑩ 茅海建：《戊戌变法史事考》，北京：生活·读书·新知三联书店，2005年，第321—328页。

行西法以来，惟农政一事未闻仿效。”[①]梁启超也道：“通商数十载，海内之士抵掌谭（谈）洋务者项相望，综其言论，不逾两途：一曰练兵，以敌外陵；二曰通商，以杜内耗。”[②]务农会但明农学，不及时政，合于晚清当局振兴农务的重要契机，自然《农学报》得到各方认可和支持，成为时代的一种象征，也在情理之中了。

第二节　《农学报》中农学知识的再生产

务农会虽立意甚高，拟办事情众多，但所办实事仅《农学报》一宗。《农学报》集中直接译介西书原著，不再仅凭前面所述的传教士转手的只言片语，满足了士人对西法农务进一步了解的需求。故而探究《农学报》内容呈现，有助于了解时人对晚清农务的关注点。《农学报》于 1897 年 5 月创刊，至 1906 年 1 月停刊，共出版 315 册，前后持续近十年之久。光绪二十六年（1900 年）前的《农学报》内容，包括“奏折录要”“各省农事”“本会办事情形”“西报选译”“东报选译”[③]等栏目；接着为“中西文合璧表”；最后为连载的中国农书、西方农书翻译和“农会博议”[④]。“西报选译”中的文章来自英美相关报刊，主要为《英伦农会报》《英人哈生图说》《热地农务报》《英国博学书》《热地农学报》《美国益智报》《英国农学新闻报》《多言报》《英伦农务报》《美国农人报》《伦敦农务报》《墨州杂报》《泰晤士报》《墨州农学报》《技艺会报》《农家月旦报》《英国磨工报》《农人月旦报》《田家风景报》《美国农民报》《美国农业报》《美国农家报》《园圃新报》《纽约农家报》《上海日日报》《美国农务报》《纽约农民报》《美国林学报》《农事温故报》《纽约农人报》《伦敦农务报》。

较之而言，“东报选译”的文章则来自日本的报刊，包括《农事报》《日本农会报》《农事新报》《日本水产会报》《日本山林会报》《兴农杂志》《昆虫杂志》《大和讲农杂志》《农民报》《蚕业新报》《太阳报》《通商汇纂》《农桑杂志》《农业杂志》《新农报》《北海道农事周报》《农商务统计表》《昆虫

---

① 广东省社会科学院历史研究室、中国社会科学院近代史研究所中华民国史研究室、中山大学历史系孙中山研究室：《孙中山全集》第一卷，北京：中华书局，1981 年，第 17 页。

② 梁启超：《农会报序》，《时务报》1897 年第 23 册。

③ 《农学报》第 1—3 册无“东报选译”栏，或因翻译未就位之故。第 4—5 册“东报选译”为《时务报》报馆翻译古城贞吉所译，藤田丰八自第 6 册开始从事“东报选译”的工作，但第 7—10 册复为古城贞吉所译，从第 11 册起，其后“东报选译”的工作均为藤田丰八负责。

④ 分别见于《农学报》第 1 册、第 2 册、第 3 册、第 9 册、第 16 册、第 23 册、第 93 册。

世界》《工业杂志》《米泽有为会杂志》《工业化学杂志》《工艺化学杂志》《东京经济杂志》《中外商业新报》《蚕丝会报》《蚕业协会报》《明治二十六年七月十九日训令》。光绪二十六年（1900 年）第 94 册后的《农学报》，体例则有明显变化，分“文篇”、“译篇”和“连载中西农书”栏目。但内容上，“文篇”涵括前之“奏折录要”和“各省农事”的内容，“译篇”对应前之“西报选译”和“东报选译”，因循了“报后附印书籍”[①]的做法。

一、“农会博议”

《农学报》创办初期的“农会博议”栏目，多为学界所忽视。士人于农从守旧法到采西学的转变，始自“农会博议”的讨论。“农会博议”源自“丙申冬，吴县蒋黼，上虞罗振玉，既倡农会之议，乃挟其说走海上，就质于钱塘汪君穰卿，汪句俞之。为登公启于《时务报》，以念同志。不逾月，四方君子，谬相许可，或代拟章程，或诒书商榷，崇论闳议，厘然盈箧。丁酉春，命胥最其尤要者如干篇，刊示海内，以志受益，命之曰农会博议。继是有诒我话言者，将继刊焉”。[②]所谓“农会”在当时的人看来实等同于撰述有关农事者。

“农会博议”收录文论 18 篇[③]，彰显士林就此之识，分别为《徐仲凡论农会书》《张季直论农会书》《马相伯务农会条议》《汤蜇仙书马君条议后》《吴剑华论马君条议书》《徐仲凡论马君条议书》《朱阆稺论马君条议书》《叶浩吾农学会条议》《马相伯论叶君条议书》《陈志三拟务农会章程》《陈次亮论农会书》《孙实甫论日本农务书》《傅润沅论北方农事书》《日本松永伍作氏中国蚕事问答》《刘聚卿论农学书》《汪仲虞论农会书》《孔季脩论农会办法》《马眉叔推广农会条陈》。这些文论涉及务农会创办之议、日本农务书、中国农事情形三方面的内容。

务农会如何创办，成为士林讨论的焦点。《务农会公启》署名人之一的徐树兰从农业种植的角度，指出农业化学的重要性。他认为：“农会实为中国必不可少之举，顾事繁费巨，恐一时未易观成。鄙意拟先就本乡，

---

① “报后附印书籍，外国本有此法。近日《时务》、《农学》、《蒙学》诸报，皆用其例。但其书或卷帙稍多，而附印叶数有限，则阅者穷年累月，不能卒读，每致因此厌倦，束阁不观。”《工商学报凡例》，《工商学报》1898 年第 1 册，转引自汤志钧：《戊戌时期的学会和报刊》，台北：商务印书馆，1993 年，第 427 页。

② 《农会博议》，《农学报》1897 年第 1 册；“农会博议”原属《农学报》的一部分，馆藏单位将其单独列出，装订成册。

③ 分别载于《农学报》第 1 册、第 2 册、第 3 册、第 9 册、第 16 册、第 23 册、第 93 册。时间集中在 1897 年 5 月到 1898 年 3 月。

劝令宅旁有地之家，试行区田之法。而树兰亦自试种，果然有效，则一切树艺畜牧等事，即可随宜劝办，而信行者自众。所恨平素不知化学，所有辨土宜、别籽种、试粪壅之法，聚无从参用西法。倘蒙同志诸公，搜译泰西农家言，惠而教我，则幸甚也。”[①]张謇则试图将“士大夫之农学”与“田父野老之农家”结合起来，“兼通中西，以期有用”。他还分析务农会创办两难，“不难在地，而难在西书之少”，呼吁“致力化学以为根，随时考察土宜以为用”，建议“延精于化学一人，尽化中国之药，重次本草，苟此事能成，则农学、植物学一以贯之”。另加之办农会非“集巨赀不可”，故“此事又甚不易”[②]。孙实甫则专论日本农务书，他特别重视明治维新以后日本的农业，认为日本采用美国“火种耕种”的新方法，终于将荒野的北海道开垦为良田美地，希望务农会能仿效日本，开辟中国的荒地。

在这些论述中，最为详细的当属复旦公学创始人马相伯洋洋洒洒的十五条《务农会条议》，引起的讨论也最为热烈。他首先强调了“农”的重要性，称“凡地面生植之物，皆农学家所有事”，并将“农”与“学”相联系，即“农者致其力，学者致其知”，只有“辨其土性，配其物益，酌盈剂虚，自粪溉耕种收刈酿造，莫不有至精之法，至当之理在。有其法其理，斯有其学”，将其视为“中西富强之本”。同时，他纠正了时人谓“西人立国以商务为本”的观念，提出“无农人出之，商将无所懋迁化居”的看法。换言之，即“强之在富，富之在农”。接着，他提出“农之为言，在培养生植，而畜牧亦其一端”。在第三条建议中，他将对象瞄准“农圃”，提出三条建议：“一为精选嘉种，种分根干花实之用，植学家言也；二为辨土宜，占气候，地质气家言也，形气家言也；三（为）察粪壅燥湿，以改良土性，兼化学与水利言也。”[③]同时他注意到了牧养的两种方法，即选种交种法和饲养法。前四条建议均聚焦于传统农事。

马相伯在第五条建议中提出务农会的设立，建议“本会之设，则仿诸外洋”，因“要在讲农法开民智而已，开民智莫善于日报，日报不能降为旬报；旬报不能降为月报。假令国中农事报无可报，则又莫善如以译书为报。书繁重而译之者见功迟，迟则难以猛进。报则篇幅短，阅之者易而阅者多，其利普。故议先出月报。月报兴，然后改为旬报。报中所

---

① 《徐仲凡论农会书》，《农学报》1897 年第 1 期。

② 《张季直论农会书》，《农学报》1897 年第 1 期。

③ 《马湘（相）伯务农会条议》，《农学报》1897 年第 1 册。

译书，先就日本，取其同于我也。英、法、德、美，其种植粪溉与我迥异。异故难以取法，同则易以为功”[①]。同时列举出相关书目，分别为《日本农学新志》月报、《农业全书》、《农学通论》、《农业泛论》、《农业读本》、《农业须知》、《土壤改良法》、《肥料篇》、《栽培法》、《米麦篇》、《农产制造法》、《简易园艺法》、《蔬菜栽培法》、《栽桑篇》、《蚕业篇》、《养蚕篇》、《制丝篇》、《养畜篇》、《家畜新书》、《作物病虫篇》、《林产物制造篇》、《作物病害篇》、《兽医篇》和《造林学》。这些书目是较早被晚清士人提及的西方农书书目。马相伯的《务农会条议》中还提到“劝农之法，莫善于赛会”；第七条建议则强调“农学者实事，欲尽力于地”，必须有田地进行试验。就此，他“拟择南北二区，南则江浙两岸，北则徐海等处，为试办之地”；同时主张“各府厅州县荒山荒地，无人执业者，或有人执业而不甚爱惜者，所在多有。夫土地非自荒也，故一经创为寺院，或盗卖于他族”[②]，建议“交于本会，为之经理”。关于农具，他在第九条中提出：“外洋有火力农具，其价昂，知用者少，易损坏，难修治，尤不宜于内地。”拟“本会实事求是，不采虚声，只取新式犁锄之属，轻利灵便者，禀官独铸出售，施以人力，而省人力，亦善事之方也”。第十条则道：“本会愿师此意，设一学堂。”

接着，马相伯提出了效法西方农政学院的办法。泰西农政学院在传教士的描述中已有提及，但课程语焉未详。马相伯具体讲述了泰西农政学院的授课课程，称：“外国农政书院，撮其功课如下：一、算学……二、代数……三、几何……四、形气……五、化学……六、方舆通义……七、本国史乘酌要。”以上七事，“皆欧西应小试者须知”。农家之本务者有十四件事，分“物理门”和“征用门”两类。“物理门”包括八类，分别为“农业通论”“动植物体豢养之法”“形气”“植物性体”“树艺之经，农工农具之宜”“分化植物，藉以制造各品”“农政论，富国及地主权利论”“会计论，生用盈亏之数”。而“征用门”有六类：一为“化验土石肥料，乳酪蔗糖萝葡酒油质，兽骨炭质”，二为“提取香汁甜汁麸糠精液法、治栖栅法、畜牧法、量水法、测河法、地窖法、养蜂法”，三为“相土法、乾土法”，四为“植刍荐法”，五为“分别恶草、肥草、从草，以便去留。采用野花果干，以便制造”，六为“酿造法，如造葡萄酒法、花果露、萝卜糖等法”。

---

① 《马湘（相）伯务农会条议》，《农学报》1897 年第 1 册。

② 《马湘（相）伯务农会条议》，《农学报》1897 年第 1 册。

最后三条则为务农会的管理办法。第十二条对务农会的资金来源进行了说明："本会应办之事情，在在须赀，故宜先集资本若干。凡助费二十圆者为股友，掣取股票。助五十圆者为会友，作三股，自此每加五十圆作三股算。助二百圆者为议事，五百圆者为议董。助千圆者为会董，准送子弟一名来会肄业。"同时，马相伯建议："股票胥由上海总会填给。"提出："设掌会二人，一正一副；且会董事长至总会或分会，均可任意寄宿，查验一切。"[①]

这十五条《务农会条议》引发了士林的热烈讨论，将问题引向深入。罗振玉赞叹道："相伯先生细章，业读一过，精密之至。"[②]徐树兰感慨道："农会条议，条分缕析，言皆有物，非深识静意，何以及此。钦佩！钦佩！"[③]此外，士人纷纷就其中内容发表了自己的观点。汤蜇仙在阅读《务农会条议》后称其志向高远："唯第一条西藏蒙古一段。藏中寒多山峭，可耕之地无多。番民庄户地力易尽，未必有外人侧足之处。"并提出疑问："蒙古及东三省等处垦荒……流民灾户，何以措之？欲以官为之邪？必先有特简之具，有专筹之款，有部勒之法，有董劝之经。仅云'慫其前往'，不宜为纸上谈也。"[④]吴剑华亦有同样的看法："惟西藏及蒙古三省，民力无从举办；江浙腹地膏畬，尺土寸金，亦无可再图插足。"[⑤]

除对务农会创办的讨论外，《农学报》还翻译了大量西方农报农事的内容。1897 年，《农学报》刊出《本馆告白》："本馆去岁第一期至第十八期之报，久经售罄，补印不易，兹将去年报中译印已成之书二十三种（其已译未全之书，竢随后印行）编为《农学丛刻》，每部实洋七角，准于下月出售，以后购报者，请迳从本年第十九期起为祷。"[⑥]《农学丛刻》共 4 册，收录 1897 年印成农书 23 种。其中 12 种，即《农学论》《东国凿井法》《浏阳土产表》《蚕桑答问及续编》《黔蜀种鸦片法》《种烟叶法》《艺菊法》《浏阳麻利述》《劝种洋棉说》《通属种棉述略》《木棉考》《樗茧谱》为晚清士人所著外，剩下 21 种均为西方农业知识的介绍，涉及种棉之法、种鸦片法等。

---

① 《马湘（相）伯务农会条议》，《农学报》1897 年第 1 册。

② 上海图书馆：《汪康年师友书札》第 3 册，上海：上海古籍出版社，1987 年，第 3154 页。

③ 《徐仲凡论马君条议书》，《农学报》1897 年第 2 册。

④ 《汤蜇仙书马君条议后》，《农学报》1897 年第 2 册。

⑤ 《吴剑华论马君条议书》，《农学报》1897 年第 2 册。

⑥ 《本馆告白》，《农学报》，具体时间未知（仅能据其前后的"告白"推测其为 1898 年的告白，且在《农学报》1898 年第 25 册之后）。

二、《农学丛刻》的刊印

《农学丛刻》是1897年上海务农会对《农学报》中农书的整合，共23种农书，这也是晚清士人较早翻译集结的西方农书，因资料散佚，学界较少有人论及。这套书的内容主要包括农学学理、种植之利、畜牧家禽之法、西国农会及农科大学章程四方面的内容。就学理而论，张寿浯所编《农学论》一书最具代表性。该书“取泰西农政格致之新理，及吾粤土宜物产，本有之权利，谨就所择采撮”，成《农学论》书。[①]该书共11章，前9章所论西国新法，大半录自西书，而文理明白晓畅，较译本书为易读，第10章罗列了粤东物产土宜，最后一章列出西国农学专书目录。张寿浯描述近世“土脉绝，物性革，生机渐窒，而衣食亦因之而艰且微”，认为此景“非无智慧知识之谓也，不能发其智慧知识之过也”。他还对比了泰西情势，“泰西民智非逾于震旦，然能竭其智慧知识，以求足以生道，立农政，设农学，开农报，讲求农器。凡气学、光学、热学、水学、地学、物性、原质等学，莫不日起精进，总化学、算学而贯通之，是故庶植繁息，垒实丰茂。不特横目之类，相与鼓腹。即游牧之族，亦且繁硕孳乳，足以为法”[②]。在他看来，中西农业的差距在于是否讲求科学化的知识，发挥民智。就此，他明确指出：“农务至要之事，以明农学为第一义。”所谓“农学”，即考究“植物所含各种原质为何类所成，何物能养之，各种土性所供植物之质，何法能化分之。倘若该土无养此植物之质，则须用何等粪料，何法能比例之”[③]。从中可见，晚近社会的科学农学观已慢慢形成。

除学理层面外，张寿浯还在具体实践层面指出中国农务不究心肥料与农器两端的危害：其一，“所下田料，只知泥守古法，无论何等土性，何种物质，皆惟此一二种肥粪。又不知合式之比例，常有所下过多，而于田土，反有害者”；其二，“所用农器，又不甚讲究，如犁耙牛种以及各等器具，均系随便购置。赀本廉省，容易得利。不知费地、费工、费时，比之曾经农学肯用赀本者，其相去不啻倍蓰”。正是因为西国农家“讲学问历练等事，凡气是何物，水是何质，光有几色，土有几等，植物有几种，培植有几法，均须切实精究，故今日欧美诸国

---

① 据《时务报》1898年第38册记载，光绪二十三年（1897年）八月十一日，时务会课征文“收佳卷甚多”，《时务报》刊载了此次会课前五十名，其中第一名为张寿浯。

② 张寿浯：《农学论》，1897年。

③ 张寿浯：《农学论》，1897年。

出产，比之前数十年，收成加至若干倍”[1]。此外，他还特别强调亲自躬耕的重要性。

《农学论》所论者基本代表1898年前晚清社会趋新读书人对西方农学的认知。该书分章节叙述了气学功用、光热功用、水学功用、防旱涝、地质功用、植物体质、辨择嘉种和物产土宜等新式科学化农学知识。气学功用聚焦二氧化碳、氢气、氮气和氧气的功用，称四气“功用多寡，虽各不同。……生物之原质，即此碳、氢、氮、氧四气。此气腾荡于地球以上，约高一百三十余里，万类之所呼吸，料质之所变化，风雨之所流动，光热之所附丽，动植之所生灭，凡消长正变之道，皆本此四气为循环焉”[2]，光热功用则集中论述光、热和电光的效能，张寿浯云：“西国农家树艺五谷，必先以细沙匀犁，培松其土，使接受日光之热力，以存养其气。种树之法，亦必先开地窖，露天一日，使太阳光热之气感动土脉，然后下种，凡此皆为植物生长最有益之法。惟各处地土原质不同，则其所受之日力亦异，若不知比例，则植物又不能尽得益，此为农学家最宜留心之事。”[3]此外，他还称：“水于植物为最大功用，其运化于体内，曾经格致家所考出者，大约分为三事：一由根吸水运于本干，布散于枝叶……二水在植物体内，能化分成氧气与氢气甚多，便于成植物内所需之料；三能与碳氧化合，变化木质。”[4]并用科学观点解释雨水旱涝的形成，谓：“每年雨水，当视太阳热力之大小，凡日面偶有黑点热力便大。”他还介绍了西人“依化学法化分各土之原质，凡可即其原质命名者，大约分为三类，如多沙之土，名为矽土。多石灰或白石粉之土，名为钙土。多生泥之土，名为铝土。然此各种土于各质外，另含有别种质，多寡不定。如碳、氢、氮、氧、硫、磷、氯、钾、钠、镁、铁、锰、碘、氟类，与矽、钙、铝质相合，约计共原质十七种。此十七种原质，除碳、氢、氮、氧、氯、氟六种为气类，其余各种皆为实质”。说明地质功用后，《农学论》接着述及“植物之何以生发养长及何以能受多种物料”，同时指出：“植物之质以十四种原质配合而成，此十四原质当中，除碳、氢、氮、氧四气外，其余分为磷、硫、矽、钾、钙、镁、钠、铁、锰、氯十种。”就择种则道：“择种之法须先于五谷初实之时，巡视畎亩中，选其坚壮先熟者，设法

---

① 张寿浯：《农学论》，1897年。
② 张寿浯：《农学论》，1897年。
③ 张寿浯：《农学论》，1897年。
④ 张寿浯：《农学论》，1897年。

标记之，刈种之时，即将其所标记者，分别存留，以作次年种子。”①显然，《农学论》一书论及近代化学、物理学、气象学等内容。这些都属于新式科学化农学知识的范畴。

《农学论》是张寿浯集众人之说而成的。鉴于1897年前“考求农学，外国专书甚多，惟已译之本甚难得予。所见者，只《农学新法》、《农事略论》二书”的现状，他在书中收录了各国农书目录，包括已译中文之书和未译中文之书。因“美国初辟，地广土荒，故其国讲求农学最盛。所储采译各国之本，及格致化学家所著之本，不下千数种”的情况，张寿浯略就所闻，举美国农书相关细目，涵括了植物学、药学、地学等西方学问知识。例如，《植物启蒙》《植物学》《植物图说》对各种植物的介绍颇为详细，可由此领会树艺之道。《化学卫生论》(《格致汇编》本)、《化学鉴原续编》、《化学新编》、《西药大成》内论植物体实所含各种原质，颇有可采。可因此明植物化合所需之料。各种化学书近已汇刻，名为《化学大成》，内言六十四种原质，可采其关于农务各原质之本，而明化分植物及制造粪料等事。《测候丛谈》、《测候仪》(《格致汇编》本)所论天气干润、雨水多少之故，颇有至理，可因此而得补救植物之法。《地学浅释》《地学指略》论农各处地面所含之土质、石质甚清晰，可因此明土宜功用。《格致汇编》汇译蚕务、纺织、种蔗、养蜂及关涉农务，零星散见者甚多，可本此以考究农学。概而言之，张寿浯汇录的西方农学，其关键在于“原质”一词的强调提出，具体为化学六十四种原质、植物十四种原质、生物四种原质、土质十七种原质，无出李提摩太所译《农学新法》的范畴。

除学理层面的说明外，《农学丛刻》亦对五谷外种植之利进行了详细的介绍，如谭嗣同的《浏阳土产表叙》、建德胡璋述的《东国凿井法》、《蚕桑答问及续编》。《蚕桑答问》乃如皋朱祖容编辑，而《蚕桑答问及续编》是蒋黼在《蚕桑答问》的基础上重新编订而成的。这些均为留心农务的士人所作。第二册收录的大部分是关于种植之法方面的书籍，包括《种拉美草法》、《阿芙蓉考》、独山莫友芝注的《樗茧谱》、《山东试种洋棉简法》、如皋朱祖容编辑的《劝种洋棉说》和《通属种棉述略》、晋安陈寿彭辑《木棉考》、《浏阳麻利述》、上海慕陶居士述《艺菊法》、会稽徐树兰述《种烟叶法》、匿名著《黔蜀种鸦片法》。其中，《种拉美草法》由古城贞吉翻译，《阿芙蓉考》乃英国人夏特猛(Hartmann Henry)

① 张寿浯：《农学论》，1897年。

的著作，其余均为士人所述。此外，《农学丛刻》还收录了法国人路易·菲吉耶（Louis Figuier）的《加非考》，三品衔前浙海关税务司康发达的《蚕务条陈》。[①]

当时舆论有称："后世之务农者皆从事于五谷。五谷之外，非无种植之物。然皆不能如五谷为生民不可缺之物。"且"五谷之外，植物甚多，既为生人日用之所需，亦可以济五谷之不足"[②]，呼吁重视蚕桑、茶丝、葡萄等五谷之外的农利。同时，《农学丛刻》介绍了泰西牧猪法、烘鸡鸭法和荷兰牧牛之法。就农会、学堂章程而言，《农学丛刻》中收录了《英伦奉旨设立农会章程》、《大日本农会章程》和《日本农科大学章程》，这是较早介绍外国农会章程条文与农科大学情形的文章。

三、《农学丛书》的结集与困境

在晚清士绅的认知中，近代农学在西方国家正蒸蒸日上，"种植有学，畜牧有学，无论至微至织，动植各物，上至士大夫，下至田家翁，皆潜心研究。苟有新知，莫不发现于农学各报，以开民智而利民用"[③]。而中国自秦汉以后，"学者不农，农者不学"，农与士截然分为两途。[④]农学不讲，农政日衰，以致时人扼腕叹息："中国今日搜译西书，莫亟于译农务学书。"[⑤]总理衙门亦号召："选译农工商矿各书，删繁举要使人人易于通晓。"学者钱存训通过研究指出：1850—1904年，晚清所译农业书籍共51种。[⑥]实际数目远不止如此。晚清翻译农学书籍的工作，以上海务农会数量最多、最为系统。其对西方农书的引进，功莫大焉。

继《农学丛刻》之后，务农会所译农学新书日渐增多。因无专门的农业人才，所以报章文论的介绍多出自外文翻译。光绪二十六年（1900年）前《农学报》西报文论是由王丰镐[⑦]、陈佩尚[⑧]、陈寿彭[⑨]、胡浚康[⑩]翻译的。

---

① 上海农学会编：《农学丛刻》，1897年。

② 《论中国宜讲求种植之学》，《申报》1898年6月7日，第1版。

③ （清）王上达：《农务实业新编》，清宣统二年（1910年）浙杭万春农务局刻本。

④ 梁启超：《农会报序》，《农学报》1897年第1册。

⑤ （英）傅兰雅编译、王树善笔述：《农务要书简明目录》序，清光绪二十七年（1901年）上海制造局刻本。

⑥ 钱存训：《近世译书对中国现代化的影响》，《文献》1986年第2期。

⑦ 其翻译的"西文选译"内容刊登在《农学报》第1—5册中。

⑧ 其翻译的"西文选译"内容刊登在《农学报》第6—7册中。

⑨ 其翻译的"西文选译"内容刊登在《农学报》第8—11册、第13—20册、第22—23册、第25—41册、第43—79册和第81—91册中。

⑩ 其翻译的"西文选译"内容刊登在《农学报》第12册、第21册和第24册中。

日文报则由藤田丰八[①]、古城贞吉[②]、桐乡沈纮[③]进行翻译。资料所及相关人物信息，难知其详。第94册后，“文篇”主要由罗振玉、万芳钦、傅范初、施彦士、赵诒璹、张謇、王树善进行翻译。因翻译人才的缺乏，罗振玉、汪康年等创办了东文学社，专门培养日文翻译人才。

《农学丛书》为1898年后《农学报》译文内容的结集。1898—1905年，上海务农会汇齐装订《农学丛书》共7集235种。其中，东文学社译书13种。第一集收农书92种，第二集收48种，第三集收10种，第四集收25种，第五集收12种，第六集收25种，第七集收23种。《农学丛书》收录了农书均为《农学报》连载的内容，包括中国传统农书和翻译的日本、欧美农学著述两部分，内容极为庞杂。梁启超根据1896年前“学者不农，农者不学”的实况，提出农学研究的十大门类：“曰农理、曰动植物学、曰树艺（麦、果、桑、茶等品皆归此类）、曰畜牧（牛、羊、彘、驼、蚕、蜂等物皆归此类）、曰林材、曰渔务、曰制造（如酒、糖、酪、罽之类）、曰化料、曰农器、曰博议。”[④]《农学丛书》的内容不出其外。《农学丛书》第一集分为学理及业务、种植、肥料、农具、制造、畜牧水产、蚕桑、害虫、物产、章程文牍条陈，共十类。第二集则分为学理及业务、山林及种植、农具之制造、畜牧水产昆虫、蚕业、物产和章程类。第四集分学理、种植、肥料、畜牧蚕学水产、昆虫、制造林学农具和章程文牍类。第五集则为学理、种植水利、畜牧养蚕、农具、小说游记类。第三集、第六集、第七集没有明确的分类。《农学丛书》大部分为翻译的外国农书，也有中国古农书及当时州县对本地物产的调查报告。例如，第一集第一本即为宋代陈旉的《农书》。该丛书还将传统农书或老农经验的重要技术节摘或重编，收入丛书之中，如《人工孵卵法》即是从杨双山《豳风广义》中节选的，分六条刊出。此外，《农学丛书》对养鱼、种植等技术亦进行了介绍。就国外农书而言，如日本稻垣乙丙著、日本古城贞吉译的《农学入门》三卷，“于天时、地利、种植、畜牧等事

---

① 翻译了《农学报》第6册和第11—93册的“东文选译”。

② 古城贞吉翻译的文论刊登在《农学报》第7—10册中。关于古城贞吉翻译《农学报》文章的情况，沈国威的《西学从东方来——〈时务报〉“东文报译”与古城贞吉为中心》一文中略有提及。复旦大学历史地理研究中心：《跨越空间的文化——16—19世纪中西文化的相遇与调适》，上海：东方出版中心，2010年，第411—437页。

③ 东文学社培养的沈纮翻译了《农学报》第165—181册的“东文选译”。在《农学报》第181册后，译篇无译者。此时罗振玉应张之洞的邀请至湖北农务学堂，《农学报》事宜交由沈纮处理。

④ 梁启超：《农学报序》，《农学报》1897年第1册。

言之甚详，终论农业总要，于任土辨物分门讲肄，条理灿然，此农学教科书之浅近者”[①]。约600万字的《农学丛书》所载文章统计分析如表3-3所示：

表3-3　《农学丛书》所载文章统计表

集数	第一集	第二集	第三集	第四集	第五集	第六集	第七集	合计
大概字数（万字）	150	100	75	84	73	85	78	645
所载文章篇数	92	48	10	25	12	25	23	235
译自日本农书篇数	45	32	8	22	7	10	10	134
译自欧美农书篇数	10	4	0	2	1	0	1	18
中国古农书及调查报告篇数	34	12	2	1	2	15	11	77
来源不明篇数	3	0	0	0	2	0	1	6

资料来源：章楷：《务农会、〈农学报〉、〈农学丛书〉及罗振玉其人》，《中国农史》1985年第1期

由此可知，七集本的《农学丛书》所辑载的农书约百分之五十七译自日本。而日本农学发展离不开欧美农书的引介。中国古农书占了约三分之一的比重。这表明中国士人已开始意识到：“课农之法有宜引用古法者，有宜参用西法者。”[②]在引进国外农学知识的同时，中国士人并未忽视传统中国农业技术的记载。正如热心蚕桑事务的杭州知府林迪臣所言，“用中国之成法，参东西洋之新理，互相考证，以擅众长”[③]，中外结合。

大部头的《农学丛书》得到了晚清重臣和社会舆论的重视。1904年江苏巡抚端方向清政府呈送罗振玉所译印《农学丛书》时，称：“数年以来所译农学新书，日以增多，兹特汇齐装订都为五集，恳请进呈御览。”[④]七集编完后，他又饬宁属各州县购买《农学丛书》，并颁发公牍言：“悉查富国多粟生于农，中国以农立国，授时劝稼代有专书。近来东西各邦注重实业，农林之学讲求最精正，宜博采群言，藉资考镜。该署正究心农学已阅十年，裒辑精宏，良堪倾佩，现已译成农书七集，分饷（享）海内，裨益良多。本部堂前抚吴中曾经遍为札发，亟应札饬宁属各州县，惟地方大小不等，

① 熊月之：《晚清新学书目提要》，上海：上海书店出版社，2007年，第56页。

② （清）陈骧：《时务策学备纂》，清光绪二十三年（1897年）刻本。

③ 《杭州府林太守请筹款创设养蚕学堂禀》，《农学报》1897年第10册。

④ （清）端方：《端忠敏公奏稿》卷四，沈云龙主编：《近代中国史料丛刊》第十辑，台北：文海出版社，1986年，第408页。

如何分派共计需若干。”[①]直省督抚以政令的形式号召各州县阅读《农学丛书》，了解域外农学新理，开社会新风气。此外，《农学丛书》中的文章多次被当时其他丛书所收录。[②]

《农学报》所译农书，“理新而辞奥”，加之“译书卷帙繁重，民间或不经见”的困境，对既有农书重新解说。四川人陈恢吾认为：“吾蜀崎岖，山国迂远难致”，便“以读报之隙，刺取新法妙理，依类排辑”，采“语质可晓，事简易行”者编为《农学纂要》一书。该书“采自新译农学书报者十之九，采自他书，及得诸传述者，十之一”，且“纂合众说，略加排序，删繁就简，语多从质”，取书原则为“一取易知，一取易行，意在由浅以入深，不至因难而却步”。陈恢吾强调：“辨土用肥，为农学纲领。此数页，宜先看熟，庶不为化学名目所眩，肥料表分析所含要质多寡，以优配合，由切于用。”同时称：“农学贵试验，公宜立学堂，私宜立学社，购买西国美种，制造新式农器，或设验场，或兴赛会。”他还呼吁“有力者为之提倡”。就此王树善亦道：“化学于农务最有关系，实为农务之根本。分二大端：一考究植物动物生活所靠之理；一考究田家种种物料之原质。”[③]《农学纂要》分四卷，第一卷是“农学总论”，着重新法之利，称：“化学家谓苟尽地力，每十方里所产，可养人至一万六千。西人谓寻常农法，推之中国，每县每年可增银七十五万。中国地开方针之，约三十兆，可耕者二十兆。”[④]并对“气候、辨土、试土、用肥、轮栽停种、选种、播种、水利”等进行了简易说明。第二卷则对水稻、陆稻、古区田法、麦、玉蜀黍、豆、胡麻等进行了描述。第三卷为种植之术的讲解，包括茶、柑橘、葡萄、甘蔗和制糖

---

① 《批准饬购农学丛书》，《申报》1907年7月22日，第12版。

② 1902年顾燮光增补的《增版东西学书录》收录《农事会要》(《农学报》本)、《农学经济篇》二卷（《农学报》本)、《农业气象学》(《农学报》本)、《农务化学问答》二卷（《农学报》本，凡答问四百三十有几，于化学有关农务者，言之甚详)、《耕土试验》(《农学报》本)、《农产物分析表》一卷（《农学报》本)、《万国农业考略》(《农学报》本)、《斐利迭礼玺大王农政要略》(《农学报》本)、《日本农业书》二卷（《农学报》本)、《英伦农会章程》(《农学报》本)、《日本农会章程》一卷（《农学报》本)、《日本农学章程》一卷（《农学报》本）和《法国农务说》一卷（《农学报》本)。王韬、顾燮光等：《近代译书目》，北京：北京图书馆出版社，2003年，第117—139页。1905年，时新书室从中节选二十一种农书，编成《农学丛刻》，共两集。第一集包括《斐利迭礼玺大王农政要略》《日本农业家伊达邦成传》《农业经济篇》《果树栽培全书》《造林学各论》《蔬菜栽培法》《纺织图说》《特用作物论》《农雅》；第二集包括《麦作全书》《日本竹谱》《绍兴新昌县物产表》《肥料效用篇》《山蓝新说》《南高平物产记》《动物采集保存法》《农作物病理学》《螟虫驱除法》《保护鸟图谱》《牛乳新书》《名和昆虫研究所志略》。(《农学丛刻》，1905年时新书室石印本）

③ （清）王树善：《农务述闻》，清光绪二十七年（1901年）石印本。

④ （清）陈恢吾：《农学纂要》卷一，清光绪二十七年（1901年）石印本。

法等。第四卷介绍了养蚕种桑和蜜蜂的养殖。

和陈恢吾编辑农书想法类似的还有湖南人杨巩。光绪三十四年(1908 年)，为“使穷乡僻壤家喻户晓，竭智尽力，开辟利源，丰年则物取其盈，荒歉亦有备无患”，他“爰采中西成法，择尤录要，务臻简易”，成《中外农学合编》。该书“专重明法，故于书未经载而试验确有明效者，必细为揭出；即向所流传而未见实效者，亦不滥辑，缘此为应用之书，必以征实为断举，凡古籍之奥义、良法之深理一时不能遽通者，概未辑录”[①]。

较之陈恢吾的《农学纂要》，杨巩的《中外农学合编》对传统农书并未漠视。该书采辑传统农书，自《荀子》、《韩子》、《淮南子》、《古今注》、《方言》、《说文解字》、《尔雅》、《种树书》、《群芳谱》、《博物志》、《物类相感志》、《唐本草》、《救荒本草》、《本草图经》、《本草衍义》、《本草拾遗》、《本草纲目》及《毛诗》、《戴记》、《尔雅》各注疏，此外如前汉之《氾胜之书》、后汉之《齐民要术》，宋元明之陈旉《农书》、陆游《农书》、《沈氏农书》、《务本新书》、《士农必用》、《四时类要》、《博闻录》、《农桑要旨》、《农桑辑要》、《农桑通诀》、《农政全书》，清之《钦定授时通考》、各省志书、《豳风广义》、《补农书》等书，皆言农事，兼言蚕桑。《淮南蚕经》、宋元明之蚕书《蚕桑直说》、《桑事谱》、《蚕事图谱》、《艺桑总论》、《养蚕总论》，清之《蚕桑宝要》、《蚕桑辑要》、《蚕桑简编》、《蚕桑备览》、《蚕桑实际》、《蚕桑须知》、《种桑诗说》、《饲蚕诗说》、《广蚕桑说辑补》、《蚕桑易知录》、《广行山蚕檄》和《养山蚕事宜》等书，皆专言蚕桑，荟萃成编，无一字无来历，但语必钩元，全录原文者固多，融会数说为一则者亦不鲜，皆于段末注明。

同时，《中外农学合编》甄录东西译本以求备略，除采辑动植物各普通教科书外，农类为《农学教科书》《农学初阶》《农学大意》《农事纲要》《栽培原论》《栽培各论》《园艺要论》《圃业改良》《圃鉴麦作全书》《种葡萄法》《美国植棉》各书。关于肥料，散见于各类者甚多，其专言者仅《肥料篇》《肥料效用》《肥料制造法》三种。林类为《果树栽培》《种树教科》《森林学》《学校造林》《种橡法》《桑树栽培》《种桑新论》各书。蚕类为《喝茫蚕书》《意大利蚕书》《微粒子肉眼鉴定法》《养蚕法》《养蚕新论》《蚕外纪》《蚕体生理》《蚕体病理》《蚕体解剖》《制种法》《制丝法》《养夏蚕法》《四化蚕法》《多化蚕法》各书。外洋以畜牧为农家副业，书籍不多，仅采《养畜法》《畜牧各论》《淡水养鱼法》《殖鸡秘法》《养蜂法》五

① （清）杨巩：《中外农学合编》例言，1908 年。

种。因原书类多直译，佶屈聱牙，非以中文易之难，期雅俗共赏。[①]

除了对《农学丛书》的重新说明，亦有出洋士子提及西方农务情况。士人王丰镐 20 岁时，曾随行欧美，周历十余国，得与泰西农学名家，上下其议论。举凡养土膏、选佳种、储肥料、留水泽、治害虫、避风雨、引阳光诸法略知梗概。本想著书立说，然未果。此未成之设想，由浙杭人士王春亭实践之。他于浙杭艮山门外，参以新法种植、畜牧，课读之余，兼营耕种。诸凡培壅之法、栽接之方、气候土宜、水利物性，常喜与种植农学家相讨论，并以实地试验，参旧法，考新知，互相兼施。十载辛勤，农业之利病，略有所知，于是笔记成编，为家传记，著《农务实业新编》一书。此外，陈宛溪亦以土法种桑、育蚕，著《裨农最要》一书。结果，蜀中风气为之一变。[②]

从上文可知，19 世纪末至 20 世纪初，"西国新出农学新法，借化学制粪，培地之法，及电学、飞车等法。其化学制粪也，每年收获加数倍焉。按地中所生，禾稼草木均不外四种气及十种金类化合而成"的情况多次为人所提及，且泰西农务"化学家先考其数各有多少，然后欲长养何物，即按其数配合四气十金，加粪水以浇濯之，自得此法以后，每亩所植禾稼，较前收获可多三四倍"[③]。农务新法及其带来的可观农利，被反复地描述。

时隔二十年后，中华农学会为"促进国人研究农学，增进生产计"，亦编著大批农学丛书，共计七类，分别为农业经济类、农艺化学类、农业生物类、作物园艺类、畜牧兽医类、森林类、农村社会类。[④]两相比较，一可见内容的专门化；二能知农才从无到有的渐变。清末编著《农学丛书》时，并没有具体明晰的分类，从一个侧面说明当时缺少专门的人才。

四、务农会与《农学报》的影响

务农会和《农学报》的创办，推动了晚清社会对农学的重视。除上海务农会外，各地方农学会组织机构亦开始纷纷建立。《农学报》对此进行了报道。例如，务农会会员在广西梧州"创务农社，招集股分，购得山场及平田，共约三十余亩，山上可种树，山麓植果、植棉"[⑤]。《农学报》还刊登了《梧州务农社公启并章程》[⑥]和《梧州务农社开办章程》[⑦]。

---

① （清）杨巩：《中外农学合编》例言，1908 年。
② （清）王上达：《农务实业新编》，清宣统二年（1910 年）浙杭万春农务局刻本。
③ （清）陈昌绅：《分类时务通纂》，上海：文澜书局，1902 年，第 283—284 页。
④ 《中华农学会编著大批农学丛书》，《中华图书馆协会会报》1933 年第 5 期。
⑤ 《梧州兴农》，《农学报》1899 年第 67 册。
⑥ 《梧州务农社公启并章程》，《农学报》1899 年第 68 册。
⑦ 《梧州务农社开办章程》，《农学报》1899 年第 86 册。

此外，苏州亦“拟开农学支会，已蒙聂方伯批准，现在唐家巷中西学堂内开会，招集股本银万圆，约五年提本，七年以外分息，已将城内外荒地，雇人开垦。先行种植，以后次第推广。主其事者为邹子东主政，张诵、穆广文，仲仁孝廉云”①。《农学报》亦刊载了其章程。②其他，如瑞安务农会、钱唐农桑公司、镇海灌田公司、海宁树艺会、松江务本会均已同时兴办。③

虽然《农学报》译文所占比例不小，但这份民间兴起的最早的专业性农学期刊，仍得到了当轴者的推崇。杭州府太守林启饬各属购阅《农学报》并分给各书院，称其“讨论农田水利，树艺畜牧，兼取古今中外良法，最为切实有用”④。无独有偶，江宁府太守刘名誉也道：“《农学报》其中讲究农田水利，甚属精微，有关于地力者非浅，亦即按月购置书院，俾士子一并阅看。”⑤顺天府尹胡燏棻、浙藩方伯恽祖翼、保定太守沈家本和清苑大令劳乃宣等人都下发札文，敕令各省府州县购阅《农学报》。⑥此外，浙江巡抚廖寿丰认为：“上海新出《农学报》，于种植畜牧等事，旁搜博采，备极详明。”鉴于“浙省夙称膏沃之区，现在地方，尚多未尽农功，水利亦鲜讲求，且丝茶为土货大宗，补救宜求善法”的现状，令各州县按期购阅《农学报》，“悉心讨论，随时劝导农民，俾裕利源而维邦本”⑦。安徽巡抚邓华熙亦对此报高度评价：“近来上海创设农学会，出售《农学报》，凡中外之有关农事者，兼收博采，择精语详，堪以拓故见而启新知，阜民财而益国计。”⑧

更意味深长的是，《农学报》还引起了朝中重臣如刘坤一、张之洞、端方的关注。刘坤一在饬江苏安西各属购阅《农学报》的公牍中称：“上海新设农学会，采取各国新法章程，以及嘉种器具，绘图立说，印报出售。如果仿行，必能见效，其有裨于民生国计，良非浅鲜。”⑨张之洞亦言：“大率皆教人务农养民之法，于土性、物质、种植、畜牧、培养宜忌、各种新

---

① 《苏台农政》，《农学报》1899年第67册。

② 《苏州农学会章程》，《农学报》1899年第75册。

③ 《梧州务农社公启并章程》，《农学报》1899年第68册。

④ 《杭州府林太守饬各属购阅〈农学报〉并分给各书院札》，《农学报》1897年第5册。

⑤ 《江宁府刘太守饬各属购阅〈时务报〉、〈农学报〉并分给各书院札》，《农学报》1897年第5册。

⑥ 札文内容见《农学报》第7册、第21册、第24册。

⑦ 《浙抚廖中丞饬各属购阅〈农学报〉札》，《农学报》1897年第8册。

⑧ 《安徽抚部邓（华熙）札饬安徽全省购阅农学报公牍》，《农学报》1897年第13册。

⑨ 《两江督部刘札饬江苏安西各属购阅〈农学报〉、〈时务报〉公牍》，《农学报》1897年第13册。

法以及行销旺情形考核精详，确有实用。”[①]在《劝学篇》中，张之洞同样强调：“上海《农学报》多采西书，甚有新理、新法，讲农政者宜阅之。”[②]端方在劝农札中则言：“从前如《农桑辑要》、《齐民要术》，近时如《农学新法》、《农事论略》诸书，皆可藉资考证。至上海《农学报》，自创设以来，尤能开发新理，于土性、物质、种植、畜牧、培养宜忌、各种新法考核确有实用。往年由督部堂通饬各州县按期购阅，以资讲求。迄今数年，未闻有一州、一县能为地方兴一利，劝一民者，岂非皆牧令等因循玩误之过？”[③]刘坤一则曰：“惟劝农设学，闾阎生计攸关，叠饬各地方官详谕绅民，一体遵照，无如农氓椎鲁袭故安常，骤语以耕植新法，疑信参半，且屡遭荒歉，款项难筹，官民力均未逮，现由上海农学报馆广译报章，颁行各属，俾乡里小民耳濡目染，藉开风气，而昭信从，则农学可以遍设矣。”[④]这引发了晚清社会对农务问题的持续关注和进一步讨论。

这份士绅主办的《农学报》，为后来官方《农学报》的创办提供了借鉴。1904 年北洋官报局遵饬核议开办新的《农学报》，对上海《农学报》的流播和影响仍推崇有加，担心难以逾越，称：“近数年来，东西各国农学书报，多已由上海《农学报》翻译。该报自丙申创设至今，业经发行多册。其已出之报，并令辑为农学专书数十卷，新理新法，搜采无遗，流布亦极为广远。此次直省拟办农报，若仍就成书译述，恐涉重复，似宜就该学堂讲授，试验有效者，考察本省各州县土性所宜，征引简便易行新法。俾阅报者得以随地改良，庶于本省较有裨益。”[⑤]

第三节　罗振玉与晚清农学

光绪二十八年（1902 年）十二月十五日，张之洞向朝廷举荐候选光禄寺署正罗振玉，称其“究心中外农学”，乃经济特科人才[⑥]。有意思的是，读圣贤书的罗振玉并没有受过农学教育，反被时人及后世学者冠以“考究农学”的先驱之一。既往对罗振玉农学的研究，多集中于其所言，未必尽

① 《两湖督院张咨会鄂抚通饬各属购阅〈湘学报〉、〈时务报〉公牍》，《农学报》1897 年第 12 册。

② （清）张之洞：《劝学篇》，上海：上海书店出版社，2002 年，第 57 页。

③ 《鄂抚端中丞劝农札》，《农学报》1902 年第 178 册。

④ 朱有瓛主编：《中国近代学制史料》第一辑下册，上海：华东师范大学出版社，1986 年，第 933 页。

⑤ 《北洋官报局遵饬核议开办〈农学报〉公文》，《农学报》1904 年第 259 册。

⑥ 赵德馨主编：《张之洞全集》第 4 册，武汉：武汉出版社，2008 年，第 111 页。

致周全，且内容较简略，观点亦有可商榷之处。[①]对其具体而微的切实举动有所忽视，势必难以准确判断其地位与影响。因此，罗振玉与晚清农学的相互关联为何，仍是一个有待探讨的问题。

一、不仕则农的学稼之志

除前述罗振玉与蒋黼联名致函汪康年，对务农会设立和《农学报》创办积极建言外，1899 年前，罗振玉的主要工作是对《农学报》中的译文进行润色及排类。经由罗振玉之手的文章共 4 篇，即《美国种棉述要》《植美棉简法》《植漆法》《种印度粟法》，分别见于《农学报》第 18—20 册（1898 年 1 月—1898 年 2 月）、第 20 册（1898 年 2 月）、第 23 册（1898 年 3 月）和第 25—26 册（1898 年 3 月—1898 年 4 月）。换言之，罗振玉笔削的工作集中在 1898 年的上半年。至 1900 年，罗振玉将历年所译农书编印丛书百部，充《农学报》报馆经费。但不久，张之洞电邀其总理湖北农务局。于是，罗振玉将馆事托付给沈纮。第 94 册后的《农学报》“文篇”部分，则多为罗振玉所作文论。

1901 年冬，罗振玉集其中所论农文章 22 篇为《农事私议》一卷，附《垦荒裕国策》，卷首称：“理国之经，先富后教；治生之道，不仕则农。”[②]《农事私议》[③]多作于罗振玉任职湖北期间，分上下两卷，共 23 篇。其中，上卷共 20 篇，分别为《农官私议》《垦荒私议》《劝业私议》《郡县兴农策》

---

① 较具代表性的论述如，章楷较早对罗振玉与务农会的情况进行了介绍，认为罗振玉“因办《农学报》而为湖广总督张之洞所赏识”，然“1900 年张之洞之召到湖北后，罗振玉虽然并没有摆脱农学报馆的职务，但也不可能很好地兼管农学报馆的工作”。即便如此，章楷仍承认：“在农科大学的创办过程中，运筹擘划罗振玉当有一定贡献。”（章楷：《务农会、〈农学报〉、〈农学丛书〉及罗振玉其人》，《中国农史》1985 年第 1 期）钱鸥将罗振玉与“新学”相联系，提出甲午战争前后的罗振玉曾经是一个深受戊戌变法的感召，向往新学，积极投身晚清新政改革的时务青年（钱鸥：《羅振玉における「新学」と「経世」》，《言语文化》1988 年第 1 号）。陈秀卿认为，上海务农会创设的目的、组织与活动成果等，皆是罗振玉兴农理念经世致用的具体呈现，奠定了他在清末开拓现代农学研究领域先驱的地位（陈秀卿：《清末商战下的上海“务农会”——以罗振玉农商观为中心的探讨》，《黄埔学报》2008 年第 85 期）。吕顺长则专辟一章论述“罗振玉与中日文化交流”，从“创办《教育世界》、两次赴日本考察以及主持学堂事务等教育实践三方面”考察了罗振玉对日本近代教育的引进（吕顺长：《清末浙江与日本》，上海：上海古籍出版社，2001 年，第 205—226 页）。

② 罗振玉：《农事私议》，1901 年，第 1 页。

③ 王永厚认为罗振玉的《农事私议》的见解主要体现在：开发利用土地资源、因地制宜发展多种经营、学习外国农业科学技术、发展农副产品加工与制造业、重视发挥人力在生产中的作用五个方面，并称“罗振玉的农业思想是积极的”（王永厚：《从〈农事私议〉看罗振玉的农业思想》，《中国农史》1991 年第 4 期）。

《郡县查考农业土产条说》《垦荒代振策》《论农业移植及改良上》《论农业移殖及改良下》《北方农事改良议》《郡县设售种所议》《用风车泄水议》《僻地粪田说》《创设蚕学研究所议》《论海滨殖产》《废物利用说》《编中国重要输出商品表说》《与江西友人论制樟脑办法书》《振兴林业策》《江干种树议》《漕渠植树说帖》。上卷涵括了农业政策和农事改良等农业方面的内容。下卷则介绍了日本、德国和法国的农政、农会、农产馆情况。

在《农事私议》中，罗振玉分析了中国农事有退无进的现状，认为其原因有二：一为不立农学启发之故；二为不设专官以维持劝厉之故。[①]在他看来："今者农业之衰，由于农不通学，士不习农。今遽欲责不识字之耕夫而使读书，无宁使读书者以考求农事。然欲如东西洋之立农学堂，经费浩大，不易观成，计莫如府设一学，而每县则设农谈社，取今日已译之东西各国农书，分门讲肄。牧令于寻常书院，考试艺文以外，别课农学策优者奖之（今官派之农学报阁置可惜，若颁发于书院中，前列诸生，劝其肄习，其功甚大）。有欲开试验场售种所者，地方官力扶之，以速其成。如是，则士夫之知识，日启农智，亦可渐进矣。"[②]罗振玉未收入《农事私议》的《农政条陈》一文也提出了类似的观点："凡百事业，悉本于学。而中国农学，失之已久。宜多立学堂以造育之。立学之费，宜仿日本札幌农学校之例，垦荒地以为学堂产业，无论官立私立，皆得承领荒地。"并建议"卒业之学生，不分官私，概由政府给文凭，将来为教习及地方查考委见。尤优者，资遣留学海外，归来升之农部重任焉，如是则学堂可遍立，而人才出矣"[③]。换言之，"立农学"即为"立学堂"，并提出了具体筹措经费的办法。

罗振玉承认农事立学的必要性，更强调设专官的急迫性。因"中国之户部，虽承司农之旧，然不修其职久矣"。"立官，其兴农之始也"，就此提出多种构想，最要者之一是建议设立农部、立专官。"今宜改户部为农部，设长官一人，次官一人，属若干人，以掌天下之农政。至于各省农政，则统于各督抚，而分任于各地方官。农部主颁法令，掌册籍；督抚主劝耕垦，课官吏，励学术；地方官主任管内兴农之百职事，如是则责有攸归，而政可举矣。"罗振玉认为："农部既立，各省督抚宜立农务局，考求地产及劝业课吏等事。"[④]他又设想"仿宋代以提点刑狱官兼劝

---

① 罗振玉：《农事私议》，1901 年，第 1 页。

② 罗振玉：《农事私议》，1901 年，第 6—7 页。

③ 罗振玉：《农政条陈》，《农学报》1901 年第 153 期。

④ 罗振玉：《农政条陈》，《农学报》1901 年第 153 期。

农使之制，而令各道之道员兼摄劝农事务，管内之农事辖焉”[①]。在《郡县兴农策》一文中，罗振玉呼吁道：“今日治民，切近而易图功者，莫如牧令。以牧令之力兴农，而佐之以士绅，行之十年，利源不十倍于今日者，殆未之有也。”针对具体实施办法，他提出了七条建议：一曰开荒芜，二曰兴水利，三曰考物产，四曰兴制造（兴制造也，夫物产虽富，以其原来输出焉，其利五；而以制品输出，则其利十），五曰课农学，六曰励林业，七曰兴牧利。[②]

总之，罗振玉对农事的关注点，既有开垦荒地、兴修水利与兴农利的传统农政范畴，也有立农学堂、建农部、立农官等新式设想，但兹事体大，人轻言微，多属于坐而论道之举。

二、因农识以至仕的机缘

因务农会的兴办和《农学报》的问世，罗振玉为士人所知，与士林中人渐有往来。例如，孙宝瑄的日记中就有罗振玉与其交谈及两人一同会晤汪康年的记载。[③]无独有偶，郑孝胥在记述与罗振玉的第一次会面时，亦标注曰：“罗名振玉，农会报馆董事也。”[④]此外，罗振玉之名亦开始为晚清重臣所耳闻。1897年，罗振玉送《农学会章程》并英文、日文译本给两江总督刘坤一。刘坤一称：“该绅等设会售报，兼译农书，于近今新理新法有益。”[⑤]他还下发公文札饬江苏安西各属购阅《农学报》。[⑥]

罗振玉出仕的第一个有利凭借，是戊戌变法时期朝廷设农工商总局，端方总理农务。他曾致函罗振玉询问兴农之法，后者建议其“欲兴全国农业，当自畿辅始”[⑦]，并寄送畿辅水利书附以长函。当朝廷下旨举经济特科时，陈宝琛打算举荐罗振玉。因罗振玉自感名实难副，加之政变发生，此事中止。[⑧]

第二个有利凭借，乃光绪二十四年（1898年）九月朝廷下旨令各省设农务局。[⑨]张之洞遵旨设立湖北农务局，欲“派延华洋各教习，招集学

---

① 罗振玉：《农事私议》，1901年，第1页。

② 罗振玉：《农事私议》，1901年，第5—6页。

③ 孙宝瑄：《忘山庐日记》，上海：上海古籍出版社，1983年，第150—152页。

④ 郑孝胥：《郑孝胥日记》第2册，北京：中华书局，1993年，第629页。

⑤ 上海图书馆：《汪康年师友书札》第3册，上海：上海古籍出版社，1987年，第3164页。

⑥ 《两江督部刘札饬江苏安西各属购阅〈农学报〉、〈时务报〉公牍》，《农学报》1897年第13册。

⑦ 罗振玉：《集蓼编》，《罗雪堂先生全集》续编二，台北：大通书局，1989年，第715页。

⑧ 罗振玉：《集蓼编》，《罗雪堂先生全集》续编二，台北：大通书局，1989年，第727页。

⑨ 赵德馨主编：《张之洞全集》第4册，武汉：武汉出版社，2008年，第29页。

生，讲求种植畜牧之法”，强调“应即在农务局内设立湖北农学报”，因“讲明农学，必先开办农报，方足以开通见闻，广为劝导，是农报又为农务之根”。为此，他专门就农报事宜咨询罗振玉。[①]至光绪二十六年（1900年）秋，张之洞更两日三电邀罗振玉来鄂总理湖北农务局，办理湖北农政。[②]罗振玉在湖北农务局一年，有两项重要建树：一为蚕桑实验室的设立；二为创办了半年的《湖北农学报》。[③]一年后因人事问题，罗振玉请辞。张之洞便委托罗振玉办江楚编译局。实际并无一事，因闲暇时日较多，罗振玉开始“移译东西教育规则学说，为《教育杂志》”[④]，此乃近代中国教育有专门刊物之始。同年十一月，罗振玉去日本考察教育事务，著有《扶桑两月记》。

基于此，罗振玉之名始为朝臣所闻。至朝廷经济特科复开，张之洞上保荐经济特科人才折，称：“候选光禄寺署正罗振玉，浙江上虞县人，学问优长，近年究心中外农学及教育学，广为蒐采，选辑流传，深稗世用，确系有用之才。”[⑤]漕运总督陈夔龙亦以为罗振玉“留心时务，为学切实不浮，考究农学及教育各事，皆可以坐言起行。现在江鄂办理新政，皆赖以厘定庶务”[⑥]。此外，邮传部尚书长沙张百熙和法部侍郎归安沈家本均曾向朝廷保推过罗振玉。但罗振玉因丁忧未果。[⑦]光绪三十年（1904年）六月，江苏巡抚端方向朝廷呈送罗振玉所译印的《农学丛书》时，亦不吝赞美之词，称其究心农学。[⑧]实际上，在罗振玉去湖北农务局时，就曾捐候选光禄寺署正。但光禄寺已是被裁撤的机构，候选实为空谈。[⑨]

至《农学报》停刊的1906年，罗振玉才在仕途中渐有一席之地。在端方的劝说下，罗振玉前往京城，41岁时任学部二等咨议官。1908年，罗振玉任考试留学生同考官，阅农科试卷。[⑩]至1909年，张之洞奏补罗振玉

① 赵德馨主编：《张之洞全集》第6册，武汉：武汉出版社，2008年，第268—269页。
② 罗振玉：《集蓼编》，《罗雪堂先生全集》续编二，台北：大通书局，1989年，第717页。
③ 苏云峰：《张之洞与湖北教育改革》，台北：“中央研究院”近代史研究所，1983年，第132—133页。
④ 罗振玉：《集蓼编》，《罗雪堂先生全集》续编二，台北：大通书局，1989年，第721页。
⑤ 赵德馨主编：《张之洞全集》第4册，武汉：武汉出版社，2008年，第111—112页。
⑥ （清）陈夔龙：《庸庵尚书奏议》，沈云龙主编：《近代中国史料丛刊》第51辑，台北：文海出版社，1966年，第154页。
⑦ 甘孺辑述：《永丰乡人行年录（罗振玉年谱）》，南京：江苏人民出版社，1980年，第25页。
⑧ （清）端方：《端忠敏公奏稿》卷四，沈云龙主编：《近代中国史料丛刊》第十辑，台北：文海出版社，1986年，第407—408页。
⑨ 罗振玉：《集蓼编》，《罗雪堂先生全集》续编二，台北：大通书局，1989年，第718页。
⑩ 罗振玉：《集蓼编》，《罗雪堂先生全集》续编二，台北：大通书局，1989年，第737—740页。

为学部参事官，此为其跻身朝廷命官之始。[①]不久，张之洞奏补罗振玉为农科大学监督。但一切行政权都归总监督，分科监督只能陪同画诺。1909年5月，罗振玉奉命考察日本札幌农科大学、真驹种畜场、东京驹场大学三处，历时两个多月。[②]

三、既仕不农：罗振玉“农学”标签之义

罗振玉于农务的具体作为并未大刀阔斧。1909年4月至1912年2月，罗振玉被朝廷任命为京师大学堂农科大学首任监督。[③]其所作为有二：除考察日本农学教育，成《扶桑再游记》一书外，还有建校舍及试验场。[④]此后，他并没有太多继续关注农事的举动。虽如此，在由传统农政走向近代农学的历史进程中，罗振玉却扮演着重要角色。由于时势的变化，罗振玉的所作所为侧重点不同。1900年前，他主要借助汪康年及《时务报》馆的威望，使《农学报》在办报不易的晚清社会得以立足。至戊戌政变，得刘坤一助，《农学报》仍存。但报章体例已面目一新，且罗振玉的文章开始占较大比例。细观《农事私议》，洋洋洒洒23篇，其要旨多是强调荒地之开垦、水利之兴修、学堂之建立、制造之规创[⑤]。该书上卷的《僻地粪田说》即为日本农学士原熙的《肥料篇》一书[⑥]；下卷3篇介绍“日本农政维新记”、“德意志农会记”和“记法国大博览会农产馆”的情况。然而，意味深长的是，此时的罗振玉并未亲历这些国家，目睹文章中的现象，只能从当时可见的报章中转述而来。更甚的是，即便罗振玉建议“取今日已译之东西各国农书，分门讲肄”[⑦]，内心却认为：“一切学术，求之古人记述已足，固无待旁求也。”[⑧]

清廷最重翰林出身，若在平时，罗振玉会沿袭科考路线，学而优则仕。但他处于“三千年未有之大变局”的晚清，“学西学者渐多”，风气渐开。就个人而言，罗振玉并无农学具体的实践经验。基于此，罗振玉“农科大

---

① 罗振玉：《集蓼编》，《罗雪堂先生全集》续编二，台北：大通书局，1989年，第744页。

② 罗振玉：《扶桑再游记》，罗继祖主编：《罗振玉学术论著集》第11集，上海：上海古籍出版社，2010年，第129—149页。

③ 中国农业大学百年校庆丛书编委会：《百年摄影》，北京：中国农业大学出版社，2005年，第10页。

④ 中国农业大学百年校庆丛书编委会：《百年纪事》，北京：中国农业大学出版社，2005年，第8页。

⑤ 罗振玉：《农事私议》，1901年，第2页。

⑥ 罗振玉：《农事私议》，1901年，第17页。

⑦ 罗振玉：《农事私议》，1901年，第7页。

⑧ 罗振玉：《集蓼编》，《罗雪堂先生全集》续编二，台北：大通书局，1989年，第711页。

学监督”的头衔一再被御史严参[①]，并引发日本人“以金石家充任农科大学监督”的惊愕[②]。罗振玉此后并未致力于农事的实践，亦在情理之中。但罗振玉的坚持，使持续十余年之久的近代第一份农学刊物广为人知。

而罗振玉得与朝内枢臣直接建立联系，亦是因缘于《农学报》。从历史演进过程来看，《农学报》创刊与中国传统农政渐兴的时代背景下，对整个近代中国农学历史发展进程的推进颇具影响。例如，1898 年 6 月 20 日，江南道监察御史曾宗彦上折力主振兴农务，就建议：“将上海农学会，亟予激励，或饬地方官，力为保护，或恩赏银两，不论多寡，以示特施。使天下晓然于朝廷之意向，首在明农，则海噬山陬，闻风尽奋，美大之利，计日可收，此兴农学之足筹抵制也。”[③]而清廷以正式章程举行第一届游学毕业生考试，其中一题为“中国农业应如何改良”，亦反映了当局对农事的关注。[④]与此同时，罗振玉翻译东西教育学说，创办第一份近代教育期刊《教育世界》时，正处于朝廷力图革新的重要时期。正是这两份新式专门刊物，塑造了罗振玉“究心农学与教育”的形象；加之罗振玉此间出国游历教育和农学，无疑为此形象浓妆一抹，再添色彩。

《农学报》得到认可，对罗振玉而言实是极其重要的机缘。与其说给了罗振玉“农学”的标签，不如说是促进了传统农政到近代农学的转变，更符合历史的实际。“不仕则农”者，非谓“能鄙事也”，仅指西方农书译本的呈现。而罗振玉被置于农科大学监督的位置，实乃外在环境牵引推移的结果。时代性思潮演进的历史进程中，罗振玉对《农学报》的坚持，吻合了当局兴农的呼吁，功莫大焉。而埋首时文的罗振玉出任农科大学监督，主要并非依靠真才实学建立的原始根基，则更加深了我们对 20 世纪社会“虽欲变法自强，无人、无财、无主持者，奈何！”[⑤]的历史意涵的认知与体悟。

---

① 《京师近事》，《申报》1909 年 11 月 25 日，第 5 版。

② 《东京通信》，《申报》1910 年 7 月 15 日，第 5 版。

③ 国家档案局明清档案馆：《戊戌变法档案史料》，北京：中华书局，1958 年，第 385—386 页。

④ 刘真主编：《留学教育——中国留学教育史料》第 2 册，台北：“国立编译馆”，1980 年，第 786 页。

⑤ 顾廷龙、叶亚廉主编：《李鸿章全集（三）》电稿三，上海：上海人民出版社，1987 年，第 625 页。

第四章　朝臣对农学的比附与接纳

甲午战争后，清廷面对割地赔款的巨大国耻与被“瓜分”危局，承受着财政窘迫与政局动荡的经济、政治双重压力。“京中言变法者甚多，自上上下下几乎佥同。”[①]加之士绅办农会、开农报宣传西法农学的努力，晚清趋新大臣注意到农学的知识体系，朝臣奏议亦别于重农仅知种植之利的惯例，开始畅言效法西方，试图求审土宜、讲培壅之法，以传统社会的《周礼》内容相比附，而接纳农学。朝臣多番倡导，终仰动宸听。

第一节　“务本至计以开利源”

甲午战争后，本着对西学的深刻感知和对国计民生的深切关怀，趋新大臣纷纷著书立说，倡言变法观、储才的思想。部分朝臣经由“西用”的强调，延伸到对西方新式学校的羡慕，以及对“农桑有学堂”一现象的好奇。光绪二十一年（1895 年）五月六日，陈炽上“清帝万言书”[②]，提出挽救时局的七条建议，分别为“下诏求言”、“阜财裕国”、“分途育才”、“改制防边”、“教民习战”、“筑路通商”和“变法宜民”。值得注意的是，在“变法宜民”的具体设想中，陈炽主张设立“学部”和“蚕桑部”。他强调“西人别类分门，举国皆学”，称西人“广建书楼，荟萃中外古今典籍，派员经理，许人入内纵观，钞写无禁。并设博物院，集海外飞潜、动植诸物，以资多识，而广异闻。一切统于学部”。他提出：“中国可酌改国子监制度以兼之。”同时，他认为：“木棉、加非、茶叶、烟叶、葡萄及一切材木百果之类，如教民广种，皆可大收利权”，主张设农桑部，“专派户部侍郎专管农桑，主之于内；而派同知、通判、主簿各闲官，劝之于外，扰民者重其罚，有成效者速其茫”[③]。五月十七日，胡燏棻上“变法自强疏”，明确表示：“目前之急，首在筹饷，次在练兵，而筹饷练兵之本源，尤在敦劝工商，

① 上海图书馆：《汪康年师友书札》第 1 册，上海：上海古籍出版社，1986 年，第 701 页。

② 陈炽的奏折原件藏台北“故宫博物院”，该条史料转引自孔祥吉：《晚清史探微》，成都：巴蜀书社，2001 年，第 137—153 页。

③ 孔祥吉：《晚清史探微》，成都：巴蜀书社，2001 年，第 140 页。

广兴学校。”主张仿行西法，以致富强。他强调：“设立学堂以储人材也。泰西各邦，人材辈出。其大本大源，全在广设学堂”，称西方“农桑有学堂，则树艺饲畜之利日溥”，建议“开设各项学堂”和“广兴学校，力行西法之明验”[①]。从中可见，时人常以晚近旧式学堂比附西方学校教育系统。虽然二者概念内涵、背后渊源系统各异，但这样的比附有利于西法农学在近代中国社会的理解与传播。

事实上，援引西法兴农务的提议，甲午战争时期康有为就有过呼吁。他在进呈当局的奏折中提到了域外农官、农会与农学的情形。光绪二十一年（1895年）五月二日，康有为在“上清帝第二书”中直截了当地提出“务农、劝工、惠商、恤穷”的养民四法。“务农”之法居于首位。他认为，“天下百物皆出于农”，呼吁“立田畯之官，讲土化之学”。“土化之学”就是科学化的农学，在向西方学习的社会风气中，思想开化的康有为注意到“外国讲求树畜，城邑聚落皆有农学会，察土性，辨物宜。入会则自百谷、花木、果蔬、牛羊牧畜，皆比其优劣，而旌其异等。田样各等，机车各式，农夫人人可以讲求。鸟粪可以肥培壅，电气可以速长成，沸汤可以暖地脉，玻罩可以御寒气。刈禾则一人可兼数百工，播种则一日可以三百亩”[②]。他建议清廷当局以官方名义着手派人翻译西方农书，遍于城镇设农会，督以农官。康有为提到的外国农学会，在早期传教士的介绍中，就有过介绍说明。不过，其论说中的“沸汤”和“玻罩”等新名词，不但他人读来费解，或许言说者对此也知之甚少。[③]康有为此折并未递呈至光绪帝手中。约一个月后，康有为在“上清帝第三书”中重申了此主张。[④]这次，奏折进呈到了光绪帝面前。[⑤]

农官、农会与农学，都属于西方舶来品，之所以能吸引当时士绅阶层的关注，关键机缘来自当时东西方农业生产现状与产量的对比。在士绅的认知中，晚清社会“北方则苦水利不辟，物产不多；南方则患生齿日繁，地势有限。遇水旱不时，流离沟壑，尤可哀痛”，农业生产产量很低，在自然灾害面前，农人的境遇凄凉。而与之相较，在士绅的想象中，西方农业“择种一粒，可收一万八百粒。千粒可食人一岁，二亩可养人一家。瘠壤

---

① 中国史学会主编：《戊戌变法（二）》，上海：上海人民出版社，1957年，第289页。

② 汤志钧：《康有为政论集》上册，北京：中华书局，1981年，第126页。

③ 茅海建认为：“当时的许多人对西方的农业成就多有夸大。……除了鸟粪一项外，其余皆不是事实。‘玻罩’可能是指当时的玻璃花房，至于‘电气’、‘沸汤’则不知所云。”茅海建：《戊戌变法史事考》，北京：生活·读书·新知三联书店，2005年，第328页。

④ 汤志钧：《康有为政论集》上册，北京：中华书局，1981年，第141页。

⑤ 孔祥吉：《〈上清帝第三书〉进呈本的发现及其意义》，《新华文摘》1986年第2期。

变为腴壤，小种变为大种，一熟可为数熟”。此说未必全是实情，但这样的描述明确表达了以西方为师、变革现状的强烈愿望，与甲午战争惨败的现实一道，刺激并推动着国家战后改革的步伐。

光绪二十一年（1895年）闰五月二十七日，光绪帝颁发上谕求言，要求各直省将军督抚，针对当下时局，结合地方情况，悉心规划，从而掀起一场战后变法图存之法的大讨论。上谕称：“叠据中外臣工条陈时务，详加批览，采择施行，如修铁路、铸钞币，造机器、开矿产、折南漕、减兵额、创邮政、练陆军、整海军、立学堂。大抵以筹饷练兵为急务，以恤商惠工为本源，皆应及时举办。至整顿厘金、严核关税、稽查荒田、汰除冗员各节，但能破除情面，实力讲求，必于国计民生两有裨益。”[①]此谕旨连同前述康有为、陈炽、胡燏棻三折同时缮寄下发给各直省督抚。这是自近代以来，首次中央层面的呼吁。这也是清廷当局首次在面临危局时，就关乎自身命运与社稷前途的重要议题展开的一场规模空前宏大讨论。这场讨论在很大程度上决定了未来几年晚清政府改革的总体思路和改革重点。[②]

甲午战争后的大讨论中，朝中政情对农务之事有所提及。关于农事的建议，虽然朝臣的侧重点各有不同，但朝臣的复奏都明确表达了对农本的重视。光绪二十一年（1895 年）十二月十八日，张之洞明确提出：“拟就江宁省城创设储才学堂一区，分立交涉、农政、工艺、商务四大纲。”[③]其中，农政之学分子目四即种植、水利、畜牧、农器，打算聘请法、德两国的农政教习。但因张之洞离任，此事经谕令移交刘坤一。张之洞的构想，欲以全新的事功助推晚清农事的质变。接受工作的刘坤一，则更多从现实层面考量。刘坤一认为效法西方的储才学堂的建设，无法一锤定音，只能缓慢推进。因为当时，“学生未解西书，不得不以语言文字为途径，现在所学仅英、法、德、日四国语言文字，即便三年有成，不过备译人之选，而于律例、赋税、舆图、译书、种植、水利、畜牧、农务化学，汽机、矿务、工程、各国商务、中国土货、钱币、货物诸学，均未讲求，仍须俟诸数年之后”[④]。也就是说，对西方语言文字的学习，是效法西式学堂育才的第

---

① 《清实录·德宗景皇帝实录》卷369“光绪二十一年闰五月丁卯”条，北京：中华书局，1987年，第838页。

② 其余六条折片具体名目参见张海荣：《甲午战后改革大讨论考述》，《历史研究》2010年第4期。

③ 赵德馨主编：《张之洞全集》第3册，武汉：武汉出版社，2008年，第320页。

④ 中国第一历史档案馆：《光绪朝朱批奏折》第33辑，北京：中华书局，1995年。

一步。刘坤一委婉地指出：在目前不通西方语言的情况下，因条件不成熟，培养西方分科之学人才的计划只能缓办。

除效法西方外，部分朝臣的立论着眼于对广种植、大兴农利的强调。光绪二十二年（1896 年）二月四日，翰林院侍读学士文廷式奏条陈养民事宜折，称“五十年来，所言变法，皆仅枝叶”，强调“中国自古重农，自应以农事为急。而农政之要，以开渠种树为先”。他建议朝廷“明谕天下，各就本省可开之水道，固有之利源，董劝民间，妥筹兴办”，并明言中国现有四大利“可以立致富强者”，分别为蚕桑之利，棉花纺织之利，葡萄酿酒之利和畜牧之利”[①]。值得注意的是，文廷式所陈以农开利源的建议，与户部郎中陈炽《续富国策》中所述“种棉轧花说”、“种桑育蚕说”、“葡酿酿酒说”和“畜牧养民说”十分接近，均在介绍西方种植之法时，劝励种植。[②]山西巡抚胡聘之在议覆折中也有类似的提法。[③]

就农务而言，主张中法与西法相结合的晚清大臣，最具代表性的当属华辉。光绪二十二年八月二十三日，御史华辉明确提出“务本至计以开利源”的建议，呼吁广种植，兴水利，以开利源。奏疏中指出：“种植之大利，其在南方者二：曰桑，曰茶。……在北方者二：曰葡萄，曰棉花。”[④]就中国水利，则据古今中外良法约而举之，厥有八事：一曰引泉，二曰筑泉，三曰开渠，四曰通潮，五曰开井，六曰蓄水，七曰用车桔槔汲水之法，八曰填石。华辉所陈，无出传统农政之范畴。但其中还提到“西人近得新法，每田十亩，四围掘一深沟，宽一二尺，深三四尺，填以碎石，高出地面，石能汲水”的现象。华辉的建议得到朝廷重视，工部等部议覆华侍御讲求务本至计以开利源折中，称“御史所陈，自系目前当务之急”，但因“各省风气互异，南北形势不同，因地制宜之方，臣等无从悬揣，未敢率行定议，应请将该御史所奏各节钞录，通行各省将军督抚等，转饬所属，体察情形，奏明办理，总期废无不举，利无不兴。庶于国计民生，两有裨益，至如何劝惩之法，应请旨饬下各省疆吏，申明定章，认真考察，毋得视为具文”。这是将此事的具体执行办法抛给了各省将军督抚。张謇就华辉折中所奏道：“华辉所云广植、兴水利固矣；然必先之以专责成。征实事，宽民力。”并

---

① 汪叔子：《文廷式集》上册，北京：中华书局，1993 年，第 86—88 页。

② 赵树贵、曾丽雅：《陈炽集》，北京：中华书局，1997 年，第 157—177 页。

③ 《山西商务总局集股章程》，《知新报》1897 年第 27 册。

④ 中国史学会主编：《戊戌变法（二）》，上海：上海人民出版社，1957 年，第 300—301 页。

将此三者视为“振兴农务之要领”[①]。张謇进一步提出农务亟宜振兴，振兴之计有四：“一久荒之地，听绅民招佃开垦成集公司用机器垦种。一未垦之地，先尽就近之人报买。一凡开垦之地，援照雍正元年上谕，水田免赋六年，旱田免赋十年之例，变通为免赋三年，免赋五年。一报买升科。户部及各衙门费宜明定成数，杜书吏挑剔需索之习，释民间缴价畏沮之心。”[②]汪康年在给张之洞的信函中欣喜地将华辉《请开农田水利疏》视为难得的“振兴农务之机”[③]。

需要说明的是，1895—1896年，清廷实政改革的重心是在铁路、矿务、新军、银行、邮政、学堂等方面[④]，在收到的议覆奏折中，胡燏棻设立新学堂的建议被评为“离经畔（叛）道之谈”和“其祸有不可胜言者”。而康有为、陈炽的论说被讽刺为“作纸上空谈，逐事上万言之策”[⑤]。陈炽仿设学部、矿政部、农桑部、商部、议院的建议，既无人赞成，也无人反对。这从更深层次反映出官员们对于此类改革意见的陌生与漠视。倡议设农桑部、效仿西法农学，虽有人应和，但相较而言，内外臣工对此事的反应，远不如对开矿、练兵、通商热烈，付诸实践的自然不多。

第二节　“励农学以尽地力”

甲午战争时期，希望了解西方农学和向西方学习的风气，已然在少数晚清大臣中萌芽滋长。士绅朝野对科举八股乃至传统中学的信仰发生动摇；取而代之的，是对西学的肯定、好奇与渴求。即至戊戌，农务兼采中西之法的上谕，昭示着：在素来强调夷夏之防的晚近社会，“西法农学”得到了官方层面的认可，由此揭示了近代农学的逐渐形成，揭开了时代变迁的序章。

康有为将新的农业机构的设立视为整个国家机构改革中的重要一环。光绪二十四年（1898年）正月初八，康有为在分析晚清时局后指出：“今之部寺，率皆守旧之官，骤与改革，势实难行。”为推动其戊戌变法的全

---

① 张謇研究中心、南通市图书馆、江苏古籍出版社：《张謇全集》第2卷，南京：江苏古籍出版社，1994年，第14页。

② 张謇研究中心、南通市图书馆、江苏古籍出版社：《张謇全集》第2卷，南京：江苏古籍出版社，1994年，第12—13页。

③ 汪诒年：《汪穰卿先生遗文》，民国二十七年（1938年）铅印本，第3—5页。

④ 张海荣：《甲午战后清政府的实政改革（1895—1899年）》，北京大学2013年博士学位论文。

⑤ 转引自：张海荣：《甲午战后改革大讨论考述》，《历史研究》2010年第4期。

新构想，康有为在上清帝第六书中[①]建议设立制度局总其纲，立十二局分其事。十二局分别为法律局、度支局、学校局、农局、工局、商局、铁路局、邮政局、矿务局、游会局、陆军局、海军局。其中，排在第四位者为“农局”，“举国之农田、山林、水产、畜牧、料量其土宜，讲求其进步改良焉”[②]。康有为的制度局和十二局的构想，并非在旧有体制下的调整，而是涉及晚清政治体制建设的全新思考。

然而，康有为条陈中的建议并未得到大臣们的附和与认同。朝廷政情多以传统六部或总理衙门相比附，反对新政十二局的设置。面对康有为奏疏中提到的仿效西方设立农局的构想，军机大臣和总理衙门大臣以此事属户部管辖、无须另设新机构为由，予以驳斥。光绪二十四年（1898 年）二月十九日总理衙门代递工部主事康有为条陈一折。五月十四日奕劻在议覆折中言：“我朝庶政分隶六部，佐以九卿。”其中农事隶属户部。如“勤职业，实事求是。既无废弛之虞，即不必更改名目”。而朝廷当局对此答复并不满意，五月二十五日，光绪帝朱批：“著军机大臣，会同总理各国事务衙门王大臣，切实筹议具奏，毋得空言搪塞。”[③]在光绪帝的督促下，六月十五日，军机大臣世铎会同总理各国事务衙门，就康有为所陈，逐款切实筹议：“有应行变通者，有已经举办者，有尚须推广者，有应请缓办者，有不便施行者，为我皇上缕析陈之。”该折较之前奕劻所陈更为详细，如对康有为所陈农局的要求，回应道：“本年五月奉旨令刘坤一查各国农学章程颁行。”但此议覆的主旨仍为“此十二局者，亦并非向来所无，大抵分隶于各部及总理各国事务衙门，或散见于各项局所”[④]。事实上，戊戌变法时期，部分朝臣将目光放在铁路、矿务两项事务上，这两项事务被视为“新政关系最要之端”[⑤]，故而设“农局”的建议，并未被朝廷所重视。

虽然设立农局未成形，但戊戌变法时期晚清朝臣从农商关系对比中，阐释了农本的重要性。孙宝瑄认为重矿不如重农，感慨道：“中国人知富国

① 关于“十二局”还有另一种说法。据《康有为变法奏章辑考》记载，“其新政推行，内外宜立专局以任其事”，十二局为“一法律局，二税计局，三学校局，四农商局，五工务局，六矿务局，七铁路局，八邮政局，九造币局，十游历局，十一社会局，十二武备局”。其中，“农商局，掌凡种植之法、土地之宜、垦殖之事，赛珍之会，比较之厂。考土产，计物价，定币权，立商律，劝商学”。孔祥吉编著：《康有为变法奏章辑考》，北京：北京图书馆出版社，2008 年，第 139 页。

② 汤志钧：《康有为政论集》上册，北京：中华书局，1981 年，第 215 页。

③ 国家档案局明清档案馆：《戊戌变法档案史料》，北京：中华书局，1958 年，第 9 页。

④ 国家档案局明清档案馆：《戊戌变法档案史料》，北京：中华书局，1958 年，第 11 页。

⑤ 国家档案局明清档案馆：《戊戌变法档案史料》，北京：中华书局，1958 年，第 8 页。

在矿，而不知在农。矿开而不务农，中国之贫如故也。何也？矿出五金，流通之具耳；人赖以生者在衣食。衣食不能给，得金何用？不如务农，出产多，则商务盛而利权多，不患无金，不患不富。不务农而仅开矿，则所得金仍流溢于外，中国何所利耶？故云重矿不如重农。”[①]孙宝瑄重农的理由，虽说服力有限，但他提出的“农业是工业基础”的论断，很大程度是基于传统农业社会的思想习惯。

除重农之本外，农业种植之利的呼声在朝臣的奏议中也浮出水面。1897 年，浙江、湖北、直隶等省的蚕政有所成效，徐树铭奏请朝廷饬令各省举行蚕政。光绪二十三年（1897 年）十二月七日，当局下发旨意：“著各督抚饬令地方官，认真筹办以广利源。”[②]不久后，1898 年 5 月，唐浩镇上疏奏请各省自辟利源，明确指出，利之所在有八端：一曰蚕桑，二曰葡萄，三曰种棉，四曰种蔗，五曰种竹，六曰种樟，七曰种橡，八曰种烟。户部在此议覆奏折中道：“上年九月，御史华辉奏令各省讲求种植水利，亦由工部会同臣部通行在案。复据都察院坐都御史徐树铭，奏请举行蚕桑，并护理陕西巡抚张汝梅，奏请通行各属，如有蚕桑种植等项，凡有裨生计者，饬令兴办，亦已奉准咨行。”需要说明的是，唐浩镇所陈八利，实际上是户部郎中陈炽所辑《续富国策》中提到的内容。

户部所议内容，虽大部分不出传统农政的范围，但谈论内容中多了“洋法”“外洋机器”等新字眼。鉴于各地“风土异宜”，蚕桑之事，“据广西巡抚马丕瑶奏称：“兴办有收，未及两载，而桑秧蚕子，靡有孑遗。”传统经验农学下，很难确保蚕桑兴办的收益。户部奏议中又称：“又如葡萄制酒，前据山东巡抚奏称，东海关道盛宣怀，咨仿照洋法制造，价廉味美，准该商专利十五年。”又据山西巡抚奏称：“文水一带，所产葡萄最佳。诚宜设局开办，现在是否确能酿造，能否行销出洋，未据该抚咨到部。此外如轧花，制糖、造纸、熬脑、制胶、卷烟各事，非购买外洋机器，则货物不精；非熟习商务情形，则获利不厚，且未察物产之多寡，销路之畅滞，更不讲求制造诸法，亦恐未必有益”[③]，仍“请旨饬下各直省将军督抚，各就地方情形，详加考察，认真举办”。户部的回复中提到的蚕桑、制糖、造纸等有别于传统种植的品类，实际上多来自陈炽所言。但陈炽所言仅得其名，就其粗迹，未道其理，未言其法，难以落实。户

---

① 孙宝瑄：《忘山庐日记》，上海：上海古籍出版社，1983 年，第 150 页。
② 《谕旨恭录：光绪二十三年十二月初七日奉》，《农学报》1898 年第 20 册。
③ 《奏折录要：户部议复唐郎中浩镇请各省自辟利源折》，《农学报》1898 年第 37 册。

部只好把难题交给各省督抚。

明确提出“励农学以尽地力”，建议朝廷引入西方农学知识的晚清官员，当属曾宗彦。光绪二十四年（1898 年）五月二日，掌江南道监察御史曾宗彦上“急宜振兴农务”折，主张“励农学以尽地力”，提出“农学”概念。曾宗彦的农学概念，指称的不是重视农业生产的各种政策，而是源自西方的农学。他以西方农学知识获利丰厚的认知，预估了中国采用西法农学后的丰厚农业收益。他在奏折中称：“中国地属温带，土宜最广，为五大部洲所不及。可耕之地，若以西法农学经营之，利可六倍。故西人常谓尽地所受日之热力，每一英里可养一万六千人，计一英里仅中国三里三耳。又西人推算中国之地，若用西国农学新法，每年增款可六十九万万两有奇。今纵不必尽如其数，但能得半，而中国已岁增三十余万万，岂患贫哉？”由此可知，对西方农学新法带来巨大农业收益的想象，是晚清朝臣倡导西法农学的逻辑起点。

在农学主办者人选上，曾宗彦将希望寄托在乡绅身上。因西法均属新事新设，在农学主事者人选上，他担忧“其事繁琐，购新器，授新法，穷乡僻壤，节节难周。责之官办，则文告仅属空谈；听之民办，则愚贱惮于谋始”，故而援引《周礼·地官司徒·遂大夫》所言“三岁大比，则帅其吏而兴甿”，主张就农学一事举荐民间的贤者和能者。同时以汉惠帝刘盈奖励“孝悌力田”的举措为例，提出由皇帝发出诏令，显示当局对农学的重视程度，同时建议劝导乡绅，以“孝顺父母，敬爱兄长”的传统社会伦理教化方式，推动以农为本的经济发展。鼓励统治者发诏令劝农，奖励农业生产不错的乡绅。就此，曾宗彦认为倡导农学一事，必须由士绅来主持。为在社会舆论层面造势，他乐观估计只要当局下诏褒奖一二倡言西法农学者，农学之风气便能家喻户晓，就此提出朝廷下诏奖励上海农学会的创办。奏折中称：“查江浙绅士，邀集同志于上海创设农学会，兼采中西各法，以树艺畜牧，倡导海内，在兴利之中，最有实际，毫无流弊。行之一年，尚稍稍有应之者。惟以二三人士，主持其间，志愿无穷，而功力有限。积渐扩充，则旷日难俟，始勤终怠，则或废半途，非得明诏鼓舞，藉以风动四海。”[①]

曾宗彦的新式农学主张带有明显的以中法农政比附西法农学的色彩。他提出的西法农学，表现为购买西方新式农业机器和学习域外农学新法，但详细的购买途径和西法农学的具体知识，他并没有触及。他力推官方层面对西法农学的认同，建议皇帝亲自下诏，在传统夷夏大防的晚近社会实

---

① 国家档案局明清档案馆：《戊戌变法档案史料》，北京：中华书局，1958 年，第 386 页。

属难得。然而，他将农学兴办一事仅仅寄希望于乡绅，主张借鉴上海农学会的设立，强调“励农学以尽地力”的重要性，显然忽略了当时士绅对农学知识的认知，反映出其对域外农学情况也不过一知半解。即便如此，曾宗彦从西法农学经营之利的角度呼吁“兼采中西各法”，也打破了传统农政仅仅强调广种植与兴水利的局面，此举毋庸置疑具有划时代的意义。

曾宗彦此折得到了当局的重视和肯定。该折当天即奉上谕，“著总理各国事务衙门一并议奏”[①]。光绪帝还就此折详细询问了张荫桓。[②]光绪二十四年（1898年）五月十六日，总理衙门在议覆折中称：“其励农学以尽地力一节，查泰西农学渺有专书。中国拘守旧习，于西人种植畜牧之法未及考求，实农政之未修，非地力之已尽。近日京师奏设大学堂，各省学堂次第设立，正宜广译外洋农学诸书，兼资肄习，以为试办之地。”也就是说，总理衙门的回复，一方面提出晚清社会农政不修的现状，承认西人考察种植畜牧之法这一现象的存在，主张依托各省新式学堂设立之风，大量翻译外国农学书籍，试行域外农学之法。另一方面，对曾宗彦提出的乡绅试办农学的建议，予以肯定。尤其值得注意的是，在这样的历史契机下，上海农学会首次被晚清当局所注意。总理衙门的奏折中称：“上海农学会，由江浙绅士创设，行之有效，是风气业已渐开。惟该学会何人经理，一切章程未经呈报，无案可稽。应请旨饬下南洋大臣，查明该绅等姓名及该会章程，咨送臣衙门备核，仍由南洋大臣就近考察。如果确著成效，请旨嘉奖，为直省农学之倡。其如何妥为保护，并应否筹给经费，以垂久远之处，统由该大臣酌核奏明办理。”[③]

当天朝廷就总理衙门的议覆颁发上谕，肯定了农务兼采中西之法的必要性。上谕称：“总理各国事务衙门奏议覆御史曾宗彦奏请振兴农学一折，农务为富国根本，亟宜振兴，各省可耕之地，未尽地利者尚多，著各督抚督饬各该地方官，劝谕绅民，兼采中西之法，切实兴办，不得空言搪塞。须知讲求农政，本古人劳农劝相之意，是在地方官随时维持保护，实力奉行。如果办有成效，准该督抚奏请奖叙。上海今日创设农学会，颇开风气，著刘坤一查明该学会章程，咨送总理各国事务衙门查核颁行，其外洋农学诸书，并著各省学堂广为编译，以资肄习。”[④]

---

① （清）徐致祥等：《清代起居注册（光绪朝）》第61册，台北：联合报文化基金国学文献馆，1987年，第30800页。

② 任青、马忠文整理：《张荫桓日记》，上海：上海书店出版社，2004年，第538页。

③ 国家档案局明清档案馆：《戊戌变法档案史料》，北京：中华书局，1958年，第388页。

④ （清）徐致祥等：《清代起居注册（光绪朝）》第61册，台北：联合报文化基金国学文献馆，1987年，第30858—30859页。

不仅如此，朝廷还就此专门颁发了劝农兼采中西之法的谕旨，以朝廷公文的形式，官方定调"农为本，工商为用"的社会结构。光绪二十四年（1898 年）六月十五日，清廷再次颁发谕旨：

> 通商惠工，务材训农，古之善政。方今力图富强，业经明谕各省，振兴农政，奖励工艺，并派大臣督办沿江等处商务。惟中国地大物博，非开通风气，不足以尽地力，而辟利源。图治之法，以农为体，以工商为用。现当整饬庶务之际，著各直省督抚认真劝导绅民，兼采中西各法，讲求利弊。有能创制新法者，必当立予优奖。该督抚等务当仰体朝廷开物成务之意，各就该管地方考核情形，所有颁行农学章程及制造新器、新艺、专利给奖，并设立商务局，选派员绅开办各节。皆当实力推广，俾有成效。此外，迭经明降谕旨饬办事宜亦均悉心讲求，次第兴办，毋得徒托空言一奏塞责，并将各项如何办理情形，随时具奏。①

这两道上谕，一方面提出训农宜"兼采中西各法"的总号召，另一方面则明确"以农为体，以工商为用"的宗旨。尽管朝廷方面多次呼吁振兴农务，主张引进西方农学以改善中国农政，促进农业生产，但从具体措施上，并没有太多变革，也没有从根本上怀疑中国旧有农政秩序的合理性。加之西法农学对当时的中国社会来说仍然十分陌生，晚清朝臣没有这方面的经验和常识，所以倡言农学的主张难以转换为实际的政治运作。中央尚且如此，地方"各处办理如何，现尚未据奏报"②，就在情理之中了。"兼采中西各法"徒具其名，难求其实。如何兼采，并无具体可行的办法。注重西方农学和如何效仿之间，存在难以消解的冲突。农学兼采中西之法的呼吁，过于笼统空泛且缺乏可操作的目标，无法落实为具体的行动，只能作为口号而存在。

第三节　签议《校邠庐抗议》

戊戌变法时期，朝臣集体签议《校邠庐抗议》中，亦可见时人对农务的旧说新知。光绪二十四年（1898 年）五月二十九日，身处变局之中、积

---

① （清）徐致祥等：《清代起居注册（光绪朝）》第 61 册，台北：联合报文化基金国学文献馆，1987 年，第 30963—30965 页。

② （清）徐致祥等：《清代起居注册（光绪朝）》第 61 册，台北：联合报文化基金国学文献馆，1987 年，第 31035 页。

极向西方学习、力主变革的孙家鼐，向光绪帝再次推荐冯桂芬的《校邠庐抗议》一书。不过，这次他提出新的构想，在自己上呈的《请饬刷印〈校邠庐抗议〉颁行疏》一折中，建议："令堂司各官，将其书中某条可行，某条可不行，一一签出，或各注简明论说，由各堂官送还军机处，择其签出可行之多者，由军机大臣进呈御览。"[①]不久，光绪帝便做出了回应："著荣禄迅即饬令刷印一千部，克日送交军机处，毋稍迟延。"[②]在孙家鼐的建议下，以签议《校邠庐抗议》的形式，朝廷组织了一场关于改革的大讨论，其中就有关于农政、农事的讨论。此举用意有二：一是调查民情，了解晚清官员对变法的态度，"变法宜民，出于公论，庶几人情大顺，下令如流水之源也"；二是选贤举能，为变法找寻可用之才，"皇上亦可借此以考其人之识见，尤为观人之一法"。光绪二十四年（1898 年）六月十三日至六月二十五日，军机处汇总各衙门缴回签注的《校邠庐抗议》251 部[③]，共计 522 人。《校邠庐抗议》为早期维新派人士冯桂芬约四十年前而作，由 47 篇政论组成。其中对农事的讨论集中在兴水利议、劝树桑议、筹国用议、稽旱潦议、屯田议及垦荒议等条目。就朝臣签注内容而言，主要围绕蚕桑之利、水利与泰西机器、西法农学四个方面展开。据此，足可从一个侧面了解戊戌变法时期晚清社会精英群体对农事的态度与认知。

就蚕桑之利而论，晚清部分官员肯定了蚕桑的重要性。有朝臣就此签议道："树桑育蚕，其利最溥。业经总理衙门于二十二年议覆前学士文廷式条陈养民事宜折内，奏准通行各省，一律兴办。应请明诏饬催，以开利源。"[④]又有称："丝市为土货大宗，西北宜桑之地颇多，宜广为种植，惟须官为倡导，购桑秧雇蚕师，以教土人。风气广开，复精究缫丝之法，则销路畅而利溥矣。"[⑤]且言："蚕桑无地不宜，其利较农为倍。丝为出口之大宗，讲求得法，足夺泰西之利，权亟宜饬行。"[⑥]同时强调："以农桑为本，更佐以树茶

---

① 中国史学会主编：《戊戌变法（二）》，上海：上海人民出版社，1957 年，第 430 页。

② 中国第一历史档案馆：《光绪朝上谕档》第 24 册，桂林：广西师范大学出版社，1996 年，第 246 页。

③ 中国第一历史档案馆：《清廷签议〈校邠庐抗议〉档案汇编》前言，北京：线装书局，2008 年，第 4 页。

④ 中国第一历史档案馆：《清廷签议〈校邠庐抗议〉档案汇编》第一册，北京：线装书局，2008 年，第 308 页。

⑤ 中国第一历史档案馆：《清廷签议〈校邠庐抗议〉档案汇编》第一册，北京：线装书局，2008 年，第 382 页。

⑥ 中国第一历史档案馆：《清廷签议〈校邠庐抗议〉档案汇编》第六册，北京：线装书局，2008 年，第 2515 页。

开矿。致富之策，无过于此，实今日之要务。”[1]但亦有大臣对种植蚕桑一事较为谨慎，认为：“树桑可以饲蚕，所以缫丝相因事也。惟西北天寒，不宜饲蚕，劝民树桑亦属无益。”[2]且“近年各省多有劝种者，亦在地方官之实力奉行耳”[3]。亦有人言：“中国出口之货，丝为第一大宗，正宜及时讲求蚕桑之利。西北宜桑之地颇多，似应立农学会以倡导之，其收效必捷也。”[4]

就蚕桑之法而言，朝臣的签议内容中出现了传统农书和新式农学的讨论。有官员认为：“西北诸省兴办蚕桑，养民之要领也。《农政全书》载种桑之法，培枝之外，更有插枝一法。初牙时，择其指大枝肥旺者，开沟深尺，许埋之自然生根。椹种一法，《群芳谱》载：‘取椹之黑者，剪去两头，惟取中间一节。异日成桑枝干，坚强而叶厚大。将种之时，先以柴灰掩揉，次日淘净，捡沉水者晒去气，种乃易生’。”[5]以古农书内容为依据，讨论蚕桑之法。与此同时，值得注意的是，清朝官员中还有人提出，“蚕桑各省，皆宜更宜采用西人种植养蚕之法”[6]，且“树茶宜采西人制茶之法”[7]。而推广树艺养蚕之法，则称“近《农学报》所言甚为精密”[8]。部分趋新大臣更是明确指出：“朱祖荣《蚕桑答问》一书甚为赅备。前浙江税务司英人康发达《蚕务条陈》于西国、日本育蚕之法，考核极精。”[9]所言两书，均为《农学报》收录。部分开明官员认为意大利、法国、日本等域外国家，蚕质优良，种植蚕桑获利丰厚，主张引入域外蚕桑良种进行种植。[10]

---

① 中国第一历史档案馆：《清廷签议〈校邠庐抗议〉档案汇编》第十四册，北京：线装书局，2008年，第5975页。

② 中国第一历史档案馆：《清廷签议〈校邠庐抗议〉档案汇编》第十五册，北京：线装书局，2008年，第6355页。

③ 中国第一历史档案馆：《清廷签议〈校邠庐抗议〉档案汇编》第二册，北京：线装书局，2008年，第526页。

④ 中国第一历史档案馆：《清廷签议〈校邠庐抗议〉档案汇编》第十五册，北京：线装书局，2008年，第6452页。

⑤ 中国第一历史档案馆：《清廷签议〈校邠庐抗议〉档案汇编》第二册，北京：线装书局，2008年，第636—637页。

⑥ 中国第一历史档案馆：《清廷签议〈校邠庐抗议〉档案汇编》第二册，北京：线装书局，2008年，第687页。

⑦ 中国第一历史档案馆：《清廷签议〈校邠庐抗议〉档案汇编》第二册，北京：线装书局，2008年，第690页。

⑧ 中国第一历史档案馆：《清廷签议〈校邠庐抗议〉档案汇编》第二册，北京：线装书局，2008年，第938页。

⑨ 中国第一历史档案馆：《清廷签议〈校邠庐抗议〉档案汇编》第三册，北京：线装书局，2008年，第1077页。

⑩ 中国第一历史档案馆：《清廷签议〈校邠庐抗议〉档案汇编》第三册，北京：线装书局，2008年，第1077页。

还有人提到采择西国饲蚕之法[①]，同时也有人呼吁立农学会以讲求树畜之道。[②]

对水利的签注。“历代农政，无不以兴水利为第一义”[③]，《校邠庐抗议》中所言兴办西北水利，合于“华辉所奏水利之兴于种植相因，为用以种植为经，以水利为纬”的打算[④]，朝臣主张由“地方官妥协”[⑤]。然又有言水利议“不可行”，因西北水利“以山水之势无常，潦则溢，旱则涸故耳，博访众论而后举行也”[⑥]。值得注意的是，在此条签注中，有提到泰西水法者，言：“泰西开沟渠于洼下处，必底铺碎石，令水由地中行，无泛溢之弊。其高原又有开喷井之法以救之，则无弃地矣。而后再以新农学治之，相其土宜厚其粪力，则出产当倍蓰，农学日兴，民不患贫，何至如此议所言弱者沟壑，强者林莽乎？”[⑦]还有官员提出：“现今同文馆及南北洋各处学堂设立已久，学生肄业有年，其精于算数、舆图者正不乏人，可使之考究方舆形势，于最易施工之处，先为试办。如果得法，再因势利导渐次推行，水利可兴，则河道各议亦可次第举办矣。”[⑧]这些议论，和既往传统农政仅仅强调地方督抚督办水利的话语有所不同。

值得一提的是，官员在签注中提到了西方火轮机的情形。《校邠庐抗议》中言“火轮机开垦之法”，鼓励机器垦利。朝臣将用西法机器开垦荒田定为“近日农学之急务也”[⑨]，称此“宜于农学试办”[⑩]，并将用西法

---

① 中国第一历史档案馆：《清廷签议〈校邠庐抗议〉档案汇编》第十三册，北京：线装书局，2008 年，第 5596 页。

② 中国第一历史档案馆：《清廷签议〈校邠庐抗议〉档案汇编》第十三册，北京：线装书局，2008 年，第 5765 页。

③ 中国第一历史档案馆：《清廷签议〈校邠庐抗议〉档案汇编》第十二册，北京：线装书局，2008 年，第 5085 页。

④ 中国第一历史档案馆：《清廷签议〈校邠庐抗议〉档案汇编》第八册，北京：线装书局，2008 年，第 3250—3251 页。

⑤ 中国第一历史档案馆：《清廷签议〈校邠庐抗议〉档案汇编》第二册，北京：线装书局，2008 年，第 520 页。

⑥ 中国第一历史档案馆：《清廷签议〈校邠庐抗议〉档案汇编》第二册，北京：线装书局，2008 年，第 706 页。

⑦ 中国第一历史档案馆：《清廷签议〈校邠庐抗议〉档案汇编》第四册，北京：线装书局，2008 年，第 1834 页。

⑧ 中国第一历史档案馆：《清廷签议〈校邠庐抗议〉档案汇编》第十册，北京：线装书局，2008 年，第 4186 页。

⑨ 中国第一历史档案馆：《清廷签议〈校邠庐抗议〉档案汇编》第三册，北京：线装书局，2008 年，第 1351 页。

⑩ 中国第一历史档案馆：《清廷签议〈校邠庐抗议〉档案汇编》第二册，北京：线装书局，2008 年，第 632 页。

垦荒田视为“今日富国之要务”[①]。原因是：“垦荒用火轮机器，事半功倍，此议可行。”[②]还主张“饬查各省荒地若干，需轮机若干，或购自外洋，或令机器局仿造，分给各省”[③]。对此，有人持相同的观点，认为：“原议火轮机龙尾车以及《农学报》所言各器，似可以购办试用。”[④]有人赞同的同时，也有人对此表示忧虑，认为：“田用机器较便，但官民隔膜，似难施行。”[⑤]朝臣担心此事“经费至不易筹”[⑥]，甚至可能出现“垦荒用火轮机，贫者无此力量，必殷实之家始克制办。则富者愈富，贫者仍贫”的现象[⑦]。更有人理性思量后说：“用火轮机开垦荒田，自比人力较速。然垦田者半系贫民。机器价动逾千金，若非官为之购，断非贫民之力所能办。所谓言之易，而行之难也。”[⑧]更有人就此提出反对意见，原因是“外洋人少，故以机器济人力之穷。中国人多，不必以机器夺小民之食”，且“轮机开垦，虽事半功倍。然成本太重，驾驭难得其人，坏而复修，其病与縻费等，且外洋人少，故以机器济人力之穷，中国人多不必以机器夺小民之食。此议宜酌行”[⑨]。虽对机器垦荒见解不一，但泰西新式农具为人所知的现象，显然是不争的事实。

在此次关涉近代农务的签议中，晚清大臣初步意识到中西农业的差距，就此建议向域外学习，“宜于各处立农学堂，广译西洋及日本农书，讲求新法，购机器”[⑩]。还有人提出由上海农学会试行西法农学的构想，

---

① 中国第一历史档案馆：《清廷签议〈校邠庐抗议〉档案汇编》第三册，北京：线装书局，2008年，第1249页。

② 中国第一历史档案馆：《清廷签议〈校邠庐抗议〉档案汇编》第六册，北京：线装书局，2008年，第2378页。

③ 中国第一历史档案馆：《清廷签议〈校邠庐抗议〉档案汇编》第八册，北京：线装书局，2008年，第3654—3655页。

④ 中国第一历史档案馆：《清廷签议〈校邠庐抗议〉档案汇编》第二册，北京：线装书局，2008年，第710页。

⑤ 中国第一历史档案馆：《清廷签议〈校邠庐抗议〉档案汇编》第二册，北京：线装书局，2008年，第899页。

⑥ 中国第一历史档案馆：《清廷签议〈校邠庐抗议〉档案汇编》第三册，北京：线装书局，2008年，第1087页。

⑦ 中国第一历史档案馆：《清廷签议〈校邠庐抗议〉档案汇编》第十四册，北京：线装书局，2008年，第6015页。

⑧ 中国第一历史档案馆：《清廷签议〈校邠庐抗议〉档案汇编》第六册，北京：线装书局，2008年，第2524页。

⑨ 中国第一历史档案馆：《清廷签议〈校邠庐抗议〉档案汇编》第十五册，北京：线装书局，2008年，第6509页

⑩ 中国第一历史档案馆：《清廷签议〈校邠庐抗议〉档案汇编》第七册，北京：线装书局，2008年，第2919页。

原因是："上海虽设农学会，所译论说，农人不知。西人耕田利器，亦有图无器，纸上谈兵，缓不济急。宜令各省首府均立一农学会，绅主其事，官为保护。先由上海农学会速购西人农器，择其易用难坏，省费与土俗相宜者，分数类，交制造厂仿造试用，并参酌中西农书肥田之法，可通行者。一面就近试办，一面通知各省照行。"[①]总体而言，朝臣们遵循讲求农政垦荒的谕旨，讨论基调聚焦于中西农事结合，以促进晚清社会农业生产与发展，振兴农政，即提议："宜参用均赋役、兴水利、稽户口诸议，兼习西人种植诸学，渐次推广。"[②]

清廷签议《校邠庐抗议》关于农事的讨论中可以看出：晚清政坛对农务的印象，已不再局限于"均赋役、兴水利、稽户口"之议的旧制。在朝臣们签议的内容中，"以化学粪田，以机器耕获"[③]的新式农学知识随处可见。晚清对农事的认知，从传统农政走向近代农学。近代科学化农学知识得到了朝廷统治阶层的认可。农学科学化，聚焦种植治学，强调先辨别土宜。而"辨别土宜，莫精于化学，先考何种土质，能养何种植物，必使泥土之质与所种之质相合，而后种无不肥。盖凡植物之体，无论野生、家种，悉本十四原质：曰氧，曰氮，曰氢，曰氯，曰碳，曰钾，曰镁，曰铝，曰钠，曰磷，曰硫，曰矽，曰铁，曰钙。一物原不能兼备十四质，贸然有四质不可少者，即氧氮碳也。故化学之辨土宜土质，皆须查验。土如含碳最多，则宜种含碳之物。以碳养氮，勃然而兴，否则必不畅茂。即如谷质含磷，宜种于含磷之土。而或制含磷之水，用以滋培，则谷必滋长。又如薯质含钾，宜种于含钾之土，而或制含钾之料，藉以培壅，则薯必藩生。此土宜之理也"[④]。以农务化学为核心的农学知识体系，是中国农政中鲜少提及的概念。

虽然这次签议活动对农事的探讨围绕中国旧制与泰西新法两个角度展开，但由于朝臣认知结构和思想观念的不同，实际上仍众说纷纭，并没有形成一个完整的讨论结果，难以达成共识。晚清农务"学未精，器

---

① 中国第一历史档案馆：《清廷签议〈校邠庐抗议〉档案汇编》第四册，北京：线装书局，2008年，第1413—1414页。

② 中国第一历史档案馆：《清廷签议〈校邠庐抗议〉档案汇编》第二册，北京：线装书局，2008年，第675页。

③ 中国第一历史档案馆：《清廷签议〈校邠庐抗议〉档案汇编》第一册，北京：线装书局，2008年，第391页。

④ 《讲求农学土宜》，倚剑生：《光绪二十四年中外大事汇记（三）》，台北：华文书局，1968年，第1539—1540页。

未备”[①]，加之对西方农具的介绍仅有图说耳闻并无目睹，并且虽有人提及农务设立学堂的必要性，但对学堂中农学一门具体为何仍知之甚少，出现了如“化学、矿学、光学及种植制造诸学，《周礼》已具”[②]的简单比附与理解，或谈论“土质、土化、土宜、土色、土性……水栽、火栽”等让人不知所云的概念。[③]因此，专业化农学知识的解读与专门农学机构的设立，是晚清农学形成中面临的现实问题。

第四节 农工商局的构设

历代王朝为维护政权稳定，均奉行农本政策。劝课农桑、鼓励种植的政策时常下发。对农事的讨论，多见于户部和工部的奏章中。农务由户部和工部兼管。户部古代为“地官”、“大司徒”，或为“大司农”，唐宋以后，即为户部。户部总的职掌，是管理全国疆土、田亩、户口、财谷之政令，以及掌全国的户籍与财政经济事务。[④]工部执掌屯田、水利方面的政令。工部和户部执掌下的农事，以征收赋税为主导，日常政令多为督促直省督抚、大吏、守令等官员对所辖区域农业种植的劝勖之功。朝廷并未设立专门的农官，但从雍正时起推行“设农官，举老农”的政策。朝廷下令，“各府州县卫，果有勤于耕种，务本力作者，地方官，不时加奖，以示鼓励”[⑤]。传统政治格局中，并无专门农业机构、农官的设置，虽有“户部号为司农，农自为农，而所思者非农也”。[⑥]

伴随着西学东渐，国人对讲求种植之法的科学化农学逐渐了解和向往，相继出现了农商部、农局、农会等新式机构的呼吁和构想。科学意义上的农学成为应变局以救亡图存、富国强兵的重要载体。这一点，在戊戌变法时期尤为明显。戊戌变法时期，朝廷重本训农的谕令得到了朝臣的积极响应。康有为再次提出设立专门农业机构以兴农学的构想。

---

① 中国第一历史档案馆：《清廷签议〈校邠庐抗议〉档案汇编》第三册，北京：线装书局，2008年，第1033页。

② 中国第一历史档案馆：《清廷签议〈校邠庐抗议〉档案汇编》第三册，北京：线装书局，2008年，第1332页。

③ 中国第一历史档案馆：《清廷签议〈校邠庐抗议〉档案汇编》第二十二册，北京：线装书局，2008年，第9521页。

④ 张德泽编著：《清代国家机关考略》，北京：中国人民大学出版社，1981年，第42—43页。

⑤ 上海图书馆：《汪康年师友书札》第1册，上海：上海古籍出版社，1982年，第336页。

⑥ 《清实录·高宗实录》卷二“雍正是三年九月上”条，北京：中华书局，1985年，第160页。

光绪二十四年（1898 年）七月二日，时任工部主事的康有为重申了其 1895 年上清帝书中的观点，向当局者描述了西方农学的情形，称外国“城邑聚落有农学会，察土质，辨土宜，入会则自百谷、花木、果蔬、牛羊牧畜，皆比其优劣，而旌其异等。田样各等，机器车各式，农人人人可以讲求。鸟粪可以培肥，电气可以速成，沸汤可以暖地脉，玻罩可以御寒气。播种则一日可及数百亩，刈禾则一人可兼数百工。择种一粒，可收一万八千粒，千粒可食人一岁，二亩可食一家。泰西培壅，近用灰石磷酸骨粉，故能化瘠壤为腴壤，化小种为大种”[①]。就此，有大臣表示质疑。余坤培道：“即如康有为所陈农学一折，本为富强之本。以肥田而论，人粪为上，猪牛粪次之，马粪为下，以御寒而论，可用石灰灌之，此中讲求甚多，乃不于此考察。而谓鸟粪可以培肥，玻罩可以御寒，试问中国地大田多，安得若干鸟粪，若干玻罩，似此种种难行，反开浮议之风，深恐人心诧异。”[②]

康有为的农学主张，着眼于效法日本的泰西农学之法。首先，他从中央、地方、民间三个层面构设近代中国相关农业部门。他提出：“日本近用泰西之法，治农极精。官则有农商部以统率之，地方各有劝农局以董劝之，民间则有农会、农报以讲求之。”其次，在他看来，域外农学的特色在于“农业教育馆以教育之，译编农书，则有《农学阶梯》、《农学读本》、《农理学初步》、《小学农书》及农业教授、农业教科之书，土壤培壅则有改良化学之法，农具则有机器之用”。此外，康有为还非常强调农业调查在农学中的作用，因为日本“全国则有农事调查表，谷菜耕作表、农务统计表、全国人口耕地比较图表。山林则有山林局，有树林学讲义，町村林制论以讲求之。购得《日本地产一览图》，恭呈御览。其余地潮雨所润，丘陵原湿，土地膏腴，所宜稻麦多少，牧畜多少，各县皆有比较。以色之浓淡分之，浓者为多，淡者为少，谓之地质学，有地质局主之”。基于日本农学的基本架构，康有为提出在晚近社会“开农学堂、地质局”的设想，建议设“农商局于京师”，希望以此兴农殖民而富国本。[③]

此时的晚清政坛，对西法农学的内涵，虽众说纷纭，但毕竟认可了域外农学的存在。加之重农之风已开，多次呼吁立专门农局的构想得清廷当局践行。光绪二十四年（1898 年）七月初五，朝廷再次强调“训农为通商

① 黄明同、吴熙钊主编：《康有为早期遗稿述评》，广州：中山大学出版社，1988 年，第 314 页。

② 中国第一历史档案馆：《光绪朝朱批奏折》第 32 辑，北京：中华书局，1995 年，第 564 页。

③ 黄明同、吴熙钊主编：《康有为早期遗稿述评》，广州：中山大学出版社，1988 年，第 314—315 页。

惠工之本”，并颁发谕旨：“中国向本重农，惟尚无专董其事者以为倡导，不足以鼓舞振兴。著即于京师设立农工商总局，派直隶灞昌道端方、直隶候补道徐建寅、吴懋鼎为督理。端方著开去灞昌道缺，同徐建寅、吴懋鼎均着赏给三品卿衔，一切事件，准其随时具奏。其各省府州县皆立农务学堂，广开农会，刊农报，购农器，由绅富之有田业者试办，以为之率。”[①]七月十二日，农工商总局设在城内椿树胡同，已于月之十二日开局，端方、徐建寅、吴懋鼎三位督理每日到局议办各事，倍极勤慎。但三人汇办局务，不免有意见不同之处，需要进行分工合作，“特派端观察办理农务，徐观察办理工务，吴观察办理商务，盖以各专责成而收效较捷也”[②]。三天后，朝廷再发谕令：“本日督理农工商事务总局端方等，具奏开办农工商总局一折。农工商总局开办伊始，务宜规模宽敞，足敷展布，其经费亦须宽为筹备，方可以持久远。著端方等认真筹办，随时奏闻。”[③]对农工商局的设立，余坤培表示赞同，称：“现各省均设农工商局，若不实力讲求，恐终百年无效。恳请谕旨各省督抚，凡讲求时务，仿照西法，必须期其能行见诸实事，方不负我皇上变法初心。”[④]中央设立农工商总局，各省设农工商局的倡议，得到了中央层面的许可。

晚清应变局的过程中，统管军政、行政大权的督抚所属事务日趋繁杂。为应对新式农学的创设，朝廷专设农工商总局，派端方负责其中的农务一环。光绪二十四年（1898 年）七月十九日，端方就应对近代农政的变局，提出六条具体方案。一是设立农务中学堂。“考农事之初阶，为劝畊之始事。先延东西各国农师，兼访近畿明农之士，与诸生讲明切究。凡中国农政诸书及西人种植之学，分类考求。其有新译之书，新购之种，新格之理，亦令分类纂记，编为日记，以考学业分数。”二是开畿辅农学总会。“拟京畿设一总会，办九土之物宜，萃植物之华实，远至五洲之殊类，琐至钱镈之异制，必详必备，有条有实。”三是开农学官报。“农报一事，聚农会之精英，为农学之进境。上海前已设有《农报》，创展风气，独具匠心。兹开农学官报，意在于上海农报馆相辅而行。该馆独立经营，备极艰苦。并当力加保护，且可借镜得失，互相观摩。至报馆章程，取资英伦，但明农学，不及时政，必究已验之法，可行之事，始行登录。其阅报章程，援照《时

---

① （清）徐致祥等：《清代起居注册（光绪朝）》第 61 册，台北：联合报文化基金国学文献馆，1987 年，第 31035—31036 页。

② 中国史学会主编：《戊戌变法（三）》，上海：上海人民出版社，1957 年，第 398 页。

③ 中国史学会主编：《戊戌变法（二）》，上海：上海人民出版社，1957 年，第 68 页。

④ 中国第一历史档案馆：《光绪朝朱批奏折》第 32 辑，北京：中华书局，1995 年，第 564 页。

务官报》办法，无论官民，一律出资，以要经久。”其余四至六条，分别为购东西农器、拟设植物院、请远聘美国农师一二人来华教习或酌聘日本人分任其事。其中，聘日美农师教授“化学肥壤之法，考质播种之宜，曲牖旁通，昭若发蒙，则易为功矣”[①]。光绪帝下旨依议。

农工商局设立后，在端方所提六条农学方案奏疏的影响下，朝廷就关乎农学的议题展开了一场空前广泛的大讨论。戊戌变法时期司员上书中关于农业改革的言论多了起来。这些言论，将农务不振归因于士大夫不讲农，肯定了士知农的必要性。光绪二十四年（1898 年）七月十八日，给事中庞鸿书奏振兴庶务宜审利弊折，主张“振兴农务，劝课种植，推广工艺，商务设局各条”[②]。朝廷谕端方、徐建寅、吴懋鼎酌核具奏。七月二十日，内阁候补中书王景沂建议：“建立京师农学会，酌拨官地试办。”且“农学总会应请钦定会章及以臣等为会长，系参仿英、日农会章程，办法最为切实”[③]。该上书当天即交付农工商总局，奉旨：“本日中书王景沂条陈农工商事宜一者，著端方等妥速议奏。”[④]同一天，户部候补主事陶福履上陈的奏折片中亦提出“重农务”的养民之策。他分析农务不振，原因有三：“士大夫不讲农学，不知农利之大，不恤农民之苦。积有钱财，经商逐末，不蓄田园，弊一；农夫无人教导，类多愚惰，粪溉耕获，代田换种之法，一无所知，鲁莽为之，不能获利。稍有知识者，又多贫苦无本经营，弊二；游惰既多，流为盗窃，勤苦耕牧，反遭扰害，冤愤无告，驯至废弃，弊三。”因此，他建议：“今欲兴利，必先除弊。当饬地方官严拿匪徒，又会绅立会讲学出报，遍教乡愚，劝绅富出贷资本。”[⑤]

士与农的联系表现为对农会、农报、西学农书的提倡。光绪二十四年（1898 年）七月二十二日，户部主事程式谷请推广设立农学支会，办农报以兴农政。折内称：“原奏内称直省购阅农报，所得观者，士子与农异趣，偶有浏览，考之不实，记之不详，能为乡曲父老转相告语者鲜。莫若使各州县设法推广农学支会，每支会增给月报一分，然后立司事以明教条，招耆畦以说端委。”七月二十四日，刑部主事杨增荦上条陈农政利弊折，仍“著农工商总局议奏”[⑥]。

① 国家档案局明清档案馆：《戊戌变法档案史料》，北京：中华书局，1958 年，第 392 页。
② 中国史学会主编：《戊戌变法（二）》，上海：上海人民出版社，1957 年，第 72 页。
③ 国家档案局明清档案馆：《戊戌变法档案史料》，北京：中华书局，1958 年，第 402 页。
④ 中国史学会主编：《戊戌变法（二）》，上海：上海人民出版社，1957 年，第 76 页。
⑤ 国家档案局明清档案馆：《戊戌变法档案史料》，北京：中华书局，1958 年，第 39 页。
⑥ 中国第一历史档案馆：《光绪朝上谕档》第 24 册，桂林：广西师范大学出版社，1996 年，第 389 页。

农工商总局对各朝臣的折子逐一做出回应。光绪二十四年（1898 年）七月二十四日，端方、吴懋鼎奏，对给事中庞鸿书条陈农工商务折内事理，逐条酌核。例如，原奏所称振兴农务一节，端方肯定了庞鸿书的建议，回复道："农田以水利为根本，自属扼要之论；开渠凿井，亦兴水利之要法，皆当由局设法推广，以尽地力。"针对新式务农机器的使用，庞鸿书认为："西洋种田机器决难收效。"端方就此提出不同意见，指出："查外洋农器，美国最精，日本最廉，每具曰一二千金，足垦数顷之田，较之雇农受佃，一年计之似绌，数年计之则优。"他呼吁当下农业变革形势，以"拟开办农学、农报广为劝导"，数年之后农智大开，则袯襫之妇子，皆识字之耕夫，又何虞其难用？坚持外洋农器的引进与使用。

朝廷肯定了农会、农务学堂、农报创立的必要性。光绪二十四年（1898 年）七月二十八日，端方拟于设立农务学堂之外兼设农学总会。农学总会设立后，由京城农工商总局"咨行各省广为劝立支会，一面刊发钦定会章，颁示各省，俾其遵效。其立司事，招耆旷两层，应由各分会自行酌办，不必为之遥制"。除农会外，农报的作用也被官方所重视。"推广农报有简明一法，宜广刊农表以教之，并分立高平下三表及肥壅诸料等五表，均绘图贴说。不能绘者，详说其理其法，以俟考求。"就机器则言："称西器价重，未聘西师。一有损坏，匠不能修。支会中骤难议购。京师总局及各省会学堂，必当先为试办等语。查臣等前次筹办农务，曾请聘师购器，买地试行。现在经费不充，成效未睹。只可暂就近畿先为经画，各省省会之区，如有筹款购机，聘人教习者，自听其便。"[①]尤其可贵的是，针对"总局只资坐镇而未能见诸实事，诚不足以开风气而示信从"的困境，端方拟在京畿分购隙地试行种植之议。初步规划为："应筹备籽种，购买农器，一时民力为逮，必须官为资助，应如该中书所请援照广西劝办种植畜牧保借官款之例，量为借助，以示体恤。臣局一面咨取广西劝办种植畜牧章程以备采取。"[②]也就是说，农工商总局拟在官方层面，购良种，买新器，拨划土地，试行新式农学，从而"使天下翕然向风，同心讨究"。

戊戌变法时期西法农学的倡议，一改历来农务重在督农的传统。关于农事的奏折，当日即奉上谕：

督理农工商总局事务端方等奏，遵议中书王景沂条陈农工商务事

① 国家档案局明清档案馆：《戊戌变法档案史料》，北京：中华书局，1958 年，第 404 页。

② 国家档案局明清档案馆：《戊戌变法档案史料》，北京：中华书局，1958 年，第 402 页。

宜，主事程式谷条陈推广农会农报事宜，并端方等筹办丝茶情形各折。农务为中国大利根本，业经谕令各行省开设分局，实力劝办。惟种植一切必须参用西法，购买机器，聘订西师，非重资不能猝办。至多设支会，广刊农表，亦讲求农学之要端，应于省会地方筹款试办，逐渐推行，广为开导。或借官款倡始，或劝富民集资本，总期地无余利，方足以收实效。著各直省督抚饬属各就地方情形妥筹兴办，毋得视为迂图，以重农政。至丝茶为商务大宗，近来中国利权多为外人所夺，而丝茶衰旺，总以种植、制造、行销三者为要领，并宜分设公司，仿用西法，广置机器，推广种植、制造，以利行销……并将开办情形随时具奏。端方等三者均著钞给阅看，将此谕令知之。①

从种植到制造再到行销的商业思维模式，与传统农政迥然有别。

光绪二十四年（1898 年）七月二十九日，两江总督刘坤一在折片中强调设立农务学堂的重要性，称：

臣思振兴庶务，以植本为先；而本富大端，以农学为要。叠奉谕旨，饬令设立农务学堂，并将工商路矿各学，迅筹举办等因。仰见圣主敦崇拜实学，作育群材之至意。臣博采东西洋章程，并参诣绅民议论，农工商矿大利所在，泰西以为专门之学。现在学堂初设，若待普通学卒业，然后肄业及之，已苦其晚。拟在江宁地方先设农务学堂一所，选派府属绅商之有产业者，经理其事。聘明于种植物学、农艺化学人员为之教习，以讲求物质土性所宜，粪溉壅植之法。酌拨地亩，俾试种以辨肥硗；略购机器，俾课功以判巧拙。树艺畜牧次第推行，农氓目睹成规，自必乐于从事。②

需要说明的是，戊戌变法虽头绪万端，但“有关农业改革的上书却优先处理、重点关照”③。就知识层面而言，晚清当局的农业改革方案肯定了西法农务的存在，主张仿西方农法，即以设农会、农务学堂、立农报等新式农学方式来改造晚清农业。在制度构建上，虽有因事而设的农工商局的出现，但它并不是政府行政实体，新式务农机构与既有的总理衙门、户部、工部之

① 中国第一历史档案馆：《光绪朝上谕档》第 24 册，桂林：广西师范大学出版社，1996 年，第 393 页。

② 国家档案局明清档案馆：《戊戌变法档案史料》，北京：中华书局，1958 年，第 302—303 页。

③ 茅海建：《戊戌变法史事考》，北京：生活 · 读书 · 新知三联书店，2005 年，第 324 页。

间界限不清，如何归置，尚需进一步规划。加上清廷虽屡颁谕旨令各省设农工商局，但因该局没有纳入官制体制内，实际应者寥寥。各省的执行力度与晚清当局的预期相距甚远。戊戌变法失败后，有关重农之事，因其“浚利源，实系有关国计民生者，亟当切实次第举行”[①]。尽管农工商局被裁撤，但因农学与政治关联不大，政变后，慈禧仍“责成各督抚在省设局”[②]，形成了朝廷设有总局，直省却依旧各自为政的局面，制约了农学在制度层面的发展。

第五节　修农政，必先兴农学

戊戌变法时期，围绕农部、农会、农报、农业学堂等域外农学的有关讨论持续不断，相关政策亦陆续出台，有识之士纷纷聚焦于旧有经验农学的落伍和科学化农学的尝试上。“修农政，必先兴农学”，成为晚清政坛的共识。而兴农学的动机在于追求农学新法带来的潜在巨大农利[③]。为此，一方面官方派遣学生出洋入泰西、日本农务学堂学习农学；另一方面为修农政，关于专门农务学堂的建议与言论日渐增多。

一、出洋肄习农学

1899年，在近代中国留学史上是具有转折意义的一年。这一年，清廷出国留学的导向有了制度性的革新。光绪二十五年（1899年）七月二十七日，军机大臣面奉谕旨：“向来出洋学生学习水陆武备外，大抵专意语言文字，其余各种学问均未能涉及。即如农工商及矿务等项，泰西各国讲求有素，夙擅专长。中国风气未开，绝少精于各种学问之人。嗣后出洋学生，应如何分入各国农工商等学堂专门肄习，以备回华传授之处，著总理各国事务衙门详细妥订章程，奏明请旨办理。”[④]总理衙门在议覆折中，筹议出洋学生分肄农工商矿等学详细章程。

---

① （清）徐致祥等：《清代起居注册（光绪朝）》第61册，台北：联合报文化基金国学文献馆，1987年，第31257页。

② （清）朱寿朋编、张静庐等校点：《光绪朝东华录》第4册，北京：中华书局，1958年，第4220—4221页。

③ 时人在呼吁“讲求农学新法”时称：“假如无粪之地，产谷二十四斗，壅以鸟粪，可产四十四斗；培以化料，竟可产四十六斗。以中国田地扯算，每省约三百兆亩。除城市山林外，可耕者约得其半，每亩约产谷十斗。用化学培壅，则必增至二十四斗，诚绝大利源也。”《讲求农学新法》，倚剑生：《光绪二十四年中外大事汇记（三）》，台北：华文书局，1968年，第279页。

④ 《总理各国事务衙门奏遵议出洋学生肄业实学章程折》，陈学恂、田正平：《中国近代教育史资料汇编·留学教育》，上海：上海教育出版社，1991年，第7—8页。

总理衙门对中西农学比较的言论，是当时颇具代表性的观点。折中称：

> 中国自来以农战立国，近年始趋重商政。泰西素以商战立国，而近来农学大兴。臣等间尝考校中西农学，互有短长，泰西农家新法，多从格致化学中出。有与中法同者，有与中法异者，有可行之中国者，有不可行之中国者。徐光启《农政全书》，教民以龙尾车以汲江河之水，恒升车以汲井泉之水，此泰西水法与中国同者也。察土性有四五原质之殊，资浇壅有磷养鸟粪之别，此与中法异者也。地宜何谷，播种必察其土脉；气分氧氮，植物必顺其生机，此粪田之法有与《周官》草人土化焚骨渍种之法相似者，可行于中国者也。欧洲人少工贵，易牛耕而用机轮耕锄收割之具，多用汽机肥田之物，或用硫强水，此则成本太巨，获不偿费，不可行于中国也。若论农学之美备，则《钦定授时通考》一书，备括千家农家之术，新法不能出其范围。[①]

同时亦主张“饬选译农工商矿各书，删繁举要使人人易于通晓”。[②]

从中可见，朝臣所论之泰西农学，指代西方“格致化学之法”与泰西农具。不知是时人对西方农学认知的局限性，还是为便于晚清社会对新式农学的接纳与认可，抑或二者都有，官方的论述多以《农政全书》《周礼》《钦定授时通考》等古农书比附科学化的农学，称其与古法农务并无二致。这虽为不确之说，却让当局进一步直面泰西农务之法的存在。述及的广译泰西农书的建议，则与士绅所倡一脉相承。至于折中所提出洋肄业的建议，“在人数众多的留日学生中，学农学的并不很多。其原因主要是农学属于专门或高等专门学科，而留日学生 90%以上都是学速成或普通学科”。故至 1905 年起，才有一定的学生出国肄习农业。而清政府派遣至欧美的留学生，“至 1900 年，基本上都是军事留学生”，留学生赴美学农，则“是 20 世纪初年的事”。[③]十年后，枢机中仍有吁请加大比例出国习农的奏章[④]，

---

① 《总理各国事务衙门奏遵议出洋学生肄业实学章程折》，陈学恂、田正平：《中国近代教育史资料汇编·留学教育》，上海：上海教育出版社，1991 年，第 8—9 页。

② 《总理各国事务衙门奏遵议出洋学生肄业实学章程折》，陈学恂、田正平：《中国近代教育史资料汇编·留学教育》，上海：上海教育出版社，1991 年，第 10 页。

③ 王国席：《清末农学留学生人数与省籍考略》，《历史档案》2002 年第 2 期。

④ 至 1909 年，外务部和学部在联名会奏《派遣学生赴美谨拟办法折》中，明确规定：“以十分之八习农、工、商、矿等科。”舒新城：《中国近代教育史资料》下册，北京：人民教育出版社，1981 年，第 1095 页。

从另一个侧面体现了出洋肄习非基础学科农学的进展之慢。

二、参用“化学之浅近”以兴农学

除欲派遣学生出国学习西方农学外，晚清朝臣亦着手于农务政策的调整。光绪二十六年（1900 年）十二月初十，朝廷颁发谕旨：“著军机大臣、大学士、六部九卿、出使各国大臣、各省督抚，各就现在情形，参酌中西政要，举凡朝章、国故、吏治、民生、学校、科举、军政、财政，当因、当革、当省、当并，或取诸人，或求诸己，如何而国势始兴，如何而人才始出，如何而度支始裕，如何而武备始修。各举所知，各抒所见。”[①]事关重大，光绪二十七年（1901 年）三月三日，朝廷再发谕旨予以强调：“近来陆续条奏已复不少，惟各疆臣、使臣多未奏到。此举事体重大，条件繁多，奏牍纷烦，务在体察时势，抉择精当，分别可行不可行，并考察其行之力不力。”[②]在此议覆奏者中，有大臣提出兴农学的设想。端方在筹议变通政治折中，主张“兴稼劝农”，除沿袭重视垦荒、水利的农政外，专门提出“农学”一门，建议“聘师研讲，日求进步”，强调农务“今宜参用西法，先举化学之浅近者，以开民智，而策农功。富教之民图，实基于此”[③]。端方所议，较戊戌变法时期大臣所论并无大的不同，只是注意到了“化学”的基础作用。

端方参用西方农学振兴晚清农务的主张，得到了刘坤一与张之洞的响应，他们还提出设立“农业专门学堂”的主张。光绪二十七年（1901 年）五月二十七日，二人联名上奏的“变通政治人才为先遵旨筹议折”中，呼吁“育才兴学”，并“参考古今，会通文武，筹拟四条”，其中之一为“设文武学堂”。主张采用西国兴学之法，其中“德之势最强，而学校之制惟德最详。日本兴最骤，而学校之数，在东方之国为最多。兴学之功，此其明证”。值得注意的是，该折在介绍日本高等学校时，提到了“农科”门。[④]故而张之洞与刘坤一在谨参酌中外情形，酌拟今日设学堂办法时，建议“各省城建立农业专门学堂”，且学习年限为三年，毕业后，

---

① 中国第一历史档案馆：《光绪朝上谕档》第 26 册，桂林：广西师范大学出版社，1996 年，第 461 页。

② 中国第一历史档案馆：《光绪朝上谕档》第 27 册，桂林：广西师范大学出版社，1996 年，第 49—50 页。

③（清）端方：《端忠敏公奏稿》卷一，沈云龙主编：《近代中国史料丛刊》第十辑，台北：文海出版社，1986 年，第 150 页。

④ 赵德馨主编：《张之洞全集》第 4 册，武汉：武汉出版社，2008 年，第 8 页。

农学生派赴本省外县山乡、水乡考验农业。[1]在酌改文科条中，其中第二场建议“试各国政治、地理、武备、农、工、算法之类”[2]。同时，刘坤一与张之洞还主张“各省分遣学生出洋游学，文、武两途，及农、工、商等专门之学”[3]，将农纳入学中。但关于农学堂具体设置、学生如何试取等，他们仍语焉不详。

半个月后，张之洞与刘坤一明确提出“欲修农政，必先兴农学”的看法。在“遵旨筹议变法谨拟采用西法十一条折”中，二人首先分析了晚清农务的现状，谓：“中国以农立国。盖以中国土地广大，气候温和，远胜欧洲，于农最宜。故汉人有天下大利必归农之说。夫富民足国之道，以多出土货为要义。无农以为之本，则工无所施，商无可运。近年工商皆间有进益，惟农事最疲，有退无进。大凡农家率皆谨愿愚拙、不读书识字之人。其所种之物，种植之法，止系本乡所见，故老所传，断不能考究物产，别悟新理新法。惰陋自甘，积成贫困。”同时，对比外国农务情况：“查外国讲求农学者，以法、美为优，然译本尚少。近年译出日本农务诸书数十种，明白易晓。且其土宜风俗，与中国相近，可仿行者最多。其间即有转译西国农书，一切物性土宜之利弊，推广肥料之新法，劝导奖励之功效，皆备其中。”拟“请再降明谕，切饬各省认真举办”。晚清两位重臣，同样注意到西法农学知识的科学性。

就制度层面，张之洞与刘坤一同样呼吁朝廷设立专门农业机构，“在京专设一农政大臣，掌考求督课农务之事宜。立衙门，颁印信，作额缺，不宜令他官兼之，以昭示国家敦本重农之意”。他们就此提出劝导之法有四：“一曰劝农学：学生有愿赴日本农务学堂，学成领有凭照者，视其学业等差，分别奖给官职。赴欧洲、美洲农务学堂者，路途日久，给奖较优。自备资斧者，又加优焉。令其充各省农务局办事人员。”此说在二人联衔的“变通政治人才为先遵旨筹议折”中早有说明。“一曰劝官绅。各省先将农学诸书，广为译刻，分发通省州县。由省城农务总局，将农务书所载各法，本省所宜何物，择要指出。令州县体察本地情形，劝谕绅董依法试种。年终按照饬办门目填注一册，土俗何种相宜，何法已能仿行，何项收成最旺，通禀上司刊布周知。”除劝勉官绅外，刘坤一与张之洞因“各项嘉种、新器，乡民固无从闻知”，还主张“导乡愚”。具体做法则为：“先于省城设农务学

---

① 赵德馨主编：《张之洞全集》第4册，武汉：武汉出版社，2008年，第10页。

② 赵德馨主编：《张之洞全集》第4册，武汉：武汉出版社，2008年，第12页。

③ 赵德馨主编：《张之洞全集》第4册，武汉：武汉出版社，2008年，第13—14页。

校，选中学校普通学堂毕业者肄业其中，并择地为试验场，先行考验实事，以备分发各县为教习，并将各种各器发给通县，令民间试办。”前述三项，均为农务效仿西方的切实建议，二人亦不忘传统农务的初衷，鼓励“垦荒缓赋税”，通过朝廷农业政策的制定，“将垦荒升科之期，格外从缓，而又设法以鼓舞之”[①]。

在晚清开明趋新大臣的呼吁中，德国、日本、法国、美国的农学成为晚近社会效仿的对象。朝臣们对农学的建议，实际上早在1895年就有零星提及，在戊戌变法时期更是多次呼吁。然而，在实际执行过程中，因为缺乏具体的规划与清晰的认识，在全国兴农学的设想只能流于理论表面，在贯彻实施中，因受到局限而极难落实。不过，农务设学的机制，打破了士农分途的惯习，标志着传统农政到近代农学的转型。

三、“仿议农务学堂”

朝廷重视农业，叠奉谕令振兴学校，学以兴农，得到大臣积极响应。山西巡抚岑春煊应诏陈言奏内，声明以给官职奖励兴农学：“农工商学成之学生，亦应递升，给与官职。请以州同、州判、县丞、巡检、同知、通判作为此项人员出路升阶。”其后岑春煊又上“振兴农工商务折”，更是强调了设农官的重要性，称：

> 现在各省情形，地方官事务殷繁，农工商尤非另设专员，不足以资整理。拟请俟农工商大兴以后，每府皆专设农务、工务、商务同通一员，州县各酌设农工商州同、州判、县丞、主簿，视事之繁简，定缺之多寡，有者就改，无者增添。应支养廉薪费，即在原设各缺用款内动支。倘有不敷暨新设各缺廉俸，均令各该省就地自筹，不动部款。庶惩劝有方，振兴自易。农工商各官亦略如晋魏之典农中郎将，宋之市易司，元之提举坑治等，官名为更新，实则复古。[②]

张之洞与刘坤一的联奏与岑春煊的回应建议，为循政令之果，又反过来使朝廷再次强调设农务学堂的紧迫性。光绪二十八年（1902年）正月十七日，朝廷“谕军机大臣等，政务处奏：遵议山西巡抚岑春煊奏请振兴农工商业，以保利权一折，农工商业为富强之根本，自应及时振兴。除商务

---

① 赵德馨主编：《张之洞全集》第4册，武汉：武汉出版社，2008年，第29页。

② 《山西巡抚岑奏请振兴农工商务折》，《万国公报》1902年第160卷，第25—26页。

已经特派大臣专办外，其农工各务，即著责成各该督抚等，认真兴办。查照刘坤一、张之洞原奏所陈，各就地方情形，详筹办理。并先行分设农务、工艺学堂，以资讲习”。①

在当局的鼓舞下，朝臣奏兴农务学堂的折片越来越多。光绪二十八年（1902年）二月十六日，湖南巡抚俞廉三称湖南地方“农工商务局嗣因交涉事繁，改归洋务局兼理”，且“商运百货咸出于工，而工匠物料皆取诸于农，其事本相因，以立相资而成。惟农夫拘守方隅，罕达通变。书生虽知道变，又未能深悉物性土宜，必须参互考求，方能收获成效”，拟“办工艺学堂，设立农工二科，妥议章程，分门议习，审察本地物性土宜，博访邻省及东西两洋良法，采取所长，补所不及”②。光绪二十八年（1902年）二月十一日，山西巡抚岑春煊派委严道震，在日本聘订农林专门教习各一员。两教习于当年到晋，十一月山西农务学堂开学。③岑春煊下发《饬议农务学堂札》称：

为札饬会议事。据严道震函称：自日本返沪，曾发电略陈农林教习开井工器等事，所订合同，因山西僻远，照湖北成案，每月日本金三百元。职道管见，延聘农林教习，拟请饬各州县各选派聪颖子弟一二人，送省肄业，束脩火食亦由各州县备缴。以每州县各送一人，一年束脩火食不过百余元，卒业后即可散归本地，充小学堂教习，省城再另收学生，迭为造就，如此则农林专门之学数年见即传播全晋。开井一事，尤为急务，职道在东访求铁棒改良新法，选雇工正副工各一，来晋授艺。④

对于岑春煊的举措，晚清大臣多有留意，积极跟进。1903年5月19日，陕西巡抚升允则道：

陕省地方偏僻，风气未开，农工两家不过服先代之旧畴，用高曾之规矩而已。语以西人农业之精工制之，巧不惟身所未到，并且目亦

① （清）朱寿朋编、张静庐等校点：《光绪朝东华录》第5册，北京：中华书局，1958年，第4830页。

② 中国第一历史档案馆：《光绪朝朱批奏折》第105辑，北京：中华书局，1996年，第483—484页。

③ 山西农工局：《山西农务公牍》卷六，1903年，第2页。

④ 《山西巡抚岑中丞饬议农务学堂札》，《农学报》1902年第188册。

未经。现钦奉谕旨，认真兴办，可以挽故陋之流风，立富强之基址矣。但陕省正当改置大学堂，工程甚巨，若兴农务、工艺学堂，同时并营，力量诚有未逮。兼因无人教习，学者益复寥寥。拟就大学堂中，先设农务、工艺两斋。在堂学生如有性情相近及有志愿学者，拟入此两斋中，暂习有关农工之书，以寻蹊径专家教习。本省实乏其人，已由拿咨商江鄂两督臣，如查有前项高等学生已经毕业者，咨送来陕，派充大学堂中农、工两斋教习。[①]

① 中国第一历史档案馆:《光绪朝朱批奏折》第 105 辑，北京：中华书局，1996 年，第 496—497 页。

第五章　农学建制的理想与现实

早在戊戌变法之前，就有人曾一针见血地指出："科举之不得人，咎在有科无目。"[①]在趋新人士看来，传统中国的通才教育比不上西方的分科专学。伴随着西方学问分科知识的引介，关于西学的各种知识在晚清社会大量涌现，西方农学知识就在其中。但"农学"作为西学的一部分，并非以分科之学的形态出现。晚清社会内部开始对人才选拔制度进行调整，农功成为经济六科之"理财"的组成部分。事实上，"学科"这个名词 是清末采行学堂分科教育以后，才逐渐由西方引进的一种知识分类概念。1896年，孙家鼐明确提出"学问宜分科"的观念，拟将"农学科"设定为十科之一。农学建制的理想逐渐形成。

长达半个世纪的努力终将农学纳入科目，朝廷以学堂章程的形式，将农学置入分科大学及实业教育中，农业教育由此出现。章程制定者如孙家鼐、梁启超、张百熙、张之洞等，都是应对农学的代表性人物。由于种种现实原因，难以事事照章执行。然而，我们不能把这几个章程看作"数纸虚文"，忽略其意义。农学入教育章程创设的构思过程，农学学科的课程设置和教材选取等，反映了他们对农政传统、知识转型、制度变迁乃至世变时局的全盘思考与行动。

第一节　改变知识结构的分科形态

有识之士对西学分类认识不一，众说纷纭，西方无事不学的特点渐被晚清社会人士察觉。西学分科的形态，使晚清读书人的知识结构有所改变，农学的教育形态取代了传统官学的授课方式。朝野人士对科学化农学知识的推介，一时之间蔚为风潮。不同于传统社会的制艺之学，随着西学的传入，西学的分科教育观念逐渐成为一种新的社会风气，西方知识分类系统无疑影响了近代中国原有的知识结构。

---

① （清）杨凤藻：《皇朝经世文新编续集》卷1《通论》，沈云龙主编：《近代中国史料丛刊》第七十九辑，台北：文海出版社，1966年，第4页。

一、西方分科之学的介绍

早在明代，传教士对西方学问存在分科的情况就有过简单介绍。艾儒略言西国建学育才之法，分六科：曰“勒铎理加”，文科也；曰“斐录所费亚”，理科也；曰“默第济纳”，医科也；曰“勒义斯”，法科也；曰“嘉诺搦斯”，教科也；曰“陡录日亚”，道科也。[①]1846 年梁廷枏在《海国四说》中特别谈到西方大学里的“治科”，称“优者进于大学。所学亦四科，听人之自择。曰医科，主疗疾病。……曰治科，主习吏事。曰教科，主守教法。曰道科，主兴教化”[②]。这一时期，西方学术分科数目较少，且描述较为抽象。

至近代，李鸿章较早提出效仿西法，考试分科的构想。同治十三年（1874 年）十一月二日，李鸿章上奏朝廷，建议“于考试功令稍加变通，另开洋务进取一格（科），以资造就”，且主张在“海防省分，均宜设立洋学局，择通晓时务大员主持其事，分为格致、测算、舆图、火轮、机器、兵法、炮法、化学、电气学数门”[③]。“西学设科”一事，乃沈葆桢倡之于前，而李鸿章持之于后。1875 年 2 月 27 日，《万国公报》登载《论西学设科》一文，赞同李鸿章“奏请别开一科，以试天文、算数、格致、翻译之学，与正科并重”的建议，认为：“此乃中国转弱为强之机，而怀抱利器者处囊脱颖之会也。”[④]其后有人猜测，沈葆桢和李鸿章应该阅读过《申报》，因其主张与屡言西学事的《申报》报馆之观点相吻合：“若非另设科目，考用专功西学之人，华人断不肯专心致志于西学，则习西学者必不精且恐无人愿习也。”报刊舆论建言：“将西朝各代兴旺之史记，以及列国理财致富之各书，尽行译出，则西学始为大备。夫然后设科取士，皆知西国根本有用之学。”[⑤]

就此事之推行，未可乐观。有人认为，西学设科之事可行，但必须“在数十年之后”，因为“方今之世，封疆大吏所奏行此事者，惟李沈两公耳。其余信西学者，亦不过寥寥数人。至京朝各大官，除总理衙门诸王公大臣而外，有人谈及西学者，未尝不非笑之，抑或从而痛斥之”。同时反问道：“至于确信西学之有用者，世能有几？”此外，“主试诸公于西学皆茫然不

---

① 四库全书存目丛书编纂委员会编：《四库全书存目丛书·子部九三》，济南：齐鲁书社，1995 年，第 625—639 页。

② 梁廷枏：《海国四说》，北京：中华书局，1993 年，第 159 页。

③ 朱有瓛主编：《中国近代学制史料》第一辑下册，上海：华东师范大学出版社，1986 年，第 17 页。

④ 《论西学设科》，《万国公报》1875 年 2 月 27 日。

⑤ 《再书西学设科后》，《申报》1875 年 4 月 15 日，第 1 版。

知，应试之士各具西学一论，亦不过如今时之大小各试，多加性理论一篇等诸告朔之饩羊而已，究竟果有何益乎”。其人还解释了十年之后可行的依据——“中国必欲推重西学，必须仿照从前庶吉士学习国书之例：凡每科进士分部学习，人员择年轻质敏者，户部则令学习算法并西国理财各书；兵部则令学习兵法，工部则令学习制造，两部均同学习船政、开采各事，厚给糈禄，叙拔棹庶吉士之愿学习各西学者亦如之”。[①]也就是说，19世纪70年代，舆论对西学的接纳是在传统六部的框架内进行的。

虽然清朝此时并不具备全盘引进分科西学的条件，但时人已开始注意到西学“皆有益国计民生之学，并非尽为离经叛道之言”，故“因欲学其制造开采之法，已将其化学、算术、制造、开采以及各项有用之书翻译为华文”[②]，加强了舆论层面对西学内容的讨论。《格致益闻汇报》载《请设西学专科议》，称：“考《日本国志》，西学滥觞于宝历，其时亦无翘然特出之才，迨明治三年始议置专门学校，设立法学、理学、工学、诸艺学、矿山学五科，定以法、理、工三科以英语教授。”[③]傅兰雅为书院编制了一份西学讲授计划，该计划将西学分为矿务、电务、测绘、工程、汽机、制造这六个专业。[④]“课程表”“书目”反映了一个西学受教范围。趋新大臣张之洞则提出：“西学门类繁多，除算学曩多兼通外，(尚)有矿学、化学、电学、植物学、公法学五种。”[⑤]此外，也有人将泰西之学统称为“艺学”。1887年侍讲潘衍桐请开艺学科，交阁部会议。然而，“试官无其人也，举子不及额也，统维全局，窒碍良多。礼部调停其间，改艺科为算科，以二十名中一名为额。行之数载，每岁大比数，皆不及廿人，文具空存，竟同旒赘”[⑥]。

至1891年，士林对西学介绍愈深，多以格致之学分类来论说，分科进一步细化。张自牧称《西学凡》中提到的西学分科“今各国并无此等名目矣”。在其著述《蠡测危言》中，他对西方格致之学描述得更为具体，将其分为十五类：“一，天文算学；二，重学及机器之学；三，测量家学；四，植物学；五，农务学；六，数学，谓考校货物出入多寡之数也；七，世务学；八，声学、热学、光学、电学；九，天时风雨寒暑之学；十，地理学；十一，化学；十二、地内学，谓辨别方物也；十三，金石学；十四，人学，

---

① 《续论西学设科事》，《申报》1875年4月26日，第1版。

② 《论学习西学事》，《申报》1875年8月4日，第1版。

③ 《请设西学专科议》，清华大学历史系编：《戊戌变法文献资料系日》，上海：上海书店出版社，1998年，第1317页。

④ （英）傅兰雅：《格致书院西学课程》，光绪二十一年（1895年）上海格致书院刊印本。

⑤ 赵德馨主编：《张之洞全集》第2册，武汉：武汉出版社，2008年，第295页。

⑥ 赵树贵、曾丽雅：《陈炽集》，北京：中华书局，1997年，第78页。

谓族类肥瘠寿夭之别；十五，医学，其覃精研思，考验真实。”同时他认为：“其源多出于《墨子》及《关尹》、《淮南》、《亢仓》、《论衡》诸书。天文、算学、重学、测量诸家，则本盖天宣夜及周髀九章之遗，西人所谓东来法也。”[①]值得一提的是，“农务”在张自牧看来，亦为一学，且“农务学”隶属于西方格致学中。五年后，朝廷颁发谕令：“创设西学堂，请饬议定章程，下总理各国事务衙门议。”[②]山西巡抚胡聘之、学政钱骏详提出：“凡天文、地舆、农务、兵事，与夫一切有用之学，统归格致之中，分门探讨。”[③]同样将农务学视为“格致学”之类。陕西巡抚魏光焘亦持同样的看法。[④]

晚清时期提到“格致学”的，并不乏其人。张之洞在 1893 年 12 月 2 日设立自强学堂时，就主张“自强学堂。分方言、格致、算学、商务四门”。其中，格致学“兼通化学、重学、电学、光学等事，为众学之入门。算学，乃制造之根源”。[⑤]《新民丛报》则这样描述“格致学”：“吾中国之哲学、政治学、生计学、群学、心理学、伦理学、史学、文学等，自二三百年以前，皆无以选逊于欧西。而其所最缺者，则格致学也。夫虚理非不可贵，然必藉实验而后得其真。我国学术迟滞不进不由，未始不坐是矣。近年以来，新学输入，于是学界颇谈格致，又若舍是即无所谓西学者。然至于格致学之范围，及其与他学之关系，乃至此学进步发达之情状，则瞠乎未有闻也。”[⑥]并称：“学问之种类极繁，要可分为二端，其一形而上学，即政治学、生计学、群学等是也。其二形而下学，即质学、化学、天文学、地质学、全体学、动物学、植物学等是也。”[⑦]从中可见，同样为“格致学”，

---

① （清）王锡祺：《小方壶斋舆地丛钞》第十一帙，上海：着易堂，光绪十七年（1891 年）铅印本，第 500 页。

② 中国史学会主编：《戊戌变法（二）》，上海：上海人民出版社，1957 年，第 4 页。

③ 中国史学会主编：《戊戌变法（二）》，上海：上海人民出版社，1957 年，第 299 页。

④ 陕西巡抚魏光焘请创设游艺学塾折中言：“窃维自强之道，以作育人才为本，求才之要，以整顿学校为先。近年以来，内外臣工禀承谕旨，莫不以添设学堂储才制器为急务。光绪二十二年，刑部左侍郎李端棻奏请推广学校以案内，开各内地各府厅州县兴格致等学。肄习专门果使业有可观，三年后，由督抚奏明请旨考试录用。本年二月，安徽抚臣邓华熙奏请各省均于省城另设格致学堂，并奏明指拨的款各等因，均经钦奉，朱批允准。……创格致学一所，名曰游译学塾……举凡天文、地舆、兵农工商与夫电化声光重汽，一切有用之学，同归格致之中……皇上崇尚实学，造就人才之至意，除将所立章程咨送总理各国事务衙门查核，并俟办有成效，再行请拨部款，暨三年后，照章咨送肄业优等诸生恳请考试录用外，所有创设游艺学塾捐款，俟办各有缘由，谨会同陕甘总督陶模，合词恭折具奏。”《陕西巡抚奏设游艺学塾折》，《湘报》1898 年第 9 号。

⑤ 赵德馨主编：《张之洞全集》第 3 册，武汉：武汉出版社，2008 年，第 135 页。

⑥ 《格致学沿革考略》，《新民丛报》1902 年第 10 期。

⑦ 《格致学沿革考略》，《新民丛报》1902 年第 10 期。

士人对此却众说纷纭。

格致学分类虽不一，却加深了晚清社会对西学学科存在的印象。1894年12月17日的《申报》发表文章，呼吁“广殷科目”。文称：中国所以“取士者，止有科举一途，所以为科举者，止有时文一途。”然“今日科举，空疏剽窃，流弊更甚于昔，故欲为自强计，莫先于变通取士之法，治国以得人为先，得人以育才为急。人才兴，则百事举”。鉴于此，最好的办法“莫若于时文之外，更行广设科目”。主张效法“远师安定分斋设课之意，近取德国无事无学之制。文武各分大中小三等书院，设于各州县者谓之小学，设于各省者谓之中学，设于京师者谓之大学”。其中，“文书院中分为六科：一为文学科，凡诗文、词赋、章奏、笺启之类皆属焉；一为政事科，凡吏治、水利、兵刑、钱谷之类皆属焉；一为言语科，凡泰西各国语言、文字、律例、公法、和约、交涉、聘问之类皆属焉；一为格致科，凡轻学、重学、光学、电学、化学之类皆属焉；一为艺学科，凡天文、地理、测算、制造之类皆属焉；一为杂学科，凡商务、开矿、税则、农政、医学之类皆属焉”[①]。值得注意的是，“农政”一科被放置在“杂学科”。杂学的属性不明，位置极为尴尬，从一个侧面说明时人对农学的认识并不明晰。

事隔十多年后，效法西方设立艺学的观点再次被人提及。报载：“中外互市以来，凡西国之格致、舆地、制造、算法、轻重、化电等学，华人无不叹其精妙，而西人亦以是日趋于富强。”且“中国之学尚空陈，泰西之学尚实济。空陈不敌实济，此所以相形而见绌也”。文称：“格致制造等一切泰西有用之学，中国皆能深造其精微，而后可以无假乎外人之力。若是者，非广设技艺书院，其何以臻此哉。”其倡导创办的“技艺书院”，盖有数端：“一曰矿务书院……一曰船政书院……一曰制造书院……一曰工艺书院……一曰律例书院……一曰格致书院……一曰医学书院……一曰农政书院。”[②]值得注意的是，此说中“农政书院”与“格致书院”处于并列的位置，有了名分，地位有所提升。农政书院“凡一切种植之学，皆归此院教授，而后地利尽，物产富，烟丝洋酒之类皆可取足于内地，不至借材异域矣”。格致书院“专讲格致之学，凡轻重、化电、天文、飞潜、动植有关于格致者，皆归此院教授，而后格致昌明，化电诸学不至借材异域矣”[③]。“若夫由西国语言文字，以及声学、光学、电学、重学、气学、医学、动

① 《请广殷科目议》,《申报》1894年12月17日，第1版。
② 《论宜效西法设立艺学》,《申报》1895年3月18日，第1版。
③ 《论宜效西法设立艺学》,《申报》1895年3月18日，第1版。

物学、植物学、格致制造诸学，统为艺学。”[①]综上所述，即便有识之士对西学分类认识不一，众说纷纭，但西方无事不学的特点渐被晚清社会人士察觉；且西学门类繁复，需将农学视为分科治学的观点，亦渐渐为人所知。

二、“农功”特科

甲午战争后，朝廷“时政维新，需才日亟”。朝臣为育才始主专科求之。有鉴于此，光绪二十三年（1897年）十一月二十三日，贵州学政严修奏请破常格，迅设专科。就此，他提出六条建议。一为“新课宜设专名”，将“或周知天下郡国利病，或熟谙中外交涉事件，或算学律学，擅绝专门，或格致制造，能创新法，或堪游历之选，或工测绘之长，统立经济之专名，以别旧时之科举”。二为“去取无限额数”。他认为：“以今要政，在在需人。若果与试多才，虽十拔其五，亦不为过，即或中程者少，亦请十拔其一，以树风声”。三为主张“考试仍凭保送”，同时提议“保送宜严责成”。此外，他还提出“录用无拘资格”和“赴试宜筹公费”的建议。[②]

严修上奏后，光绪帝令总理衙门会同礼部妥议具奏。在议覆奏折中，“农功”作为理财一科的内容史无前例地被纳入其中。光绪二十四年（1898年）正月初六，总理衙门回复道：“臣等公同商议，其特科拟略宗宋司马光十科、朱子七科之例，以六事合为一科：一曰内政，凡考求方舆险要、郡国利病、民情风俗诸学者隶之；二曰外交，凡考求各国政治、条约公法、律例章程诸学者隶之；三曰理财，凡考求税则、矿产、农功、商务诸学者隶之；四曰经武，凡考求行军布阵、驾驶测量诸学者隶之；五曰格物，凡考求中西算学、声光化电诸学者隶之；六曰考工，凡考求名物象数、制造工程诸学者隶之。”[③]同日，光绪帝颁发上谕，称总理衙门所议，“洵足以开风气而广登进，著照所议准行”，并拟“俟咨送人数汇齐至百人以上，即可奏请定期举行特科”。同时，光绪帝令总理衙门再会同礼部，妥议其详细章程。[④]

正月初六日清廷上谕不容小觑，报刊舆论就此回应最为迅速。《申报》发表文章《恭读正月初六日上谕再谨注》。文中称：“我朝沿明旧制，自小

---

① 《论中国培养人才在振兴学校变通选举接前稿》，《申报》1896年6月10日，第1版。

② 《贵州学政严修奏请设经济专科折》，朱有瓛主编：《中国近代学制史料》第一辑下册，上海：华东师范大学出版社，1986年，第61—63页。

③ 中国史学会编：《戊戌变法（二）》，上海：上海人民出版社，1957年，第405页。

④ 《光绪二十四年正月初六日上谕》，朱有瓛主编：《中国近代学制史料》第一辑下册，上海：华东师范大学出版社，1986年，第66—67页。

试以迄乡会，皆不外乎时文、试帖，虽有别作，而终不若时文为重。惟殿试专试策问，而又以字为重，对策虽有千言，而限于程式体制，有才之士既不敢畅所欲言，而枵腹者亦只须按腔合拍，不嫌敷衍了事，于是文风日降，人才日衰。通商以来，西学日行于中国，华人无不以西学为精，中国人才之不如西人，几不可以同日而语，同年而语。”在思考历代取人之制的现状后，感慨“时文、试帖行之数百年，已有积重难返之势”。为挽救颓势之后，将视野转向了西方，言：

理财中之矿产、农功，经武中之管驾，测量、格物中之声光、化电，考工中之象数、制造、工程，西人分门别类，皆出于学校之中，故无事不精，无事不备。中国人才虽秀，而欲专精一事，亦非十年不可。特科以十年一举，或二十年一举，为时尚宽，士人尚无须临渴而掘井。”同时担心“授受既必须西人，而课功又必须学校。现在官设者虽有同文馆、方言馆、电报、水师、陆师、储材、师范、武备等学堂，而学生既不能过多，所谓矿产、农功、声光、化电、名物、象数、制造、工程尚无专门学校，士人恐无从课功，无从取法。[①]

舆论如此，士林也有农功无从取法，难以取得合格人才的担忧。陈锦涛在给汪康年的信函中道出自己的心声：“现开经济特科，岁科以求人材（才），然科未举行，辑录西学之皮毛，便于抄拾之书，如《时务通考》等已出，则鱼目杂乱，侥幸门开，则人材（才）亦将不可得矣。盖中国所考实学之策论，多是问其名目耳。若有名目之书查检，则曾学者与未学者不大可分矣。弟意若考化学，则当出化学中推演化合之题；若考算学，亦当出推算之题，至于他学，亦若是。总期于皮毛书中不可检得为妙，然后真材（才）可得。”[②]廖寿丰称：“图治必先防弊，立法要在救时。总理衙门议奏，以内政、外交、理财、经武、格致、考工六事，先特科而后岁举，固已简明允当。惟此六事中，平日留心掌故，讨论时务，如内政、外交二者，当不乏人。若理财以下诸学，殆非设学培养数年之久，难期成就。且内政、外交及理财之农桑、格致之算学，或可命题以试，此外各学，非呈验器艺不足觇其实。”[③]

---

① 《恭读正月初六日上谕再谨注》，《申报》1898年2月3日，第1版。

② 上海图书馆：《汪康年师友书札》第2册，上海：上海古籍出版社，1986年，第2083页。

③ 国家档案局明清档案馆：《戊戌变法档案史料》，北京：中华书局，1958年，第213页。

虽然有识之士忧心忡忡，但特科之议使天下人之心思耳目为之一新。朝中人士就特科之事议论纷纷。工部主事康有为请照经济特科例推行生童岁科试。总理衙门代奏。[①]梁启超“为国事危急，由于科举乏才，请特下明诏，将下科乡会试及此后岁科试，停止八股试帖，推行经济六科，以育人才而御外侮”[②]。光绪二十四年（1898年）五月初五，朝廷下谕旨：“我朝沿宋、明旧制，以四书文取士。康熙年间，曾经停止八股，改试策论，未久旋复旧制，一时文运昌明，儒生稽古穷经，类能推究本原，阐明义理，制科所得，实不乏通经致用之才。乃近来风尚日漓，文体日敝……若不因时通变，何以励实学而拔真才，著自下科为始，乡会试及生童岁科各试向用四书文者，一律改试策论，其如何分场、命题、考试一切详细章程，该部即妥议具奏。”[③]特科的议论引发了关于科举考试形式的讨论。[④]

特科之立昭示新风气，只有进入考试程序，才能变成可能。浙江巡抚廖寿丰认为“理财之农桑……可命题以试”，同时奏陈经济岁科当仿特科六事，即内政、外交、理财、经武、格致、考工，直接由学堂选择。[⑤]总理衙门议准，并酌定章程六条上报。[⑥]光绪帝就此再次颁发谕旨，言“所拟章程六条，尚属详备，即照所请行”，并“著三品以上京官及各省督抚学政，各举所知，限于三个月内，迅速咨送总理各国事务衙门，会同礼部奏请考

---

① 黄明同、吴熙钊主编：《康有为早期遗稿述评》，广州：中山大学出版社，1988年，第278—283页。

② 《梁启超等公车上书请变通科举折》，朱有瓛主编：《中国近代学制史料》第一辑下册，上海：华东师范大学出版社，1986年，第79—82页。

③ （清）徐致祥等：《清代起居注册（光绪朝）》第61册，台北：联合报文化基金国学文献馆，1987年，第30811—30814页。

④ 例如，光绪二十四年六月初一上谕中说：“张之洞、陈宝箴奏请饬妥议科举新章并酌改考试诗赋小楷之法一折。乡会试改试策论，前据礼部详拟分场命题各章程，已依议行兹。据该督等奏称，宜合科举、经济学堂为一事，求才不厌多门，而学术仍归一是，拟为先博后约，随场去取之法，将三场先后之序互易等语。朕详加披（批）阅，所奏各节凯切周详，颇中肯綮，着照所拟，乡会试仍定为三场：第一场试中国史事，国朝政治论五道；第二场试时务策五道，专问五洲各国之政、专门之艺；第三场试四书义两篇、五经义一篇。首场按中额十倍录取，二场三倍录取，取者始准试次场，每场发榜一次，三场完毕，如额取中。其学政岁科两考生童亦以此例推之，先试经古一场，专以史论、时务策命题，正场试以四书义、经义各一篇，礼部即通行各省一体遵照。”（清）徐致祥等：《清代起居注册（光绪朝）》第61册，台北：联合报文化基金国学文献馆，1987年，第30913—30916页。

⑤ 《浙江巡抚廖寿丰折》，朱有瓛主编：《中国近代学制史料》第一辑下册，上海：华东师范大学出版社，1986年，第68页。

⑥ 总理衙门建议就整个特科而言，并未专门针对理财之农功类。具体内容参见《总理各国事务奕劻等折》，朱有瓛主编：《中国近代学制史料》第一辑下册，上海：华东师范大学出版社，1986年，第69—72页。

试一次”。上谕中透露出当局的急迫心理，“俟咨送人数足敷考选，即可随时奏请定期举行，不必俟各省汇齐”[①]。

维新派和光绪帝虽推崇特科农功之立，但陈义虚浮，不得其法，履行不易。反对者称：“农与商，西国从无专学，乃近今维新之徒以光、电等各列一学，而加以农学、商学名目，强作解人，图眩俗目，亦不思之甚矣。”[②]正当朝廷积极准备开考之时，戊戌政变发生。1898 年 10 月 9 日，慈禧太后下懿旨：“嗣后乡试会试及岁考科考等，悉照旧制，仍以四书文试帖经文策问等项，分别考试。经济特科，易滋流弊，并著即行停罢。”[③]伴随特科之中的农功构想亦付之东流。

第二节　“农学科”的提出与难题

甲午战争后，清廷上下对时局的危机感剧增。晚清社会思索洋务运动此前变革失败的原因，大多把焦点指向人才的不足。科举承担了选拔人才的功能，却不具备培养新式人才的特质，于是创设学堂成为战后挽救危局的核心议题。新式学堂的推广，无形中推助了近代农业人才培养的步伐。但囿于对新式农学制度与知识认知的局限，难以形成大范围的讨论，进而提升到决策层面。加之西法农学亦处于初步阶段，朝廷虽知仿行西法农学的必要性，但在如何仿行方面语焉不详，以至束手无策，奏准难以确保视为定例，只能暂且搁置。

一、新式学堂分科立农学的制度设想

光绪二十二年（1896 年）五月二日，刑部左侍郎李端棻“上奏请求推广学校”以励人才[④]，奏请于京师、省府、州县三级设立学堂。其中省之学堂与京师之大学，学习内容相同，其课程中均包括“农桑”一门[⑤]。但仅见号召，没有具体的实施办法。当天，内阁奉谕旨：“李端棻奏请推广学

---

① 《光绪二十四年五月二十五日上谕》，朱有瓛主编：《中国近代学制史料》第一辑下册，上海：华东师范大学出版社，1986 年，第 72 页。

② 《格致益闻汇报序》，清华大学历史系：《戊戌变法文献资料系日》，上海：上海书店出版社，1998 年，第 870 页。

③ 中国史学会主编：《戊戌变法（二）》，上海：上海人民出版社，1957 年，第 109 页。

④ 该折很可能由梁启超代为拟就，参见北京大学历史学系：《北大史学 13》，北京：北京大学出版社，2008 年，第 242 页。

⑤ 《刑部左侍郎李端棻奏请推广学堂折》，北京大学、中国第一历史档案馆：《京师大学堂档案选编》，北京：北京大学出版社，2001 年，第 1—6 页。

校以励人才一折，著该衙门议奏。”[①]总理衙门在议复此折时提出：“请由各省督抚酌拟办法，或就原有书院量加程课，或另建书院肄习专门，果使业有可观，三年后由督抚奏明，再行议定章程，请旨考试录用。”[②]这一答复，实际上也只是认同原折号召而已。

枢机如此，重臣方面亦对李端棻推广新式学校教育的构思颇为欣赏。[③]就此，工部尚书孙家鼐上“议复陈遵筹京师建立学堂情形折”，条陈定宗旨、造学社、分学科、聘教师、慎选生源、推广出声等六条措施。[④]孙家鼐呼吁“学问宜分科”，拟“分立十科：一曰天学科，算学附焉；二曰地学科，矿学附焉；三曰道学科，各教源流附焉；四曰政学科，西国政治及律例附焉；五曰文学科，各国语言文字附焉；六曰武学科，水师附焉；七曰农学科，种植水利附焉；八曰工学科，制造格政各国附焉；九曰商学科，轮船铁路电报附焉；十曰医学科，地产植物各化学附焉”[⑤]。“农学科”名称不仅被提出，而且包括种植、水利具体内容。庞鸿书则进一步提出将农学等需要实验的学科剔除出大学堂，以待将来成立各种专门学校。他的理由是：“农学、矿学皆当验诸实事，不容托之空言。农学各省异宜，当于省会设立学堂。”对于庞鸿书的说法，孙家鼐不以为然。他反驳道：“矿学、农学、医学皆与化学相表里，算学中之天文，凡方舆绘图、海道驾驶皆以天文之纬度为凭，需用尤巨，更不得为无关政治。凡此数端，均大学堂必应设之专门，无可议减。”[⑥]

“孙家鼐的这一奏折，主要起草人是军机章京陈炽。”[⑦]陈炽在其著述《庸书》和《续富国策》中，就论述过其农业方面的主张。但此折被“暂存”搁置，以后很少讨论。[⑧]伴随着创办京师大学堂的不了了之，需熟筹

---

① （清）徐致祥等：《清代起居注册（光绪朝）》第 56 册，台北：联合报文化基金会国学文献馆，1987 年，第 28099 页。

② 中国第一历史档案馆：《军机处录副奏折全宗 · 文教类》，转引自关晓红：《科举停废与近代中国》，北京：社会科学文献出版社，2013 年，第 31—32 页。

③ 清华大学历史系：《戊戌变法文献资料系日》，上海：上海书店出版社，1998 年，第 223 页。

④ 《工部尚书孙家鼐奏陈遵筹京师建立学堂情形折》，北京大学、中国第一历史档案馆：《京师大学堂档案选编》，北京：北京大学出版社，2001 年，第 8—13 页。中国史学会主编《戊戌变法》亦收录该折，但两者文字与内容有很大差异，原因不详。中国史学会主编：《戊戌变法（二）》，上海：上海人民出版社，1957 年，第 425—429 页。

⑤ 中国史学会主编：《戊戌变法（二）》，上海：上海人民出版社，1957 年，第 427 页。

⑥ 国家档案局明清档案馆：《戊戌变法档案史料》，北京：中华书局，1958 年，第 285 页。

⑦ 茅海建：《京师大学堂的初建——论康有为派与孙家鼐之争》，北京大学历史学系编：《北大史学 13》，北京：北京大学出版社，2008 年，第 245 页。

⑧ 中国第一历史档案馆：《光绪朝上谕档》第 22 册，桂林：广西师范大学出版社，1996 年，第 184 页。

审议的“农学科”亦不见踪影。至光绪二十四年（1898 年）一月二十五日，王鹏运上奏，附片要求开设京师大学堂，正折奉旨“存”，但其附片得到了光绪帝的肯定。当日明发上谕：“京师大学堂叠经臣工奏请，准其建立。现在亟需开办。其详细章程著军机大臣会同总理各国事务衙门王大臣妥筹具奏。”然而，京师大学堂兹事体大，朝臣不敢妄言。至五月八日，光绪帝再次强调此事：“兹当整饬庶务之际，部院各衙门承办事件，首戒因循。前因京师大学堂为各省之倡，特降谕旨，令军机大臣、总理各国事务王大臣会同议奏，即著迅速覆奏，毋再迟延。”[①]

除朝臣奏议外，晚清士人中提倡农务设科的亦不乏其人。福建福安县举人张如翰呈文，“为讲求农务，请合文学设科，以鼓励人材（才），振兴地利”。他首先分析了中国农业衰败的原因：“盖缘士农分业，农不知书，而士于烝化之学，又以非科名所务，置之不讲，故农业莫由兴其利。兹欲殖民富国，必先训士而训农。”同时追溯历史：“汉制科孝弟（悌）与力田并重，实有农科之设。后世农学不讲，种植之事一听蚩蚩者之自为，而不学无术难兴地利。”从中可见，张如翰将汉代“农政”等同于农科。他接着道：“今农学农会争列报章，编译外国农书以资肄习，京都设立农务总局，恭奉上谕：著各省督抚认真劝导绅民，并采中西各法讲求利弊，且饬州县设农学堂等因。天下应翕然知务本之图矣。”但是他担心“筹费不赀，州县艰于创始，农民罔知所措，未免有名无实”，故而建议“上师古制，参酌时宜，合文学而加以鼓励。特设农学一科”。换言之，即“举中西树艺畜牧之法，占验考察之书，令士民悉心讲究，习精其业。俟学政按临之候，特试一场，取其农学策论有心得者，每学拔取数名，作农学生咨集会考，略如拔贡之例，晋京廷试。列高等者，观政农部，与拔萃科小京官同。其次用作州县农师，与教官并重，移训导一缺任之，俾事有专司，且资教习，参用西法，时与诸生尽心讲究，令开农会以事比较，刻农报以广见闻，购农器以便操作。采春秋农忙之会，巡视郊野，辨其土宜，察其力作”。张如翰的建议相对细致，概而言之，即“讲求农学，设有专官，而开特科以鼓励之”[②]。朝廷就此令“都察院代奏举人张如翰呈请设农学科等语，著礼部会同孙家鼐、端方议奏”[③]。

农学科的构想，并非自下而上的发展。朝臣多以他国大学堂之制相提并

---

① 中国第一历史档案馆：《光绪朝上谕档》第 24 册，桂林：广西师范大学出版社，1996 年，第 207 页。

② 国家档案局明清档案馆：《戊戌变法档案史料》，北京：中华书局，1958 年，第 289—290 页。

③（清）徐致祥等：《清代起居注册（光绪朝）》第 61 册，台北：联合报文化基金国学文献馆，1987 年，第 31196 页。

论。光绪二十四年（1898 年）七月三日，出使日本大臣裕庚在奏请京师学校悉用西国规模时言："日本仿照西法设立大学，共分六科：一曰法科大学，其目有二；一曰医科大学，其目有二；一曰工科大学，其目有九；一曰文科大学，其目有九；一曰理科大学，其目有七；一曰农科大学，其目有四。"[①]针对裕庚的奏折，朝廷命"孙家鼐酌核办理"[②]。孙家鼐回复道，"泰西各国兵农工商，所以确有明效者，以兵农工商皆出自学堂"，且"农知学，则能相土宜，辨物种"[③]，故称"必当次第施行"[④]。非基础知识的农学人才之培养，本应循序渐进。然而，随着戊戌政变的发生，许多措施即行废止，"大学堂为培植人才之地，除京师及各省会业已次第兴办外，其各府州县议设之小学堂，著该地方官察酌情形，听民自便"[⑤]。因于府州学堂没有硬性规定，对于农才的培养变成仅仅寄希望于大学堂的空中楼阁。光绪二十四年（1898 年）十月二十日，孙家鼐在奏折中表明其办学思想："储才之道，尤在知其本而后通其用。臣于来堂就学之人，先课之以经史义理，使知晓于尊亲至义，名教之仿，为儒生立身之本；而后博之以兵农工商之学，以及格致、测算、语言、文字各门，务使学堂所成就者，皆明体达用。"[⑥]

虽然数年来振兴农务之谕旨传播海内，但振兴"农务之功效，罕有所闻"[⑦]。"农学科"虽被朝中部分大臣和民间士子所推崇，但缺乏切实可行的前提和办法。此外，农学科为西法大学堂之事，而此时的晚清并不具备创办大学堂的相关条件，徒具其名而已。难怪陈宝箴在给朝廷的奏疏中会说"泰西富强之基，原（源）于商务，目前所可仿行者，莫如铁路、矿务两事"了[⑧]。

二、官局对农学知识的再传播

在构思新式学堂农学制度化的同时，官方层面也就西法农学知识化进

---

① 国家档案局明清档案馆：《戊戌变法档案史料》，北京：中华书局，1958 年，第 270 页。

② 中国第一历史档案馆：《光绪朝上谕档》第 24 册，桂林：广西师范大学出版社，1996 年，第 402 页。

③ 国家档案局明清档案馆：《戊戌变法档案史料》，北京：中华书局，1958 年，第 326—327 页。

④ 国家档案局明清档案馆：《戊戌变法档案史料》，北京：中华书局，1958 年，第 309—310 页。

⑤ （清）徐致祥等：《清代起居注册（光绪朝）》第 61 册，台北：联合报文化基金国学文献馆，1987 年，第 31256—31257 页。

⑥ 北京大学、中国第一历史档案馆：《京师大学堂档案选编》，北京：北京大学出版社，2001 年，第 71—72 页。

⑦ 张謇研究中心、南通市图书馆、江苏古籍出版社：《张謇全集》第 2 卷，南京：江苏古籍出版社，1994 年，第 15 页。

⑧ 汪叔子、张求会：《陈宝箴集》上册，北京：中华书局，2003 年，第 724 页。

一步进行了整合与传播，农学科学化的理念逐渐形成风气。知识化的农学，触动与改变了晚清读书人的知识结构。

1902 年直隶总督袁世凯振兴农务时，北洋农务局从上海《农学报》的译书中节选了农学新书 24 种，重新予以校对印行，编成“实业农学丛书”。[①]按照内容，可分为学理、蚕桑种植、制造、肥料、农具、家畜六类。

“实业农学丛书”收录农务学理层面的农书 4 种，包括江南制造局翻译的《农务化学简法》，以及成书于 1895 年英国人黑球华来思的《农学初阶》。《农学初阶》凡七十章，详细考求植物原质与植物生长之理，泥土的特质，耕耘、灌溉、粪壅、轮种之法，以及谷草之名类，收获之机器，应有尽有，并附图 136 幅。北洋农务局称：“上海农学会所译各书，以此书最为详备。”张寿浯的《农学论》亦有收录，并被北洋农务局形容为“可作农学杂志观”。日本人小野孙三郎的论著《害虫要说》对“欧米诸国，考察研究害虫及病害发生之由，而立豫防驱除之方法”进行了介绍，农作物“虫灾及病灾，则人得豫防之而驱除之，以免其灾也”[②]，弥补了晚清未究虫害之理的不足，叙及卵生虫、胎生虫饲养之缘由，稻及米害虫、麦之害虫、桑树害虫、茶树害虫。

北洋农务局同时摘取了 11 种关于蚕桑种植的农书，收录中西蚕桑种植之法。书中所收《蚕桑答问》二卷，由务农会的朱祖荣编辑，上卷论桑，下卷论蚕，续编则收蚕种法。种棉农书五种：一是《山东试种洋棉简法》，英国人仲均安译，罗振玉删次，该书为仲均安传教山东益都时所著，原名《种洋棉法》，罗振玉以其文辞冗杂，删润排次，而易其名；二是《植美棉简法》，直隶臬署译本，罗振玉编次，寥寥数章，语颇简要；三是《勸种洋棉说》，朱祖荣撰述，讲述种植洋棉带来的丰厚利益，倡导晚清社会广泛种植洋棉；四是《种棉实验说》，上海黄宗坚记载的自己三十年种棉心得；五是《通属种棉述略》，朱祖荣此编所述皆试验有得之经验，可与《山东试种洋棉简法》一卷参观互证。日本农学教授士岩田次郎口授、黎炳文译述的《栽桑捷法》也收录在其中。直隶臬署译本，罗振玉润色编次的《种印度粟法》一书，为“周玉山中臣任直隶臬司时所译，原书出自美国。盖美国最重此粟，尊之曰谷王曰命柱，故与麦棉同为土产之大宗。我中国之种此粟者，亦久已盛行，惟今于选种粪壅之法，讲求尚未精细，是书不可不观”。另外，还有日本农学士的《山蓝新说》和《葡萄新法》、《草木移植心得》、

---

① “实业农学丛书”共 24 种，除《农务化学简法》为江南制造局本外，其余均见于《农学报》。

② 〔日〕小野孙三郎著、〔日〕鸟居赫雄译：《害虫要说》，天津：北洋官报局，出版时间不详，第 1 页。

《山羊全书》等农书。日本人间小坐工门著、林壬译《蕈种栽培法》中说："蕈即菌也，香蕈乃其一种，中国销场最广，日本近得新法遍处种之，其输入我中国者颇过，即当甲午交战之时，尚有百数十万斤。迄今更可知已木耳亦蕈类，有软质硬质两种，此书亦并言其培植之法。"苏州王晋之竹舫著的《山居琐言》说："泰西种植，列为专门，其理多出于格致化学。"徐树兰述及古巴烟叶种植之法的《种烟叶法》和褚华述及上海水蜜桃种植的《水蜜桃谱》亦收录在其中。

在制造方面，收录了日本的《制纸略法》和日本人楠严编、桐乡沈纮译《农产制造学》。《农产制造学》涵括"农产制造"及"凡制造之物之原料为农家所本有者"，如酒酢、饴糖、豆腐、酱油、小粉、蓝靛、胭脂、茶、乳茶、乳油、干酪之类。晚清农产制造大半仅恃口传之法，其有载于《农政全书》者，亦略而不详。编者希望"我中国农学之急早讲求焉"。在肥料方面，收录了美国人啤耳撰、胡濬康译"详论家畜粪溲之功益及治理试用之法"的《厩肥料》称："植物吸食土内各质，动物食植物而所遗粪溲，亦含各质而还归于土化，此化育流行不息，自然之机也，是篇详论家畜粪溲之功益及治理试用之法，为农家最切要之事，观此可知畜牧之利，大半在厩肥，价值大雅，君子勿谓牛溲马浡之龌龊而不足道也。"此外，是书还介绍了美国的马粪孵卵法及泰西农具的情形。日本人所制机器，较泰西法简而价廉，而此自动织机尤简尤廉。直隶业棉布者甚多造此织机数十具，设教养所收贫民最为地方善政，颇贤有司起而经营之，故日本大泷制造所撰《福田自动织机图说》一卷亦为北洋农务局印行。

"实业农学丛书"还收录了家畜方面的书籍。1897 年 3 月，美国农学会刊版的威廉母和尔康尼所著，侯官陈寿彭译《家菌长养法》中记载："菌，俗名蘑菇，为蔬中上品。西国皆讲求种植之法，考《畿辅通志》有鸡腿、猴头、羊肚等名目，然皆天生之菌，非园圃种植。陈氏谓此书诸法，不因天气地力，只用人工，虽妇孺等居庭宇湫隘，无不可种，果使仿行有效，亦农家一利也。"[①]广州陈梅坡译《牧猪法》称："畜牧与种植相辅而行，则其利最厚，牧猪其尤要者也。盖以猪之蕃（繁）殖迅速，饲法简便，而猪粪肥田之功益亦大。西国所产之猪，不及中国所产之味美而易肥，惟硕大蕃（繁）滋，则西国之产为胜，此书言饲牧孕产圈豢乳育阉骟诸法，详赅明晰，农家致富之方，其在斯乎？"[②]另外，内藤菊造著的《山羊全书》

① 陈寿彭：《家菌长养法》，天津：北洋官报局，1898 年，第 1 页。
② 陈梅坡：《牧猪法》，天津：北洋官报局，1901 年，第 1 页。

凡八篇，自山羊之功用及其种类体性与饲养繁殖之法，言之颇详。作者于牧羊一事，躬亲阅历，故其言皆试验有得之经验。

除北洋农务局校印农书24种外，1907年1月北洋官报局选印“农学丛书”34种，已经出版，内容颇有可观。由北洋大臣备文咨送农工商部以备采择施行。[①]其具体数目如表5-1所示：

表5-1　北洋官报局选印《农学丛书》细目

序号	书名	著者	译员	来源	备注
1	《农学论》	张寿浯		务农会《农学丛刻》	北洋农务局选译《实业农学新书》
2	《蚕桑答问》	朱祖荣		务农会《农学丛刻》	北洋农务局选译《实业农学新书》
3	《种棉五种》		〔英〕仲均安、罗振玉重编；朱祖荣	务农会《农学丛刻》	北洋农务局选译《实业农学新书》
4	《种烟叶法》	徐树兰述		务农会《农学丛刻》	北洋农务局选译《实业农学新书》
5	《牧猪法》	不详	陈梅坡	务农会《农学丛刻》	北洋农务局选译《实业农学新书》
6	《黔蜀种鸦片法》			务农会《农学丛刻》	北洋农务局选译《实业农学新书》
7	《农学初阶》	〔英〕黑球华来思	吴治俭	务农会“农学丛书”第1集第1册	北洋农务局选译《实业农学新书》
8	《种印度粟法》		清直隶臬署译，清罗振玉润色排类	务农会“农学丛书”第1集第4册	北洋农务局选译《实业农学新书》
9	《家菌长养法》	〔美〕威廉母和尔康尼	陈寿彭	务农会“农学丛书”第1集第6册	北洋农务局选译《实业农学新书》
10	《种蓝略法》	孙福保		务农会“农学丛书”第1集第7册	北洋农务局选译《实业农学新书》
11	《麻栽制法》	〔日〕高桥重郎	〔日〕藤田丰八	务农会“农学丛书”第1集第7册	北洋农务局选译《实业农学新书》
12	《植楮法》	〔日〕初濑川健增		务农会“农学丛书”第1集第7册	北洋农务局选译《实业农学新书》
13	《植漆法》	〔日〕初濑川健增		务农会“农学丛书”第1集第7册	北洋农务局选译《实业农学新书》
14	《果树栽培总论》	〔日〕福羽逸人	沈纮	务农会“农学丛书”第1集第8册	北洋农务局选译《实业农学新书》
15	《草木移植心得》	〔日〕吉田健作	萨端	务农会“农学丛书”第1集第9册	北洋农务局选译《实业农学新书》
16	《厩肥篇》	〔美〕胡儿别士	胡濬康	务农会“农学丛书”第1集第11册	北洋农务局选译《实业农学新书》
17	《福田自动织机图说》	〔日〕大陇制造所	〔日〕川濑仪太郎	务农会“农学丛书”第1集第13册	北洋农务局选译《实业农学新书》

① 《农工商部要闻：咨送农学丛书》，《申报》1907年1月25日，第3版。

续表

序号	书名	著者	译员	来源	备注
18	《制纸略法》	〔日〕今关常次郎	〔日〕佐野谦之助	务农会“农学丛书”第1集第13册	北洋农务局选译《实业农学新书》
19	《山羊全书》	〔日〕内藤菊造	不详	务农会“农学丛书”第1集第14册	北洋农务局选译《实业农学新书》
20	《马粪孵卵法》	〔美〕胡儿别士	〔日〕大崎保之助译，〔日〕山本正义重译	务农会“农学丛书”第1集第15册	北洋农务局选译《实业农学新书》
21	《害虫要说》	〔日〕小野孙三郎	〔日〕鸟居赫雄	务农会“农学丛书”第1集第18册	北洋农务局选译《实业农学新书》
22	《蕈种栽培法》	〔日〕本间小左卫门	林壬	务农会“农学丛书”第2集第24册	北洋农务局选译《实业农学新书》
23	《山蓝新说》	〔日〕堀内良平	林壬	务农会“农学丛书”第2集第24册	北洋农务局选译《实业农学新书》
24	《葡萄新书》	〔日〕中城恒三郎	林壬	务农会“农学丛书”第2集第24册	北洋农务局选译《实业农学新书》
25	《淡芭菰栽制法》	〔美〕厄斯宅士藏	陈寿彭	务农会“农学丛书”第2集第24册	北洋农务局选译《实业农学新书》
26	《水蜜桃谱》	褚华		务农会“农学丛书”第2集第25册	北洋农务局选译《实业农学新书》
27	《农产制造学》	〔日〕楠岩编	沈纮	务农会“农学丛书”第2集第25册	北洋农务局选译《实业农学新书》
28	《蜜蜂饲养法》	〔日〕花房柳条	〔日〕藤田丰八	务农会“农学丛书”第2集第26册	北洋农务局选译《实业农学新书》
29	《养鱼人工孵化术》	〔日〕木村利建	萨端	务农会“农学丛书”第2集第27册	北洋农务局选译《实业农学新书》
30	《美国养鸡法》	〔日〕横尾健太〔日〕镝木由五郎	〔日〕藤乡秀树	务农会“农学丛书”第6集第68册	北洋农务局选译《实业农学新书》
31	《山居琐言》	王竹舫			北洋农务局选译《实业农学新书》
32	《种橡法》				北洋农务局选译《实业农学新书》
33	《日本栽桑捷法》		〔日〕得业士岩田次郎口述		北洋农务局选译《实业农学新书》
34	《农务化学简法》	〔美〕固来纳	〔英〕傅兰雅口述	江南制造局本	北洋农务局选译《实业农学新书》

北洋农务局整理的农书，多出自上海务农会译介的《农学丛刻》和“农学丛书”，且多为新式农学的内容，这从另一个侧面显示西法农学得到了晚清官方的认同。不久，“政务处饬编书局编纂农务全书，参酌中外农事规则摘要汇录”[①]。1909 年农工商部还拟编定农业书籍通行各省，切实研究。

① 《饬颁新编农务全书》，《申报》1906 年 6 月 25 日，第 9 版。

1909 年 6 月 16 日，“通咨各督抚饬即传饬所属，将有关于农务之著作及议件，采择送部以便汇集一编，藉资考证”[①]。为响应农工商部奖译农书的号召，1909 年 7 月理化专科毕业生黄谷继前呈七种农书外，又“继呈编译农书十四种，分蚕桑、畜牧、栽植、肥料等项。部内详加披（批）阅，或博采古籍，或选辑译书，阐明学理，参入试验，均皆条分缕晰，于农学前途大有裨益”，并被农工商部留部存案。[②]至 1910 年，农工商部仍“饬将关于农政书籍无论新著旧刊，均须一一采录汇详，以资参考”[③]。

除北洋农务局采纳农学会译行农书进行整理传播外，朝廷还责成江南制造局翻译馆在 1898—1909 年自行翻译刊行农学书籍 10 种。[④]这些农书有一个特点：除介绍美国种葡萄法和意大利蚕事外，余者皆为学理方面的书籍。

英国人旦尔恒理撰、秀耀春口译、上海范熙庸笔述的《农学初级》，为江南制造局翻译馆翻译最早的农书，该书于 1898 年刊行。该书凡十章，论察土性择种子与分析原质，配合浇壅之理，此外有杀虫法、引阳光法、玻璃罩法、施放电气法、汽机取水、电机犁田法、农学所从入手也。1899 年刊行英国农学教习仲斯敦撰、秀耀春口译、上海范熙庸笔述的《农务化学问答》二卷[⑤]，凡二十三章四百三十九条，甚合教科之用。

1900 年刊行美国卫斯根辛农学书院教习金福兰格令希兰撰、美国卫理口译、上海范熙庸笔述的《农务土质论》三卷，凡十二章，有图四十五幅，论土质以讲农务，诚探源之论。1902 年出版农学书籍二种，分别为英国人恒里汤纳耳撰、美国人卫理口译、六合汪振声笔述的《农学津梁》一卷，以及美国人固来纳撰、英国傅兰雅口译、上海王树善笔述的《农务化学简法》三卷。前者凡六十章，书中论辩土质、用肥料及耕种、养畜各法，与《农学初级》大同小异，而互有详略，学者参观而会通焉；后者则分三卷（论养植物所需之生料、论得肥田料之法和论考究农务化学得利之理），共二十九章，

---

① 《农工商部调取农务书籍》，《大公报（天津）》1909 年 6 月 17 日。

② 《农工商部奖留图书》，《大公报（天津）》1909 年 7 月 16 日。

③ 《征求农书》，《台湾日日新报》1910 年 10 月 19 日。

④ 熊月之按照《江南制造局译书提要》的分类，翻译馆所出 160 种书籍种类中农学书籍为 9 种（《江南制造局译书提要》卷一，1909 年，第 58—66 页）。实漏算《农务全书》（下编）、《农务要书简明目录》和《江南制造局译书提要》卷二补遗中的《种葡萄法》（熊月之：《西学东渐与晚清社会》，上海：上海人民出版社，1994 年，第 500 页）。2011 年熊著修订版第 427 页有修订，但某些地方仍值商榷。

⑤ 该书的相关介绍，可参见潘吉星：《清代出版的农业化学专著〈农务化学问答〉》，《中国农史》1984 年第 2 期。

专以化学法分析显明各肥料之可以粪田畴而美土疆者，希望“农家必先考究各种肥田之料，而知何种能省费，何种能合用，何种泥土种何种植物，必配何种肥田料”。江南制造局印行的《农务化学简法》一书，由美国人固来纳著。该书“所论之化学，最为简便”，号召农家注意“某地要种某物，必先化分其物，得知其原质，再化分其泥土，得知其原质，二者相对，则泥土不必再加别料。如泥土或缺何种原质，即加入能使植物茂盛”[①]。

其后，由美国人施妥缕撰、舒高第口译、赵诒琛笔述的《农务全书》分上、中、下三编出版，此书摘录学堂之讲义而成。上编专论植物，因地土及空气与植物大相关系，而地土、空气二项皆含各原质及水，故而虽论植物，却常及化学；中编则论各种肥料，考验精详，足资练习。被誉为“农学阶段”的《农学理说》一书，乃由美国人以德怀特福利斯撰、王汝驹口译、赵诒琛笔述。该书共二卷十五章，末附表论植物所以生长及土源土质，并改良肥料兼及动物生长饲料，言简意赅，表尤详细，施之实甚易。[②]

值得一提的是，1901年，江南制造局翻译馆的王树善与英国人傅兰雅[③]，鉴于“农务之所包者甚广，分门别类，各有专家，家各有书，详略不等”，于是“搜辑西国一切农务学书，分类选译，汇其大全，爰先求农务各书之目录对译一过。异日次第搜罗，精详抉择，吐弃糟粕，荟萃精英”，辑成《农务要书简明目录》一卷。该书中提及“农务总纲有三：一曰泥土学；一曰植物学；一曰动物学”；同时分十三类目，即田园、果园、花园、畜牧、牛、马、猪羊、狗、禽鸟、鸽兔、虫、渔猎、杂事，介绍相关书籍情况。[④]王树善曾“随使节得游地球一周，其间驻美金山三载，专研究农矿之学，而于农务所闻尤多”，乃以“平时所闻之于傅兰雅诸君子者，排日记之”，编为《农务述闻》六章（分论泥土、水利、耕地、培壅、生长和传种），又附卷一卷，记述种棉法、种御麦法、种荷兰薯法、种山薯法、种加非法、种芦粟法、种芦菔法、种草本杨梅法、种龙苹菜法、种洋葱头法、种玫瑰花法、说蜂和论马，强调“农学大要不外格致，而分门别类，其中亦自有次第”[⑤]，分别为体性学、重学、植物学、动物学、化学、水土学和地质学。

---

① 〔美〕固来纳：《农务化学简法》原序，上海：江南制造局，1903年，第2页。

② 江南制造局翻译馆：《江南制造局译书提要》卷一，1909年，第58—66页。

③ 傅兰雅翻译的农书共2种，即《农务要书简明目录》和《农务化学简法》。〔英〕傅兰雅口译、王树善笔述、赵元益校对：《农务要书简明目录》，上海：江南制造局，1901年。

④ 〔英〕傅兰雅口译、王树善笔述、赵元益校对：《农务要书简明目录》，上海：江南制造局，1901年。

⑤ （清）王树善：《农务述闻》，清光绪二十七年（1901年）石印本。

第三节　学堂章程中的农学

学堂作为重要的新生事物，其创制形式与课程规划反映了当时“中学”与“西学”争执互动的情况。传统的“农者不学，学者不农”的情况被打破。“农学”从无到有，进入学制，被放置进京师大学堂的农科大学与实业学堂的农业学堂中，晚清农学开始形成，“农事之兴，非学不可”的理念已成为时代性话语。下文主要的考察对象为京师大学堂创立期间先后出现的几个章程。虽由于种种原因，未事事照章执行。然而，我们不能把这几个章程当作“数纸虚文”来对待，而忽略其意义。因为这些章程的制定，体现了制定者们如梁启超、张百熙、张之洞等人对晚清农学，以及对传统文化与外来学术理念的整体性思考。

一、选习“专门学”中“农学”的提及

近代早期学堂仅教外国语言文字，而于各种西方学问多从简略，不过欲培养译人以为总署及各使馆之用。随着农学知识的传播，新式农学的设立蔚为风潮。加之湖北、直隶等影响大的直省督抚张之洞、袁世凯等纳农务入学堂的努力、经验和成效，农学的制度化成为当务之急。

光绪二十四年（1898年）五月，总理衙门上呈《筹议京师大学堂章程》。这个章程是总理衙门请托康有为，康有为又命梁启超拟“草稿，酌英美日之制为之”[①]。梁启超在仿照日本和西方成例后，试图统筹中西学问，将大学堂课程分为普通和专门两类。梁启超“略依泰西日本通行学校功课之种类，参以中学”，普通学共十门，分别为“经学第一，理学第二，中外掌故学第三，诸子学第四，逐级算学第五，初级格致学第六，初级政治学第七，初级地理学第八，文学第九，体操学第十”。同时，他建议：“其应读之书，皆由上海编译局纂成功课书，按日分课。无论何种学生，三年之内必须将本局所纂之书，全数卒业。”[②]意即规定学生先用三年时间完成十门普通学，并且设定普通学分教习十人，皆华人。

值得注意的是，梁启超对“专门学”的涉及。梁启超的专门学包括高等算学、高等格致学、高等政治学、高等地理学、农学、矿学、工程学、

---

① 中国史学会主编：《戊戌变法（四）》，上海：上海人民出版社，1957年，第150页。

② 汤志钧、陈祖恩：《中国近代教育史资料汇编·戊戌时期教育》，上海：上海教育出版社，1993年，第128页。

商学、兵学和卫生学十门。专门学十种分教习各一人，皆用欧美人。专门学是在学生选习英、法、俄、德、日五国“语言文字学”之一的前提下研读的，且只需进修十种专门学的一门或两门。[①]由此可见，“农学”被梁启超所认可，并被纳入学堂章程的范围。但何为“农学”，却未见说明。虽然梁启超对农学不甚了解，但他对泰西实学倍加推崇。在他看来，“泰西各种实学，多藉实验始能发明，故仪器为学堂必需之事”。因此，他主张“设一仪器院，集各种天算、声光、化电、农矿、机器制造、动植物各种学问应用之仪器，咸储院中，以为实力考求之助”[②]。其中，就包括作为实学之一的农学的实验仪器设备提及。

此章程只是纲领性质的，不算详尽，对于如何兴办专门学之“农学”，并没有切实可行的操作办法。传统中学知识体系中，并没有新式科学化农学的内容。戊戌政变后，京师大学堂的设想得以保留。光绪二十四年（1898年）十月，京师大学堂出告示招收学生，当年十二月正式开学。在具体筹划过程中，管学大臣孙家鼐曾就《筹议京师大学堂章程》提出了一些修订建议，在有关学科变通的建议中，“农学”被保留下来。[③]1899年秋，京师大学堂学生渐多，将近二百人。[④]但农学的学习是在三年普通学学习后，且学生并非人人选习[⑤]，如何有效培养农学人才，当是后话，并未引起时人的注意。光绪二十六年（1900年）六月，京师大学堂因义和团运动而停办。直到次年十二月，慈禧太后命张百熙负责京师大学堂的恢复工作，从此京师大学堂建设步入第二阶段。虽未及实行，但农学毕竟被纳入专门学中，说明晚清社会对农学知识的接受与认同。

二、“农学分科”的出现

晚清时期，各省学堂大开，废科举兴学堂蔚为风潮。光绪二十八年（1902年）七月十二日，清政府颁布了由张百熙奏呈的《钦定学堂章程》。

---

① 汤志钧、陈祖恩：《中国近代教育史资料汇编·戊戌时期教育》，上海：上海教育出版社，1993年，第128页。

② 汤志钧、陈祖恩：《中国近代教育史资料汇编·戊戌时期教育》，上海：上海教育出版社，1993年，第127页。

③ 汤志钧、陈祖恩：《中国近代教育史资料汇编·戊戌时期教育》，上海：上海教育出版社，1993年，第137—138页。

④（清）刘锦藻：《清朝续文献通考》第2册，杭州：浙江古籍出版社，1988年，第8648—8650页。

⑤“十种专门学，俟普通学卒业后，每学生各占一门或两门。”汤志钧、陈祖恩：《中国近代教育史资料汇编·戊戌时期教育》，上海：上海教育出版社，1993年，第128页。

该章程参照欧美国家及日本分科之说而定，是近代中国第一份关于全国学制变革的规划书。该章程虽属草拟，个中规定并未详备，但其有“艺科入农学”、分科大学中“农业科”的提出，以及附设农业专门学堂的设想，昭示着“农学分科”的出现，更体现了近代农学制度化的革新，以及晚清当局从重农之业到重农之法的重大转变。

一方面，该章程将农学纳入高等学堂章程的分科概念中。《钦定高等学堂章程》第一章“全学纲领”中规定：“高等学堂虽非分科，已有渐入专门之意，应照大学豫（预）科例，亦分政、艺两科。”而政、艺两科的设置全盘仿照日本高等学堂之预科设置：“日本高等学堂之大学豫（预）科分三部，其第一部为入法科、文科者而设，第二部为入理科、工科、农科者而设，第三部为入医科者而设。今议立大学分科，为政治、文学、格致、农业、工艺、商务、医术七门，则政科为豫（预）备入政治、文学、商务三科者治之，艺科为豫（预）备入格致、农业、工艺、医术四科者治之。”[①]“高等学堂之功课，与京师大学堂豫（预）备科功课相同，一切办法均照大学堂豫（预）备科一律办理。”[②]所提“大学堂豫（预）备科”，据《钦定学堂章程》中之“大学堂章程”所道：“京师大学堂本为各省学堂卒业生升入专门正科之地，无省学则大学堂之学生无所取材。今议先立豫（预）备一科。”[③]通过设置预科的缓冲权宜之计，为各省高等学堂暨府厅州县中小学堂的兴办准备必要时间。

京师大学堂预备科分政、艺两科，年限三年。“习政科者卒业后升入政治、文学、商务分科；习艺科者，卒业后升入农学、格致、工艺、医术分科。”[④]艺科的科目包括：“伦理第一，中外史学第二，外国文第三，算学第四，物理第五，化学第六，动植物学第七，地质及矿产学第八，图画第九，体操第十。”伦理由中国教习教授，中外史学、算学和体操则定由中外教习兼授，其余科目均为外国教习教授。[⑤]与1898年章程类似的是，“农

① 璩鑫圭、唐良炎：《中国近代教育史资料汇编·学制演变》，上海：上海教育出版社，1991年，第256页。

② 璩鑫圭、唐良炎：《中国近代教育史资料汇编·学制演变》，上海：上海教育出版社，1991年，第257页。

③ 璩鑫圭、唐良炎：《中国近代教育史资料汇编·学制演变》，上海：上海教育出版社，1991年，第235页。

④ 璩鑫圭、唐良炎：《中国近代教育史资料汇编·学制演变》，上海：上海教育出版社，1991年，第237页。

⑤ 璩鑫圭、唐良炎：《中国近代教育史资料汇编·学制演变》，上海：上海教育出版社，1991年，第238页。

学”均被置入学术体制。不同的是：在1898年章程规定中，习农学以三年普通学为基础，1902年章程则在三年艺科学习之后。也就是说，农学作为专门之学，修习要求是比较高的。

另一方面，农学的设置在分科大学和实业学堂的构想中。1902年《钦定学堂章程》中提出：京师大学堂预科学生毕业后，进入分科大学学习。张百熙“略仿日本例，定为大纲”，共分七科：“政治科第一，文学科第二，格致科第三，农业科第四，工艺科第五，商务科第六，医术科第七。”其中，“农业科之目四：一曰农艺学，二曰农业化学，三曰林学，四曰兽医学”，但并未规定具体课程。[①]此外，《钦定高等学堂章程》的规划中还打算“于高等学堂之外，得附设农、工、商、医高等专门实业学堂，俾中学卒业者亦得入之”[②]。

由于各省兴学的成效不佳，高等学堂、预备科都还处于初步构想阶段，大学尚无学生来源，实业学堂更无从落实，因此有关农学的设计只能见到科目设置概况，尚无明确的课程内容。也就是说，农学只是作为目标规划，并没有实际可行的措施办法。至于学堂教科书，章程中仅言：“凡各项课本，须遵照京师大学堂编译奏定之本，不得歧异。其有自编课本者，须咨送京师大学堂审定，然后准其通用。京师编译局未经出书之前，准由教习按照此次课程所列门目，择程度相当之书暂时应用，出书之后即行停止。”[③]而同时期的日本，“各学有专科（如农有农科，工有工科，皆由普通入专门学），各科有分部（如农科中分畜牧、种植、蚕业、肥料之类），各求性近，则造诣精。各校有分级（问其在何校即知其习何学），各级有分组（每一班为一组，问其在何组即知其受何教育也），循序以进，则授受易”[④]。由于政治因素和人事考虑，这份章程在颁布后实际上并没有真正实行，直至1904年《奏定学堂章程》正式颁行全国。

三、纳农务于实业学堂与农科大学的规划

作为中国第一部钦定学制，壬寅学制颁布后，虽并未实行，但兴学成为既定国策，各地办学热情高涨，各级各类学堂迅速增多。前述章程

---

① 璩鑫圭、唐良炎：《中国近代教育史资料汇编·学制演变》，上海：上海教育出版社，1991年，第236—237页。

② 璩鑫圭、唐良炎：《中国近代教育史资料汇编·学制演变》，上海：上海教育出版社，1991年，第256页。

③ 璩鑫圭、唐良炎：《中国近代教育史资料汇编·学制演变》，上海：上海教育出版社，1991年，第257页。

④ 《来稿代论》，《大公报（天津）》1903年8月9日。

虽知农学之要，却难详农学之理。故而制定更为完善的章程就在情理之中了。1903 年 6 月 27 日，荣庆与张百熙联名奏请“派重臣会商学务”，声称：为了兴学务而防流弊，“必须有精审画（划）一之课本，完全无缺之章程”，而“张之洞为当今第一通晓学务之人，湖北所办学堂，颇有成效，此中利弊，阅历最深”，并援引过去商务、条约等诸多政务“均有旨饬该督商办”的前例，请派张之洞“会同商办京师大学堂事宜，将一切章程，详加厘定”[①]。清政府很快就批准了这一请求：“著即派张之洞会同张百熙、荣庆，将现办大学堂章程一切事宜，再行切实商订，并将各省学堂章程一律厘订，详悉具奏，务期推行无弊，造就通才。”[②]在张之洞的主持下，重订章程从 1903 年 6 月到 1904 年 1 月进行了半年多。1904 年 1 月，清政府颁行《奏定学堂章程》。

《奏定学堂章程》涵括甚广，共 22 件，包括《初等小学堂章程》、《高等小学堂章程》、《中学堂章程》、《高等学堂章程》、《大学堂章程》(附《通儒院章程》)、《蒙养院章程》及《家庭教育法》、《初级师范学堂章程》、《优级师范学堂章程》、《任用教员章程》、《译学馆章程》、《进士馆章程》、《初等农工商实业学堂章程》、《中等农工商实业学堂章程》、《高等农工商实业学堂章程》、《实业补习普通学堂章程》、《艺徒学堂章程》、《实业教员讲习所章程》、《实业学堂通则》、《各学堂管理通则》、《各学堂考试章程》、《各学堂奖励章程》和《学务纲要》。其中，如下章程为新定：《初等农工商实业学堂章程》一册，附实业补习普通学堂及艺徒学堂各章程；《中等农工商实业学堂章程》一册；《高等农工商实业学堂章程》一册；《实业教员讲习所章程》一册；《实业学堂通则》一册，“此皆原订章程所未及而别加编订者也”[③]。

在各学堂章程前，张百熙、张之洞、荣庆编定《学务纲要》一册，阐述其旨。《学务纲要》定全国学堂“以端正趋向、造就通才为宗旨”[④]，同时统一了各类学堂的性质，“大小各学堂各有取义”，即高等学堂、大学堂“意在讲求国政民事各种专门之学，为国家储养任用之人才”；而实业学堂

---

① 璩鑫圭、唐良炎：《中国近代教育史资料汇编·学制演变》，上海：上海教育出版社，1991 年，第 287—288 页。

② （清）朱寿朋编、张静庐等校点：《光绪朝东华录》第 5 册，北京：中华书局，1958 年，第 5037 页。

③ 朱有瓛主编：《中国近代学制史料》第二辑上册，上海：华东师范大学出版社，1987 年，第 78—79 页。

④ 璩鑫圭、唐良炎：《中国近代教育史资料汇编·学制演变》，上海：上海教育出版社，1991 年，第 488 页。

意“在使全国人民具有各种谋生之才智技艺，以为富民富国之本”[1]。《学务纲要》强调“各省宜速设实业学堂”：

> 农、工、商各项实业学堂，以学成后各得治生之计为主，最有益于邦本。其程度亦有高等、中等、初等之分，宜饬各就地方情形审择所宜，亟谋广设。如通商繁盛之区，宜设商业学堂。富于出产之区，宜设工业学堂。富于海错之区，宜设水产学堂。余可类推。但此时各省筹款不易，教员亦难得其人，宜于各项实业中，择本省所急须讲求者，先行选派学生出洋学习。此项实业分作两班，一班习中等学，以期速成；一班习高等学，以期完备。俟中等实业学生毕业回省，即行开办学堂，先教简易之艺术；俟高等实业学生毕业回国，再行增高等学堂程度，以教精深之理法，为渐次推广扩充地步。所费不多，而办法较有把握，各省务于一年内将实在筹办情形先行陈奏。[2]

关于教科书问题，《学务纲要》亦有规定。一方面规定：“采用各学堂讲义及私家所纂教科书”，即“官编教科书未经出版以前，各省中小学堂亟需应用，应准各学堂各科学教员，按照教授详细节目，自编讲义。每一学级终，即将所编讲义汇订成册，由各省咨送学务大臣审定，择其宗旨纯正、说理明显、繁简合法、善于措词、合于讲授之用者，即准作为暂时通行之本。其私家编纂学堂课本，呈由学务大臣鉴定，确合教科程度者，学堂暂时亦可采用，准著书人自行刊印售卖，予以版权”；另一方面因“各种科学书，中国尚无自纂之本”，同意“选外国教科书实无流弊者暂应急用”和“借用外国成书以资讲习”[3]。此外，《学务纲要》建议京城宜专设总理学务大臣统辖全国学务，但对学堂经费问题并没有统一规划，只取权宜之计：“各省经费支绌，在官势不能多设；一俟师范生传习日多，即当督饬地方官，剀切劝谕绅富，集资广设。”经费的支出，除初等小学堂及优级初级师范学堂均不收学费外，“各学堂应令学生贴补学费”中亦可窥出[4]。

---

① 璩鑫圭、唐良炎：《中国近代教育史资料汇编·学制演变》，上海：上海教育出版社，1991年，第489页。

② 璩鑫圭、唐良炎：《中国近代教育史资料汇编·学制演变》，上海：上海教育出版社，1991年，第491页。

③ 璩鑫圭、唐良炎：《中国近代教育史资料汇编·学制演变》，上海：上海教育出版社，1991年，第502页。

④ 璩鑫圭、唐良炎：《中国近代教育史资料汇编·学制演变》，上海：上海教育出版社，1991年，第504页。

在整个《奏定学堂章程》中，《实业学堂通则》对新事物农业学堂的设置原因、类别和农业学堂开办的灵活性等方面，有相对详细的说明和规定。

设学要旨章第一

第一节 实业学堂所以振兴农、工、商各项实业，为富国裕民之本计；其学专求实际，不尚空谈……近来各国提倡实业教育……独中国农、工、商各业故步自封，永无进境，则以实业教育不讲故也。今查照外国各项实业学堂章程课目，参酌变通，别加编订，听各省审择其宜，亟图兴建。

第二节 实业学堂之种类，为实业教员讲习所、农业学堂、工业学堂、商业学堂、商船学堂，其水产学堂属农业，艺徒学堂属工业。

第三节 各项实业学堂均为三等：曰高等实业学堂，曰中等实业学堂，曰初等实业学堂（统称则曰某等实业学堂，专称则曰某等某业学堂）。高等实业学堂程度视高等学堂，中等实业学堂程度视中学堂（水产学堂亦系中等实业），初等实业学堂程度视高等小学堂。……[①]

第四节 各项实业学堂，各省均应酌量地方情形，随时择宜兴办……[①]

从上可知，实业学堂的兴办是仿效西方实业教育，专求实际的结果。对于各省实业学堂兴办的具体数目，《实业学堂通则》并没有做强制性规定。与此同时，作为实业学堂之一的农业学堂分高等农业学堂、中等农业学堂和初等农业学堂这三个等级。同样，《实业学堂通则》对于各省农业学堂的兴办亦没有做硬性要求。就晚清社会而言，各类实业学堂的兴办并没有统一的款项来源，仅呼吁“各省官员绅富……慨捐巨款，报充兴办实业学堂经费”，加之实业学堂教习亦难得其人，“即力能延聘外国教师，而无通知科学曾习专门之翻译，则亦无从讲授”[②]。

因仿西法农务纳农入学堂，需要相应的教习。为解决教习人员问题，《实业学堂通则》规定：“各省大吏宜先体察本省情形，于农、工、商各种实业中，择其最相需，最得益者为何种实业，即选派年轻体健、文理明通、有志

① 璩鑫圭、唐良炎：《中国近代教育史资料汇编·学制演变》，上海：上海教育出版社，1991年，第473—474页。

② 璩鑫圭、唐良炎：《中国近代教育史资料汇编·学制演变》，上海：上海教育出版社，1991年，第473—474页。

于实业之端正子弟，前往日本或泰西各国，入此种实业学堂肄业。分为两班：一班学中等毕业，一班学高等实业。一面宽筹经费，将应设之学堂，或在省城，或在繁盛地方预为布置，至少总须设成一所。”在出洋游学中等实业学生毕业回国后，“即将所涉学堂开办，先教浅近简易之艺术，并于学堂内附设教员讲习所，广为传授；俟高等实业学生毕业回国，再行增高学堂程度，以教精深之理法。力能延聘外国教师者，届时添聘数人充本学堂正教员，而以毕业学生充助教，则高等教法尤可及期完备。俟讲习所学生渐次毕业，即可陆续分派各府、州、县为次第扩充之举。总期愈推愈广，将来各地方遍设有实业学堂，方为正当办法”。[①]意即主张教习培养先出国留学，后回国兴办实业学堂，教授学生，再分散出去，参与推广包括农业在内的实业教育。

初等农业学堂对学生入学资格、年限、学习及实习课程、科目，有相对细致的规定。初等农业学堂入学资格为毕业于初等小学者，“以教授农业最浅近之知识技能，使毕业后实能从事简易农业为宗旨，以全国有恒产人民皆能服田力穑，可以自存为成效”，学习年限为三年。初等农业学堂科目分普通科与实习科。普通科目有五种：一是修身，二是中国文理，三是算术，四是格致，五是体操。但此外尚可酌加地理、历史、农业、理财大意、图画等科目。[②]而初等农业学堂的实习科目分为四种：一是农业科，二是蚕业科，三是林业科，四是兽医科。同时规定了初等农业学堂实习科目的具体门类，农业科的实习科目有八种：一是土壤，二是肥料，三是作物，四是农产制造，五是家畜，六是虫害，七是气候，八是实习。可酌量地方情形，择中等农业之各科目取舍分合，以施其教。蚕业科的实习科目有八种：一是蚕体解剖，二是生理及病理，三是养蚕及制种，四是制丝，五是蚕树栽培，六是气候，七是农学大意，八是实习。林业科的实习科目有八种：一是“造林及森林保护”，二是“森林利用”，三是“森林测量及土木”，四是“测树术及林价算法”，五是“森林经理”，六是“气候”，七是“农学大意”，八是“实习”[③]。兽医科的实习科目有十一种：“一、生理，二、药物及调剂法，三、蹄铁法及蹄病治法，四、内外科，五、寄生动物，六、畜产，七、卫生，八、兽疫，九、产科，十、剖检法，十一、实习。”除以

① 璩鑫圭、唐良炎：《中国近代教育史资料汇编 · 学制演变》，上海：上海教育出版社，1991年，第474页。

② 璩鑫圭、唐良炎：《中国近代教育史资料汇编 · 学制演变》，上海：上海教育出版社，1991年，第444页。

③ 璩鑫圭、唐良炎：《中国近代教育史资料汇编 · 学制演变》，上海：上海教育出版社，1991年，第444—445页。

上各科目外，一些规定可以适当变通，“尚可酌加其他关系蚕业林业兽医业之科目……初等农业学堂，视地方之情形，可节缩其期限教授之；其减期教授之普通科目，除修身及中国文理外，余可酌缺一科目或数科目”[③]。

而在《奏定中等农工商实业学堂章程》中，有类似的规定和说明。章程内言：“设中等农业学堂，令已习高等小学之毕业学生入焉，以授农业所必需之知识艺能，使将来实能从事农业为宗旨，以各地方种植畜牧日有进步为成效。每星期钟点视学科为差，豫（预）科二年毕业，本科三年毕业。”关于科目设置方面，和初等农业学堂规定类似：“所载各种学科，系就农业应备之科目分门罗列，听各处因地制宜，择其合于本地方情形者酌量设置，不必全备。”中等农业学堂之学科，分为预科、本科。预科的科目有八种：一是修身，二是中国文学，三是算术，四是地理，五是历史，六是格致，七是图画，八是体操。可加设外国语。学习年数以二年为限。而本科分为五科：一是农业科，二是蚕业科，三是林业科，四是兽医业科，五是水产业科。农业科的普通科目有八种：一是修身，二是中国文学，三是算学，四是物理，五是化学，六是博物，七是农业理财大意，八是体操。但此外尚可便宜加设地理、历史、外国语、法规、簿记、画图等科目。而农业科的实习科目有十二种：一是土壤，二是肥料，三是作物，四是园艺，五是农产制造，六是养蚕，七是虫害，八是气候，九是林学大意，十是兽医学大意，十一是水产学大意，十二是实习。“均可酌量地方情形，由各科目中选择，或便宜分合教之，并可于各科目外酌加其他关系农业之科目。”[①]

高等农业学堂分为预科、本科，其科目、课程、实习亦有明确规定。就高等农业学堂而论，则“令已习普通中学之毕业学生入焉；以授高等农业学艺，使将来能经理公私农务产业，并可充各农业学堂之教员、管理员为宗旨”，分为预科、本科两科。预科的科目有十种：一是人伦道德，二是中国文学，三是外国语（英语，愿入农学科者兼习德语），四是算学（代数、几何、三角），五是动物学，六是植物学，七是物理学，八是化学，九是图画，十是体操。本科分为三科：农学科、森林学科、兽医学科。“若在殖民垦荒之地，更可设土木工学科。”农学科的科目有二十一种：一是农学，二是园艺学，三是化学及农艺化学，四是植物病理学，五是昆虫学及养蚕学，六是畜产学，七是兽医学大意，八是水产学大意，九是地质学及岩石学，十是土壤学，十一是肥料学，十二是算学，十三是测量学，十四是农业工

① 璩鑫圭、唐良炎：《中国近代教育史资料汇编·学制演变》，上海：上海教育出版社，1991年，第453页。

学，十五是物理学，十六是气象学，十七是理财原论，十八是农业理财学，十九是农政学，二十是殖民学，二十一是体操。每星期三十六个学时，预科一年毕业，农学科四年毕业，森林学科、兽医学科、土木工学科三年毕业。同样对于学科没有做硬性规定："听各省因地制宜，择其合于本地方情形者酌量设置，不必全备。"[①]此外，尚有实习农业之科目二十五种："一、耕牛、马使役法，二、农具使用法，三、家畜饲养法，四、肥料制造法，五、干草法，六、农用手工，七、农具构造，八、养蚕法，九、排水及开垦法，十、制麻法，十一、制丝法，十二、制茶法，十三、榨乳法，十四、牛酪制造法，十五、养蜂法，十六、各种制糖法（如萝卜、蜀秫等类），十七、炼乳制造法，十八、干酪制造法，十九、粉乳制造法，二十、蔬菜、果实干燥法，二十一、罐藏法，二十二、制靛法，二十三、淀粉制造法，二十四、酱果制造法，二十五、酿造法。"[②]

除由学堂毕业逐级升入高等学堂，彼此前后衔接照应，将士与农密切结合外，农务入学堂试图将农民与农场实习结合起来，这是颇值得注意的事，对改变传统农民不知学的观念作用不可低估。《高等农业学堂学科程度章》规定："本地乡村农民，有欲入高等农业学堂之农场学习农事者，准其入场学习，称为传习农夫。须选年十八岁以上，确系品行端正，身体强健，略知书算（如不能笔算，通珠算亦可），而又能六个月无事故牵累，能终其业，并延村邻有产业者为之具保，始准入学。"[③]

关于实业学堂教员培养方面，除派遣人员出国以备师资外，还主张设实业教员讲习所，令中学堂或初级师范学堂毕业生入读，以教成各实业学堂及实业补习普通学堂、艺徒学堂之教员为宗旨，以各种实业师不外求为成效。关于农业教员讲习所学习年限，学习科目规定，农业学堂教员讲习所应附设于农科大学或高等农业学堂内："各行省应暂特设一所，养成实业教员，以为扩张实业学堂之基。"而农业教员讲习所之学习年数，以两年为限。农业教员讲习所科目有二十三种："一、人伦道德、二、算学及测量术，三、气象学，四、农业泛论，五、农业化学，六、农具学，七、土壤学，八、肥料学，九、耕种学，十、畜产学，十一、园艺学，十二、昆虫学，

① 璩鑫圭、唐良炎：《中国近代教育史资料汇编·学制演变》，上海：上海教育出版社，1991年，第461页。

② 璩鑫圭、唐良炎：《中国近代教育史资料汇编·学制演变》，上海：上海教育出版社，1991年，第461页。

③ 璩鑫圭、唐良炎：《中国近代教育史资料汇编·学制演变》，上海：上海教育出版社，1991年，第463页。

十三、养蚕学，十四、兽医学，十五、水产学，十六、森林学，十七、农产制造学，十八、农业理财学，十九、实习，二十、英语，二十一、教育学，二十二、教授法，二十三、体操。”①

晚清农学形成的标志之一为实业学堂中农学教育的出现；另一标志则为普通教育系统中农科大学的门类和具体必修、选修课程的设置。农科大学为京师大学堂分科大学之一②，农科大学学生由高等学堂预备科入农学之毕业生。③农科大学分为四门：一、农学门，二、农艺化学门，三、林学门，四、兽医学门。学习年限均为三年。且各科目所用书籍择外国善本讲授。农学门科目主课：地质学、土壤学、气象学、植物生理学。植物病理学、动物生理学、昆虫学、肥料学、农艺物理学、植物学实验、动物学实验、农艺化学试验、农学实验及农场实习、作物、土地改良论、园艺学、畜产学、家畜饲养论、酪农论、养蚕论、农场制造学、补助课、理财学（日本名经济学）、法学通论、农业理财学（日本名农业经济学）、兽医学大意、农政学、国家财政学。且以上各科目外，应以林学大意及养鱼论为随意科目。④而农艺化学门科目主课为有机化学、分析化学、地质学、土壤学、肥料学、农艺化学实验、作物、土地改良论、生理化学、酸酵化学、化学原论、气象学、植物生理学、动物生理学、农艺物理学、家畜饲养学、酪农论、农业理财学、农产制造学、食物及嗜好品。以理财学、养蚕轮、农政学为随意科目。⑤需要说明的是，就教科书而论，张元济在《答友人问学堂事书》中，曾建议“勿沿用洋人课本”。因“童子于入学之始，脑质空灵。先入一误，始终难拔”，故而认为“最上速自译编，其次则集通儒取旧有各本详加改订，虽未必佳而流弊要较少矣”⑥。而农科大学各科目所用书籍“择外国善本讲授”的设计，看似是理想境界，但无具体书目，一方面从侧面映射出当局者的迷茫；另一

① 璩鑫圭、唐良炎：《中国近代教育史资料汇编·学制演变》，上海：上海教育出版社，1991年，第469页。

② 《奏定大学堂章程》将大学堂分为八科，分别为经学科大学、政法科大学、文学科大学、医科大学、格致科大学、农科大学、工科大学和商科大学。参阅璩鑫圭、唐良炎：《中国近代教育史资料汇编·学制演变》，上海：上海教育出版社，1991年，第340页。

③ 《奏定高等学堂章程》之“学科程度章”规定高等学堂学科分为三类：第一类学科为预备入经学科、政法科、商科等大学者治之；第二类学科为预备入格致科大学、工科大学、农科大学者治之；第三类学科为预备入医科大学者治之。参阅璩鑫圭、唐良炎：《中国近代教育史资料汇编·学制演变》，上海：上海教育出版社，1991年，第329页。

④ 璩鑫圭、唐良炎：《中国近代教育史资料汇编·学制演变》，上海：上海教育出版社，1991年，第366—367页。

⑤ 璩鑫圭、唐良炎：《中国近代教育史资料汇编·学制演变》，上海：上海教育出版社，1991年，第368页。

⑥ 张元济：《答友人问学堂事书》，《教育世界》1902年第20号。

方面使实际操作起来仍模糊不清，难以着手。

需要说明的是,《奏定学堂章程》不仅措置了农学，肯定了农务立学的必要性,还制定了对农业实业学堂和农科大学学生比较详细的奖励章程。其中，大学堂分科内之实业毕业奖励章程中规定：

> 由中学堂毕业生升入，专选农、工、商、医四科中之一门，为毕业后自营实业计者，三年毕业，其学问等差与高等学堂同，故奖励举人亦与高等学堂同。但此系学成即须办事之员，故加以录用官阶，考试亦分五级。考列最优等者作为举人，以直州同尽先前选用，准允高等农、工、商实业学堂正教员，愿自营实业者，听。考列优等者，作为举人，以州同尽先选用，准允高等农、工、商实业学堂教员；愿自营实业者，听。考列下等者，留堂补习一年，再行考试，分等录用。如第二次仍考下等及不愿留堂补习者，给予实科修业期满凭照，准允高等农、工、商实业学堂管理员；愿自营实业者，听。考列最下等者，但给考试分数单，听自营业。①

对农业实业学堂的奖励，体现在中等和高等农业实业学堂两方面。中等农业实业学堂毕业奖励：

> 三年毕业，程度与普通中学堂同。考列最优等者，作为拔贡，升入高等实业学堂肄业。(比照中学堂例子)不愿升入者，以州判分省补用，即不能作为拔贡，给以毕业执照，听其营业。考列优等者作为优贡，升入高等实业学堂肄业。不愿升入者，以府经分省补用，即不能作为优贡，给以毕业执照，听其营业。考列中等者，作为岁贡，升入高等农业学堂肄业，不愿升入者，以主簿分省补用，即不能作为岁贡，给以毕业制造，听其营业。考列下等者，留堂补习一年，再行考试，分别按等办理。如第二次仍考下等及不愿留堂补习者，只给以修业年满凭照，听其营业。考列最下等者，但给考试分数单，均听自营生业。②

---

① 璩鑫圭、唐良炎:《中国近代教育史资料汇编 · 学制演变》，上海：上海教育出版社，1991年，第516页。

② 璩鑫圭、唐良炎:《中国近代教育史资料汇编 · 学制演变》，上海：上海教育出版社，1991年，第518页。

而三年高等农业实业学堂毕业奖励，“程度与高等学堂同。考列最优等者，作为举人，以知州尽先选用，令充中等实业学堂教员、管理员。考列优等者，作为举人，以知县尽先选用，令充个中等实业学堂教员、管理员。考列中等者，作为举人，以州同尽先选用，令充各中等实业学堂教员、管理员。考列下等者，令其留堂补习一年，再行考试，分等录用。如第二次仍考下等及不愿留堂补习者，给以修业年满凭照，令充各高等实业学堂管理员”[①]。概言之，学部对农务学堂的奖励如表 5-2 所示：

表 5-2　学部对农务学堂的奖励

学堂种类		奖励出身	授职
第一级	农科大学	进士	编修、检讨、庶吉士、主事
第二级	高等实业学堂	举人	知州、知县、州同
第三级	中等实业学堂	拔贡、优贡、岁贡	州判、府经主簿

资料来源：朱有瓛主编：《中国近代学制史料》第二辑上册，上海：华东师范大学出版社，1987 年，第 131 页

有意思的是，为农业而兴起的农业教育，其受教者的毕业出路却主要没有着眼于农务的振兴。以农学之士，充直州同州同等官，于所学无涉，“徒以官级意为支配而已”[②]。时人感慨道：“世之论学堂奖励者，大抵有二：曰以官职诱学生，使全国青年沉迷利禄而不求实际也。曰所学非所用，其弊与科举等也。斯二说者，吾亦以为然。”[③]至 1910 年分科大学开学以后，学部各堂会议该学毕业奖励，决议将翰林部曹官阶及进士出身一律取消，另改设博士、俊士、学士、得业士诸学位。[④]时人感慨道：“将出其农工商医之学，以亲民理讼乎？此其滞碍难行之甚者也。”[⑤]

上述可见，三个章程在农务立学的基点上，并没有长期纠缠不清的争议，均认可了新式农学设置的必要性。同时，三个章程逐渐递进，日益明晰。晚清学堂政策制定者们借鉴泰西、日本农务学堂的经验，制定了相关门类与课程方面的规定。在 19 世纪末 20 世纪初特定的历史条件下，农业

① 璩鑫圭、唐良炎：《中国近代教育史资料汇编 · 学制演变》，上海：上海教育出版社，1991 年，第 517 页。

② 朱有瓛主编：《中国近代学制史料》第二辑上册，上海：华东师范大学出版社，1987 年，第 128 页。

③ 朱有瓛主编：《中国近代学制史料》第二辑上册，上海：华东师范大学出版社，1987 年，第 131 页。

④ 《分科大学近事》，《教育杂志》1910 年第 5 期。

⑤ 《大学堂分科大学毕业奖励》，《东方杂志》1905 年第 11 期。

教育并没有相对独立的地位，而是融涵于整体的“实业教育”规划内。然而，“实业教育科别繁多，其精深之学理为往日学子所未闻，其专用之名词，为汉文移译所难备。当学堂初开之始，各处学生于实业知识毫无根柢，学堂讲授不过略示门径”[①]。此外，高等实业教育有生源、经费、成效不彰三方面的困难，正如时人指出：

> 程度既高，学生必具中学校高等学校之完全知识而后可以问津，而回顾中国今日之教育界，则初等教育尚在幼稚时代，其不能得合格之学生，固势所必至，一难也。规模既大，经费较巨，即以中央政府、地方政府之力为之，犹虞竭蹶，而私立、公立更无论矣。故勉力开办，势不能完备，即能完备，势不能遍设，二难也。即或程度具矣，经费备矣，而今之学者固多以谋生为急。必经十数年之积累而成完全之教育，在家有恒产者固优为之，而无恒产者势有不能卒业之苦，则耗绝大之经费，而所成者或寥寥无几，三难也。[②]

农学被纳入实业教育措置进学堂章程后，乃新事新设，并无前例可循。“兴学伊始，各项章程本系粗举大纲，实业学堂章程较之他项学堂章程尤为简略。”学部成立后，又拟“将农工商三种实业学堂课程详细讨论，分别修改。每成一种，即行奏请钦定颁行”[③]。加之因“实业分高中初三等，每等分农工商三种，每种又分多科”，学部札各省提学使整顿实业学堂，“各府州县开办实业学堂，均应先行筹定拟办何等何种何科，明定宗旨，再行开办”[④]。然而，“农学”于晚清社会而言，实属草创。授课教习为聘请外国教习，虽有教员养成所的兴办，一时无合适教员人选，就在情理之中了。加之对于教科书没有统一的规定，资金来源亦不足，更甚者，学部成立后，农工商部和学部对于农务学堂的管理各执一端。章程虽洋洋洒洒，却多有变更，如宣统元年（1909年）三月六日，学部奏大学堂预备科改为高等学

① 朱有瓛主编：《中国近代学制史料》第二辑下册，上海：华东师范大学出版社，1989年，第24页。

② 朱有瓛主编：《中国近代学制史料》第二辑下册，上海：华东师范大学出版社，1989年，第33页。

③ 朱有瓛主编：《中国近代学制史料》第二辑下册，上海：华东师范大学出版社，1989年，第25页。

④ 朱有瓛主编：《中国近代学制史料》第二辑下册，上海：华东师范大学出版社，1989年，第15页。

堂[①]。宣统二年四月二十六日，学部又将高等农业学堂预科裁撤，规定："嗣后凡由中等学堂毕业升入高等农业、商业学堂之学生，准其径入本科。"[②]并重新厘定农业学堂毕业年限，原系三年毕业的中等农业学堂，"可缩至二年以内或展至五年以内；初等农业学堂系三年毕业，可视地方情形节缩期限"[③]。此外各章程中对农学兴办无实际可行的操作办法。以上种种，使农学被纳入国家学制各级学堂章程之中，各种规定也十分详细，尽管实践起来困难重重，但毕竟在观念与制度条文上有了草创和规定，较之于此前坐而论道，显然有所进步。

第四节　农工商部与学部互争权限

晚清时期农学的兴起，得益于地方的支持。督抚对兴学的态度及其对地方学务的投入，与学务的成败息息相关。"一切教育行政及扩张兴学之经费，督饬办学之考成，与地方行政，在在皆有关系。"[④]各省农业学堂之设，其权在于督抚、封疆大臣，但政事繁剧，未必尽心于教化。而晚清之户部，"号称司农，而其职在理全国之财政"[⑤]。农务专部与专官的设置，成为农学形成中无法回避的重要制度性问题。

一、吁请立农部

报界关于设立农部的传闻早在1895年就不绝于耳。报载："泰西首重通商，设立商务大臣，专司厥事。农则务穑事，讲植物，设立农部，训之以时。"[⑥]其后又谓："今诚仿照泰西设立农部，用中西精通农学之人，分往各省，精心查勘某地宜某种、某处宜某器。硗者宜用某物以肥之，埂者宜藉某法以松之，一一开载，缴送农部。由部颁行各督抚转饬府厅州县各

① 朱有瓛主编：《中国近代学制史料》第二辑上册，上海：华东师范大学出版社，1987年，第848页。
② 唐良炎：《中国近代教育史资料汇编·实业教育　师范教育》，上海：上海教育出版社，1994年，第32页。
③ 朱有瓛主编：《中国近代学制史料》第二辑下册，上海：华东师范大学出版社，1989年，第22页。
④ 《学部政务处奏请裁学政设提学使司折》，《大清教育新法令》，上海：商务印书馆，1902年，第12页。
⑤ 唐文治：《茹经堂奏疏》奏疏卷二，沈云龙主编：《近代中国史料丛刊》第六辑，台北：文海出版社，1967年，第35页。
⑥ 《论法当因时变通》，《申报》1895年1月14日，第1版。

官，就部中所言者，认真兴办，果其实心实力卓著成效者，优予升阶。”[①]

围绕专设农部问题的探讨，戊戌变法前士人亦纷纷建言。1897 年 4 月，麦梦华在《论中国变法必自官制始》一文中，提出增设农部的建议。文中叙述了西国农部的职能和种种好处，称：“西国民有农会，国有农院，择种察土，灌培播刈，皆用新法，国家督之，农官考之，蚕务公会，究其饲养，验其瘟病，以至种植畜牧，皆掌之农部，以善其事。故欧洲农田所值，岁计一万一千九百三十兆两，英人棉花之税，岁入一千二百万金镑；俄人西伯利亚种树之利，岁数百万，而美人养蜂之入，且敌旧金山之金矿。有农部以督核之，故利尽而事举也。”同时强调中国设立农部的必要性，认为“中国沃壤，以欧洲新法所产推之，每县年可增银七十五万。诚能特立专部，训民务农，讲求新法，不及十年富甲诸国矣，岂患贫哉!”[②]戊戌变法时期，清廷据康有为请立农工商局于京师，由直隶霸昌道端方管理农务。但因戊戌政变的发生，此事骤起波澜，该局甫设即罢，并无太大实际作为。而各省遵旨设立的农务局，虽经开办，究未切实举行。

至于如何设立农部，时“究心农学”的罗振玉以“不设专官以维持劝厉之”[③]，来解释晚清农事有进无退的原因。他说：“古昔农事，掌之司农，今日欧美各国，亦特设专官以重其职守。而中国之户部，虽曰承司农之旧，然不修其职久矣。今宜改户部为农部，设长官一人，次官一人，属若干人，以掌天下之农政。至各省农政，则统于各督抚，而分任于各地方官。农部主颁法令，掌册籍；督抚主劝耕垦，课官吏，励学术；地方官主任管内兴农之百职事，如是则责有攸归，而政可举矣。”[④]同时建议：“仿宋代以提点刑狱官兼劝农使之制，而令各道之道员兼摄劝农事务管内之农事辖焉。”[⑤]

虽然外界众说纷纭，但朝廷当局并未将设立农部纳入实际决策层面。1901 年，朝中重臣张之洞与刘坤一联衔上奏，在“遵旨筹议变法谨拟采用西法十一条折”中，奏请“修农政”。折中称：“查汉唐以来，皆有司农专官。并请在京专设一农政大臣，掌考求督课农务之事宜。立衙门，颁印信，作额缺，不宜令他官兼之，以昭示国家敦本重农之意。责成既专，方有成效。即如我朝官制，于礼部外另设乐部，其意可师。京师农务大学校，即

---

① 《西法农政宜先仿行说》，《申报》1897 年 9 月 8 日，第 1 版。

② 麦孟华：《论中国变法必自官制始》，《时务报》1897 年第 24 册。

③ 罗振玉：《农事私议》，1901 年，第 1 页。

④ 罗振玉：《农政条陈》，《农学报》1901 年第 153 期。

⑤ 罗振玉：《农事私议》，1901 年，第 2 页。

附设农政衙门之内。其衙门宜建于空旷处所，令其旁有隙地，以资考验农务实事之用。”[①]张之洞与刘坤一联名建议立专职农官或农政大臣，以为重视振兴农政之证。

在社会舆论和朝臣的呼吁下，清廷终于有所行动。光绪二十九年（1903年）七月，清廷颁发上谕：“现在振兴商务，应行设立商部衙门。商部尚书著载振补授。伍廷芳，著补授商部左侍郎。陈璧，著补授商部右侍郎。所有应办一切事宜，著该部尚书等妥议具奏。”[②]下设四司，其中一曰平均司，专司开垦、农务、蚕桑、山利、水利、树艺、畜牧一切生植之事。[③]但是，仅设平均司，且隶属于商部，仍没有专司农务的农部这一专门机关，在管理制度上显然不利于农务的开展。

商部自诩农务为该部专职，但至 1905 年，几度沉浮后设农部的呼声再起。有御史递一折，“请创设农部于京师，设局于各行省，设厂考查各项种植，以蚕桑与制造糖酒为大宗，并附设一农学堂，招集学生，三年卒业。再选生派赴东洋留学，以广学识，限一年回籍。各凭箚记以验学业之高下。由该部考试取中者，分遣各省州县，作为农官，其品级与各州县官同。优给糈俸，劝导乡愚，以振兴农务云”[④]。经政务处议覆后，庆邸等认为，户部即古之司农，有查户口、审士宜之责，此后广兴农政，应由户部管理。设立农部，请毋庸议。[⑤]

即便条陈设立农部经部议驳，坊间传闻“近日又有人拟条陈两宫，谓中国于农学一事，素乏讲求，请设立农部，统辖各省农务。并饬翰林院速编农学各书，颁发各省以为改良农务之基础，闻该折业经脱稿，不日即可具奏”[⑥]。虽然商部兼掌农工，但在外界看来，“既设立商部整顿商务，则农部亦亟宜议设，以资振兴”[⑦]，请立农部，并称如今“立了商部，振兴工商；设立学部，振兴教育。独那农务有关民命的事情，还没有加振作。……若说是户部就是农部，户部尚书就是大司农，请问这户部管理度支出入，合（和）那栽种耕田的事情，有什么关系呢？”[⑧]至 1906 年，关于农部设

① 赵德馨主编：《张之洞全集》第 4 册，武汉：武汉出版社，2008 年，第 29 页。
② （清）朱寿朋编、张静庐等校点：《光绪朝东华录》第 5 册，北京：中华书局，1958 年，第 5063 页。
③ 《商部奏拟章程十二条》，《大公报（天津）》1903 年 10 月 10 日。
④ 《奏请设立农部》，《申报》1905 年 10 月 30 日，第 3 版。
⑤ 《条陈农部议驳》，《申报》1905 年 11 月 5 日，第 4 版。
⑥ 《条陈仍拟设立农部》，《申报》1905 年 12 月 26 日，第 3 版。
⑦ 《请设农部》，《四川官报》1905 年第 1 期。
⑧ 《中国急宜立农部以重民食》，《敝帚千金》1905 年第 8 期。

立消息仍传闻不绝，有道“商部拟设农务局”[①]，也有询问“政府前有拟改户部为农部之说，现又闻有将工部改为农部之议，未知确否？”[②]

二、“农学之进步，诚以学堂为权舆”

三个月后，商部尚书载振奏请各省实力振兴农务，以濬利源。该折开篇即强调农务的重要性，但此时的重农已与传统农本之义有别。折中称：“商务初基，必以提倡土货为第一要义。并分析道：“农政不修，膏腴坐废，国家屡下劝农之诏，而各省官吏奉行迄无成效者，岂督率之无方，抑亦由办理之未得其道也。”同时提出：“办理之法宜求实事，入手之初厥有二端：一曰清地亩：令各该省将军、督抚通饬所属编造地亩册，躬行履勘，确实丈量，将熟地列为一册，官荒民荒地各列一册，并绘图贴说，汇报臣部备核……一曰辨土性，禹贡物土各有所宜，迄于近世，讲求化学利用，厚生于焉。”就此“令各督抚通饬各州县编造土性表，将某地宜于某种，某种宜于某用，某地已经种植，某地尚待试验，各列一表，并附说略，汇报臣部备核。一面实力劝导，广兴艺植，无使地有遗力。他若种树之利，各国重以专门之学，应令各省督抚出示，晓谕民间，就土性所宜，设法栽种。十年之后，气象蕃昌，可以预决”。[③]

至于兴水利、广畜牧，商部则认为此皆“地方官应办之事宜。令各省编作课程，随时咨报。如果办有成效，再当酌量奏明给奖”。除督劝各督抚于上述二事切实办理外，商部更明言：“农学之进步，诚以学堂为权舆。”因“东西洋各国于农务学堂，必延订专门教习。举凡土质之化分，种植之剖验，肥料之制造，气候之占测者，皆设立试验场逐一考求。”[④]换言之，振兴农务之法，除了沿袭传统农政之清地亩、辨土宜，以及兴水利、广畜牧外，更重要的是提议效法西方农务设立农务学堂与试验场。同日奉此折上谕：“所陈不为无见，著各省大吏通饬各府厅州县认真确查，极力讲求，一律切实兴办，以广种植而裕利源。”[⑤]

时人在得知此谕令后，大表赞同，并思量道：“农者，天下之本也。……非徒教民稼穑树艺五谷已也。凡苑囿刍牧，莫非农事。故古圣王皆设专官以理之。沿流迄今，古意寖失，农既不设专官，而农之事遂以荒，农之职

---

① 《商部拟设农务局》,《北直农话报》1906 年第 9 期。

② 《拟裁撤工部为农部》,《大公报（天津）》1906 年 1 月 30 日。

③ 《商部奏请通饬各省振兴农务折》,《政艺通报》1903 年第 24 期。

④ 《商部奏请通饬各省振兴农务折》,《政艺通报》1903 年第 24 期。

⑤ 《上谕恭录》,《大公报（天津）》1903 年 11 月 21 日。

亦遂日以失。”同时强调，欲解决目前“种植衰息，田野荒芜，大利不兴”的困境，必先兴农利。欲兴农利，必读古农书，而“古农书者，必自《齐民要术》始”。在主张从古农书求解务农之法的同时，时人还提到：“近世西国农书所言种种耕树之法，中国有试之者而不得其种，得其种而或有效有不效，非彼说之诬也。天度不同，则其耕作异。土质不同，则其培壅异。贸然兴农事，不究气候学，而施之以测验。不求土壤学，而施之以化分，徒曰耕作。”[①]亦有大臣对商部奏折表达了自己的忧虑，称：“窃见商部奏陈振兴农务一折，实事求是，归本于农，具见该部擘画之苦心。富强之本计，其中辨土性、劝种植尤足尽地力而便民生。”然而，“清丈地亩一事，最易扰民，有不能不熟思而审计者”。即以江苏一省而论，“自经刚毅办理，清赋民田，无复隐匿。是江苏一省，似可无庸重议丈量矣。即以他省言之，安徽、广东亦曾相继举办，均以有扰民之弊，无增赋之利，旋即中止。两省如此，余省情形大抵相同。今若概议丈量，州县之操切，胥吏之需索，乡董、漕总等之上下其手，其弊必种种”[②]。

就商部的奏折所言，“农学之进步，诚以学堂为权舆”一端，体现为实业学堂的兴办。1903年，管学大臣张百熙等会奏请重订学堂章程一折内，开国计民生，莫要于农工商实业，兴办实业学堂，有百利而无一弊，最宜注重。另拟高等中学堂农工商实业各学堂章程，以及通则先后奏明。商部认为：“农工商务皆系臣部专职，而尤以制造实业为切要之图。今欲振励才能，精求实学，应先从设立学堂下手。学堂之设，以考求实用能夺西人所长为主。”并奏请“拟办实业学堂大概情形折”。该折称：“实学之门类凡十：曰算学，曰化学，曰机器学，曰汽机学，曰电学，曰气学，曰水学，曰光学，曰地学，曰矿学。其最有关制造，能辟利源为化、电、机器、矿四门，余皆相助为用，不可缺一。”并道：“现正延访品学兼优之士，充当学堂教习，并选派谙习西学章京，令先赴日本购置各项仪器，就地实加考验，运回应用。一面调取书籍，俟粗具规模，即行招考学生入堂肄业。”对实业学堂开办经费来源，则建议“所有学堂，开办一切经费，拟由上年矿路总局移交候补京堂张振勋报效（销）。学堂经费，款内动支至常年开支款项，必须银数万两之谱，一时未易筹集，当经臣等咨商学务大臣，酌量拨助。旋准复称拟俟开学后，每年拨助银二万两，归入奏销支款。惟大学分科必须开办，届时此项拨款，尚须另筹办法等因。此项常年经费，目前既经学务

① 《读〈齐民要术〉书后》，《申报》1903年11月25日，第1版。

② 《恽学士毓鼎奏丈地亩未可遽行折》，《申报》1903年12月19日，第2版。

大臣拨银二万两，其不敷之款，臣等仍当设法筹给，以期上副国家培植人才之至意，除俟拟定章程规则后，再行奏明请旨办理”[①]。

商部奏办实业学堂，已奉旨允准在案。此项学堂为培植人才、研究各种实业起见，应比照高等学堂程度，分别测绘理化、电气、机器、制造、矿业各科学，相间讲授，务求实用，以为富国富民之本。”至于实业学堂的毕业生，则拟“毕业后遵照学务大臣奏定章程考试奖励，分为五级。其考列最优等、优等、中等者均作为举人，以知州、知县州同，分别尽先选用，并充中等实业学堂教员，管理员，奖格至为优渥”[②]。时论对此事大为赞赏：“商部奏办实业学堂，锐然以振兴实业，为富强基础。吾谓果能实力奉行，则谓吾国由言论时代，而进于实行时代，即以此学堂为开幕之一大纪念。”[③]

商部虽提出“农学之进步，诚以学堂为权舆”的建议，但于如何兴办农学学堂的构想，并没有太多可供借鉴的经验。它虽“查北洋大臣袁世凯现在天津设立半日学堂，教养贫民子弟，以半日为程课，半日听其谋生”，赞其“用意最为美善”，并呼吁“各省讲求农务，尤宜仿行其法”[④]，但直隶农务学堂亦无先例可循，仍处于草创阶段。此外，商部虽积极置身于实业学堂的设置，力主开农工商实业学堂，但在具体实施实学设想中，并没有单独的“农学”课程设置，且延聘外师、购买仪器的举动缺乏，并没有专门针对农务学堂。其招考实业学堂以致开化名声在外的热情，远胜于振兴农务的初衷。加之并没有固定的经费来源和专门的管理机关，办理不易。故就此，时人谓：“农学本有学堂，经费惟艰，不易建设，而又非设一专局，鲜有责成，该司职在理财，应即派为农务局督办。遴选讲求农学之员，督饬详议章程，呈候核饬，遵办札司，遵照办理。并奉督宪札开，天下无论何土，必有相宜之树，无论何树，必有可收之利。责令各属，就地体察，分别试种。广劝绅民，一律兴办。”[⑤]总的来说，商部虽然意识到学堂的重要性，但主要着眼于实业中的工商学堂，没有专设农学学堂；加上没有专门管理农务的机关督促和必要的经费支持，对农学推动的成效不大。

三、农工商部与学部的冲突

鉴于中央官职“权限之不分”、“职任之不明”与“名实之不副（符）”

---

① 《商部奏请拟办实业学堂大概情形折》，《东方杂志》1904年第3期。

② 《商部实业学堂招考告示》，《商务报（北京）》1904年第11期。

③ 《商部奏设实业学堂》，《东方杂志》1904年第5期。

④ 《商务部奏请振兴农务折》，《申报》1903年12月5日，第1版。

⑤ 《示重农桑》，《申报》1904年5月13日，第3版。

的积弊[①]，奕劻等在《上奏厘定中央各衙门官制缮单》中提出厘定官制的建议。主张“首分权以定限，次分职以专任”。具体分职之法，“凡旧有之衙门与行政无关系者，自可毋庸议改。今共分十一部，更定次序，以期切于事情，首外务部，次吏部，次民政部，次度支部，次礼部，次学部，次陆军部，次法部，次农工商部，次邮传部，次理藩部”。“次正名以符实”，户部正名为度支部，“商部本兼掌农工，拟正名为农工商部”[②]。光绪三十二年（1906 年）九月二十日，清廷颁布官制改革方案，工部并入商部，易名“农工商部”。农工商部成立后，将原平均司调整为农务司，专司农政，将旧隶户部的“农桑、屯垦、畜牧、树艺等项”，工部的“各省水利、河工、海塘、堤防、疏浚”等涉农事宜，悉划归农务司管理。[③]各省的商务局相应变为农工商务局[④]，各地设劝业道[⑤]。

在商部改组为农工商部前，1905 年 12 月 6 日，清廷颁发上谕，明确振兴学务“必须有总汇之区，以资董率而专责成。著即设立学部，荣庆著调补学部尚书，学部左侍郎著熙瑛补授，翰林院编修严修，著以三品京堂候补，署理学部右侍郎”[⑥]。学部成立后，议定“所有学务处事宜，一律归并学部”[⑦]。但后来，“政务处王大臣会议学务处并入学部一事，谓以学部创设伊始，头绪纷繁，若经归并，贻误滋多。须俟学部办有端倪，再将学务处归并，以一事权，此时暂从缓议”[⑧]。

学部之设亦属新例。新成立的学部设一实业司，“掌农业学堂、工业学堂、商业学堂、实业教员讲习所、实业补习、普通学堂、艺徒学堂及各种实

---

① 故宫博物院明清档案部：《清末筹备立宪档案史料》上册，北京：中华书局，1979 年，第 463—464 页。

② 故宫博物院明清档案部：《清末筹备立宪档案史料》上册，北京：中华书局，1979 年，第 464—465 页。

③ 故宫博物院明清档案馆：《清末筹备立宪档案史料》上册，北京：中华书局，1979 年，第 481 页。

④ “商务局同农务局的关系，各省情况不一。有些省份是继承关系，即农务局被商务局归并。另有省份是并列关系，即商务局设立后，又增设农务局专门发展农业。”于农业学堂，如至 1905 年，有“皖绅周味西观察，开办安徽农商局，并于局内附设农工学堂”的记载（《振兴实业》，《教育杂志》1905 年第 12 期）。关于晚清商务局的情况，可参见曲霞：《晚清商务局与近代商政》，中山大学 2014 年博士学位论文。

⑤ 关于劝业道的研究，可参见王鸿志：《兴利与牧民：清季劝业道的建制与运作》，中山大学 2009 年博士学位论文。

⑥ （清）朱寿朋编、张静庐等校点：《光绪朝东华录》第 5 册，北京：中华书局，1958 年，第 5445 页。

⑦ 《学务归并学部》，《大公报（天津）》1905 年 12 月 16 日。

⑧ 《学务处暂不归并学部》，《大公报（天津）》1906 年 1 月 19 日。

业学堂之设立，维持教课规程，设备规则及关于管理员、教员、学生等一切学务”。[①]光绪三十二年（1906 年）三月学部奏请宣示之“忠君、尊孔、尚公、尚武、尚实”五端教育宗旨，其中的“尚实”一端主张：“方今环球各国，实利竞争，尤以求实业为要政。必人人有可农、可工、可商之才，斯下益民生，上裨国计，此尤富强之要图，而教育中最有实益者也。”[②]与（农工）商部奏设实业学堂相同的是，学部于光绪三十二年五月二十一日也通行各省举办实业学堂，称：“照得教育大旨，厥有三端：曰高等教育，所以培养人材（才）；曰普通教育，所以陶铸国民；曰实业教育，所以振兴农工商诸实政。教养相资，富强可致。中国地利未尽，工艺未精，商业未盛。推求其故，由于无学。本年三月，钦奉上谕，明示教育宗旨以务讲求农工商各科实业，诏告海内。本部以兴学为专责，自应及时筹划，以期逐渐振兴。”[③]

即便学部成立，下发札文，通行各省举办实业学堂后，高等实业学堂相关事宜，农工商部仍自行办理。[④]不仅如此，农工商部还“奏请在京设立农务局一处。所有各省的农桑事宜，及各处的垦务，统归该局管辖。将来要办有成效，就慢慢地推广起来。更想在该局设一蚕桑学堂，以资研究”[⑤]。因“云南各属于农务不甚讲求”，还“咨照滇督，严饬所属认真考察农业情形，报部查核”[⑥]。此外，农工商部堂官，近会议整顿农务事宜：“（一）速饬各省设立农务总、分各会及分所。（二）通饬筹办农业学堂及农事试验场。（三）订定各州县设立农业半日学堂通行章程。（四）调查各处土脉、种植情形报部备考。闻已次第入奏，通行各省一律照办。”[⑦]1905年学部成立后，将农工商各种实业学堂列入实业司统一管理。但在履行农业学堂职能的过程中，学部常与（农工）商部交叉。例如，1906 年商部请旨自筹备实业学堂经费。[⑧]同年，学部又通行各省举办实业学堂。[⑨]而农工

① 学部总务司编：《学部奏咨辑要》，沈云龙主编：《近代中国史料丛刊》三编第十辑，台北：文海出版社，1986 年，第 44 页。

② 学部总务司编：《学部奏咨辑要》，沈云龙主编：《近代中国史料丛刊》三编第十辑，台北：文海出版社，1986 年，第 16 页。

③ 学部总务司编：《学部奏咨辑要 · 学部通行各省举办实业学堂文》，沈云龙主编：《近代中国史料丛刊》三编第十辑，台北：文海出版社，1986 年，第 79 页。

④ “臣等查高等实业学堂，自商部设立以来，洎改名农工商部，皆由该衙门自行办理。不由臣部直辖。”学部总务司编：《学部奏咨辑要 · 议覆陈胪条陈整顿学务折》，沈云龙主编：《近代中国史料丛刊》三编第十辑，台北：文海出版社，1986 年，第 320 页。

⑤ 宰初：《商部拟设农务局》，《北直农话报》1906 年第 9 期。

⑥ 树屏：《近来大事记：饬查农务》，《北直农话报》1906 年第 18 期。

⑦ 《农工商部整顿农务之计划（中央之部）》，《江西农报》1907 年第 9 期。

⑧ 《公牍：商部请自筹实业学堂经费折》，《商务官报》1906 年第 7 期。

⑨ 《文牍：通行各省举办实业学堂文》，《学部官报》1906 年第 2 期。

商部员外条陈振兴农业教育。[①]1907 年，农工商部饬各省督抚于所属地设立农业学堂。[②]后农工商部遵旨设立统计处，就农政、工政、商政编订总表，以年代为经，以事实为纬，并于每类之首胪列奏案章程，以详原委。

值得一提的是，农工商部还曾商讨种植事宜。“农工商部溥尚书，因各省地方栽种树木营业者甚属寥寥，查各省或多山地，或滨大河。其山地河堤，皆宜种植树木。惟各省地脉土质不同。……在部内会议，各省土质应植之树木，并饬部员各抒所见，以备采取。”[③]此举得到时人的响应。时人认为：“种植一端，诚为今日之急务。然试办之始，首在辨土性、精格致。砾砂粘（黏）土，尤须考究。有妨化学诸变化之土壤，为土物之所不宜者，尤须于土质中，罅隙渗透两性，加意讲求，以明其利害。则用力须多，而收效可久。”时人还提出：“今日之亟务，在于种植。种植之急务，在于精格致。”[④]与此同时，农工商部鉴于各省造报农业情形日事迟延，或填报缺略殊，非划一之策。因此拟定新式表，略颁发各省逐一填报。“闻此项新表内容初分二十一项，其略如左。一种类，二种量，三选种，四占地面积，五耕锄，六播种期，七基肥，八播种法，九补肥，十肥料价值，十一耘耕，十二成熟，十三收获，十四发生期，十五用地期间，十六农工人数，十七农具代价，十八劳力代价，十九支出共计，二十收入共计，二十一收支比较。”[⑤]因农业专门人才缺乏，急需设法造就，农工商部溥尚书仿行邮传部现办之邮路电传习所办法，由部筹设农科传习所，预行培养各项专门人才，以备将来任用。[⑥]

农工商部和学部有互相合作的时候。早在 1898 年 7 月，总理衙门上呈《筹议京师大学堂章程》规定：京师既设大学堂，则各省学堂皆当归大学堂统辖。[⑦]然而，大学堂并未及设立。农科大学开办章程和毕业奖励的具体内容，是由学部和农工商部二部会议决定的。[⑧]两个部门都有对农业学堂的统计。为了发展实业教育，学部会同农工商部、外务部议定：省垣须设高等实业学堂，府城须设中等实业学堂，州县须设初等实业学堂各一

① 《专件：农工商部员外恩庆条陈请振兴农业教育事》，《商务官报》1906 年第 26 期。

② 《农工商部整顿农务之计划》，《江西农报》1907 年第 9 期。

③ 《农工新政：农部会议种植事宜》，《农工杂志》1909 年第 5 期。

④ 《论说：论农部会种植事》，《广东劝业报》1909 年第 71 期。

⑤ 《实业新闻：农部调查各省农业》，《大同报》1910 年第 6 期。

⑥ 《农部亦将培植人材》，《广益丛报》1910 年 5 月 9 日，第 231 号。

⑦ 《总理衙门筹议京师大学堂章程》，汤志钧、陈祖恩：《中国近代教育史资料汇编·戊戌时期教育》，上海：上海教育出版社，1993 年，第 125—126 页。

⑧ 《设立农科大学》，《广益丛报》1906 年第 99 期。

处，统限年内一律成立，派员查明，办有成效，准优给奖励外，其出洋留学生，须具中等普通毕业，能直接听讲者，酌送出洋。此后，官费学堂，概学习农工格致各科，自费出洋之学生，非学农、工、格致三科者，不得改以官费。迭奉谕旨，提倡实业。[①]

晚清农学的形成，得益于（农工）商部和学部对普通教育之分科大学及实业教育之农业教育的重视。但二者均为新部门，权责未明，导致双方互争权限而起冲突。[②]1907 年，学部拟将各省农工商学堂由该部管理，农工商部大为反对，当经咨行学部，云："嗣后各省所设农工商学堂及已设立者，悉数归农工商部管理。学部惟考试毕业后会同出奏，平时不得干涉。"学部接此咨文，大为不平，称："此种学堂如系农工商部自办者，贵部自有管辖之权，如京师、上海等处高等商业学堂是也。各省农工商学堂理应归学部。"并反驳道："如来文之意，以后农科大学亦归贵部管理乎？"[③]双方的争权和矛盾，一目了然。《盛京时报》则干脆以"学部与农工商部互争权限致起冲突"的文字描述冲突的性质。[④]最后在某军机的调停下暂时平息，达成的一致为"管理则归农工商部，核给奖励仍须归自学部"[⑤]。这就有了后来的学部考验毕业游学生事件。

农工商部与学部互争权限，表面上是由职能划分引起的，实则因各部权力资源的重新分配所致。至 1911 年，实业教育管理权的争执仍旧持续，学部与农工商部因部分权限划分不清而引起的矛盾并未解决，部门利益带来喧嚣嘈杂的争执，统一管理的设想最后成为一纸空文。《大公报》将两部的分歧公之于众："农工商部前曾因水产学校及蚕桑讲习所两项管理权与学部大起争论，现伦贝子（农部尚书）以实业教育至关重要，必须认真办理方克冀收成效，因拟与宪政编查馆协商，将来颁布行政纲目时，仍将实业教育划归农部办理，俾得直接整顿。"[⑥]相较于先前的户部"虽有农桑、屯垦、畜牧、树艺各项，然皆率由旧制，沿用虚名，农垦之如何经营，树牧之如何兴办，不顾问也"[⑦]的情况，新设的农工商部和学部都开始注意到农之有学的现象，但彼此之间的争执显然不利于农学教育的发展。

---

① 《学部注意实业教育》，《教育杂志》1909 年第 3 期。

② 关晓红在论述学部"与各方权限关系"时提到学部与（农工）商部的冲突。关晓红：《晚清学部研究》，广州：广东教育出版社，2000 年，第 246—248 页。

③ 《学部与农工商部之冲突》，《申报》1907 年 12 月 21 日，第 5 版。

④ 《学部与农工商部之冲突》，《盛京时报》1907 年 12 月 19 日。

⑤ 《农部、学部冲突事件已平》，《申报》1907 年 12 月 30 日，第 4 版。

⑥ 《农部拟争教育权》，《大公报（天津）》1911 年 5 月 11 日。

⑦ 《十年以来中国政治通览 · 内务篇》，《东方杂志》1913 年第 7 号，第 87 页。

第六章　农学人才的培养与局限

经由泰西传教士的描述，西法农务情形为晚清所知。早期士林对"农之有学"知其事，也明其理，但了解仍属于比较笼统、泛化。直到上海《农学报》及江南制造局翻译馆集中译介西方农学书籍后，"农之有学"的指涉才渐渐清晰。晚清农务学堂的兴起与探索，是近代中国自甲午时期渐兴的农政，遭遇千古未有之变局后，效仿"西洋各国之事事设学，处处设学"[①]的产物，亦为现今各类农业学校的嚆矢。除选派学生出洋入农业学堂学习外，晚清社会农学的设想，在朝臣"欲修农政，必先兴农学"[②]的定义中，从论说走向了实践。早期主要经由直省督抚督办，其中尤以湖广总督张之洞和直隶总督袁世凯为代表。作为与科举取士无关的新事物，农务学堂的创办虽有西方农校的借鉴，实际贯彻起来却遇到了不少棘手的问题。进一步言之，与制艺之学迥然的农学，究竟在多大程度上影响士人的观念，改变近代社会风气状况，仍有必要以实证为基础，以期更加深入、具体的考察。随着清廷对农学建制的推动，湖北、直隶等地方的督抚大员对农务成学的积极推进，积累了经验，也汲取了教训，为农务作为专门之学进入国家学制准备了条件。

第一节　湖北农务学堂

1876年，四川学政张之洞因诸生不知"应读何书"及"书以何本为善"，列出相关书目，成《书目答问》，"劝勉士绅以文治润色中兴，积极应对晚清大变局"[③]。该书子部农家类中，劝读传统中国农书14种。[④]1898年，张之洞却大声疾呼：劝农之要，曰讲化学，并特别强调，

① 赵德馨主编：《张之洞全集》第3册，武汉：武汉出版社，2008年，第320页。

② 赵德馨主编：《张之洞全集》第4册，武汉：武汉出版社，2008年，第29页。

③ 安东强：《张之洞〈书目答问〉本意解析》，《史学月刊》2010年第12期。

④ 张之洞：《书目答问》，上海：商务印书馆，1935年，第16—17页。14种农书分别为贾思勰的《齐民要术》、陆龟蒙的《耒耜经》、陈旉的《农书》、《王桢农书》、徐贞明的《潞水客谈》、郑珍的《樗茧谱》、褚华的《木绵谱》、元朝官修《农桑辑要》、徐光启的《农政全书》、乾隆朝《钦定授时通考》、郑之侨的《农桑易知录》、倪国连的《康济录》、俞森的《荒政丛书》和汪志伊的《荒政辑要》。

“欲尽地利，必自讲化学始”[①]。短短二十余年，张之洞的农业思想为何会发生如此变化，特别是如何具体落实到创办湖北农务学堂之中，值得一探究竟。[②]

一、前期准备

张之洞早在甲午战争前就注意到了西方农桑的情况。光绪二十五年（1889年）十月十八日，张之洞在奏请“办理水陆师学堂情形折”的同时，上“增设洋务五学片”[③]，提出援引西学“经营农桑”的建议。折片中称：“圣人教民树艺，后世抑为农家。西人窃其绪余而推阐之，遂立植物一学。析其物类性质，辨其水土宜忌，勒为成书。天时之穷，济以人力。人力之穷，辅以机器。于是国无弃地，地无遗力。”[④]张之洞的农业建议并非以专门的奏折，而是以折片的形式附带提及。其出发点是为解决“今生齿日多，灾沴时有”的困境，主张振兴“生民之本业——农桑”。在具体操作层面，其所奏缺乏详细规划，难以仰动宸听。

甲午战争后，清廷为应变局与救亡图存，对人才更为重视。张之洞始视农学人才为要。光绪二十一年（1895年）十二月十八日，他鉴于“晚近来，惟士有学，若农、若工、若商，无专门之学，遂无专门之材”的实情，“拟就江宁省城创设储才学堂一区，分立交涉、农政、工艺、商务四大纲”。意即将农务附入储才学堂内，未单独设农务学堂。其中“农政之学分子目四：曰种植、曰水利、曰畜牧、曰农器”。张之洞还建议“农政之教习，宜

---

① （清）张之洞：《劝学篇》，上海：上海书店出版社，2002年，第57页。

② 学界既往对“张之洞与湖北农务学堂”有所关注，苏云峰的研究最具代表性。在其专著《张之洞与湖北教育改革》中专辟一节介绍张之洞“从引进美国棉种到农务学堂”的情形，提出“湖北农务学堂的目的，主要在引进西方农业科学技术。其成败的主要关键在经费、师资与学堂主持人”。同时认为：“如果美日农学教习的专业才能得到学堂主持人的重视与运用，那么就会成功。”（苏云峰：《张之洞与湖北教育改革》，台北：“中央研究院”近代史研究所，1983年）1999年，湖北省炎黄文化研究会和河北省社科院以“张之洞与中国近代化”为主题，主办张之洞学术讨论会。会上讨论了“张之洞与近代湖北农业改良”、“中国近代教育的先驱”和“张之洞教学思想述论”问题（苑书义、秦进才主编：《张之洞与中国近代化》，北京：中华书局，1999年）。十年后的2009年，是张之洞逝世100周年时，武汉大学、中南财经政法大学、江汉大学相关研究机构联合主办“张之洞与中国近代化国际学术研讨会”，亦讨论了“张之洞与晚清江汉农业”的问题（冯天瑜、陈锋主编：《张之洞与中国近代化》，北京：中国社会科学出版社，2010年）。学者谢放、李细珠、冯天瑜等亦对此有所提及。但因资料所限，一些重要史实仍模糊不清，且某些说法有不确之处。

③ 即矿学、化学、电学、植物学、公法学五种。

④ 赵德馨主编：《张之洞全集》第2册，武汉：武汉出版社，2008年，第295页。

求诸法、德两国”[①]。同时他致函驻俄钦差许景澄，求访农教习。但不久后，张之洞即调离两江总督。光绪帝就设包括农政人才在内的储才学堂一事发出谕令：“著张之洞移交刘坤一为经理。”[②]

和张之洞一样主张于学堂内讲农务的不乏其人。1896年，山西巡抚胡聘之、学政钱骏祥奏请变通书院章程，希望在书院增加天算、格致课程，主张在坚持讲求经义的主旨下，“参考时务、兼习算学，凡夫天文地舆、农务兵事，与夫一切有用之学”[③]，都在学习之列，以适应变化了的社会。同年，创办于上海的务农会鉴于“西国农部专员，无不由农学学堂出身”，也打算“禀请设立农务学堂”[④]，惜未及实行。

在张之洞看来，农事属西学之一。他提出，西学分为九门，即“史册、地志、富国、交涉、格致、农事、商务、武备、工作各学”[⑤]。出于习农事之学的初衷，加之出于“中华向推为重农之国，而农功夙号艰难，农利寖形衰薄，非果地爱其宝，实由农官罢设，农学不修故”[⑥]的考量，张之洞调任湖广总督后，面对新事物——“农务学堂”的筹划难题时，曾多次致函驻外使臣询问。光绪二十二年（1896年）六月十日，德国柏林农会召开期间，张之洞致函柏林许钦差，称农会期间，“必有例赠游人图说，请属员赴会，广索全分，并另购农学切用书数种即寄，俾资译布”[⑦]。十月初四，他又致函驻俄钦差，询问农会书籍情况。光绪二十三年（1897年）四月十九日，张之洞在给巴黎庆钦差的信函中描述了自己农务立学的构想：“弟拟在鄂省设农务学堂，为富国根本。分为两门，一教蚕桑，一教种植兼畜牧。蚕桑本法所长，闻巴黎每春开农会，则种植学亦必精。恳阁下代募教习二人来鄂，岁薪请酌示，能通英语者尤便。”[⑧]几天后，张之洞再次致函询问：“农师已觅有几人，是否兼晓蚕桑，能辨蚕病者。此学堂必须急设，俟觅得洋师方能开办，如法国无相宜者，当向美国求之。”[⑨]这反映出其开办农务学堂的迫切心情。

在晚清驻外使臣的帮助下，农学教习与农书初步落实。1897年10月，

---

① 赵德馨主编：《张之洞全集》第3册，武汉：武汉出版社，2008年，第320页。
② 赵德馨主编：《张之洞全集》第3册，武汉：武汉出版社，2008年，第321页。
③ 《请变通书院章程折》，《时务报》1897年第10册，第631页。
④ 《务农会公启》，《时务报》1897年第13册。
⑤ 赵德馨主编：《张之洞全集》第3册，武汉：武汉出版社，2008年，第358页。
⑥ 赵德馨主编：《张之洞全集》第6册，武汉：武汉出版社，2008年，第90页。
⑦ 赵德馨主编：《张之洞全集》第9册，武汉：武汉出版社，2008年，第136页。
⑧ 赵德馨主编：《张之洞全集》第9册，武汉：武汉出版社，2008年，第226页。
⑨ 赵德馨主编：《张之洞全集》第9册，武汉：武汉出版社，2008年，第228页。

张之洞聘得美国人白雷耳[①]为农学教习。[②]白雷耳来华后，张之洞派湖北试用同知汪凤瀛偕其赴大冶等处查看中国农务，就此考察湖北大冶武昌左近山田种植情形[③]。张之洞的打算是："先于近省各县地方随宜涉历，察看中国农务情形，然后在省城外择地建造学堂，置田购器，以资各项种植，用备研求。"[④]与此同时，他还"发款往美国购备西式农具、果谷佳种，以备试种"[⑤]，同时，"鄂省农务学堂在美国采办农具、书籍，共一百五十四箱，计值美金一千九百八十余元，装利麦司船运沪，由新旗昌行经手转运来鄂"[⑥]。

湖北农务学堂的设立成为舆论关注的焦点。被国人奉为革新楷模的日本人，将此事视为"中国政府拟留意农务"的举动，称："中国农业素未善，政府中近颇留意于此。拟聘美国伯利儿来中国振兴农学。日前既发电音于伯利尔，伯利尔已应允中国之聘，将航海而至。"[⑦]另 1898 年 2 月 18 日《申报》载："张香帅念及农桑为富国之本，惜乡民株守成法，利源尚未大开，因创设农学堂，讲求泰西种植之术，委黄铁生太守国瑸董理其事，而某某诸员副之太守奉檄后已禀知到差矣。"[⑧]不久后，武昌访事友人来函《申报》，又云："鄂中创设农务学堂，讲求种植之法，大宪委黄铁生太守董理其事，已详前报。兹闻学堂需用地亩甚广，省城隙地无多，经委员等逐一测量……保安门外地址宽阔，购置尚易，但距督抚署稍远，未知是否合宜？已由委员详细绘图贴说，禀请督宪以便批示遵行。"[⑨]

其后农务学堂的前期准备工作基本就绪。光绪二十四年（1898 年）二月二十六日，张之洞下发札文初定农务学堂地址："查勘省城东门外卓刀泉一带地方，尚属相宜，应即在该处择地建造农务学堂，并购附近田亩，为种树艺谷暨畜牧之地。"此文同时确定了农务学堂监管人员的名单[⑩]："委湖南候补道张鸿顺督办农务、工艺学堂，奏调差委分省补用知府钱恂充两

---

① 亦称"布里尔""布里儿""伯利尔"。

② 《农师赴鄂》，《农学报》1897 年第 12 册。

③ 《农学教习白雷耳考察湖北大冶武昌左近山田种植情形报告》，《农学报》1897 年第 16 册。

④ 赵德馨主编：《张之洞全集》第 6 册，武汉：武汉出版社，2008 年，第 90 页。

⑤ 赵德馨主编：《张之洞全集》第 6 册，武汉：武汉出版社，2008 年，第 115 页。

⑥ 赵德馨主编：《张之洞全集》第 9 册，武汉：武汉出版社，2008 年，第 335 页。

⑦ 《中国拟留意农业》，《时务报》1897 年第 39 册。

⑧ 《鄂垣新政》，《申报》1898 年 2 月 18 日，第 2 版。

⑨ 《学堂琐纪》，《申报》1898 年 3 月 3 日，第 3 版。

⑩ 因资料所限，《申报》中提及较早"董其事"的黄铁生太守，其生平、具体任职时间与切实举措难知其详。

学堂提调在案……知县梁敦彦委充工艺学堂管堂委员，梁令仍兼照料农务学堂。”[①]光绪二十四年（1898 年）三月十六日，张之洞命钱守恂为农务学堂会办。[②]

二、招考学生

张之洞较早践行了“农之有学”的理念，在武昌创立农务学堂。这样的学堂并非强制政规下达的结果，而是出自张之洞个人的自觉。光绪二十四年（1898 年）三月二十六日，张之洞就设立农务学堂事宜上奏朝廷，谓：“查农政修明，以美国为最。上年即经电致外洋，选募美国农学教习二人来鄂。派员伴同前往近省各州县考察农情，辨别土宜，并购致美国新式农具暨谷、果佳种为试种之用。兹于湖北省城设立农务学堂，即酌借会馆公所应用，择取官山、官地，并酌租民间田地，为种植五谷、林木暨畜牧之所。招集绅商、士人有志讲求农学者，入堂学习，研求种植、畜牧之学。”[③]张之洞主动上奏办学，得清廷当局获准，其意义不可小觑。虽然此时士林阶层中上海务农会和《农学报》渐兴，张之洞为其捐款 500 元[④]，但此举为士林所为，清廷对此并无行动。张之洞的奏折得清廷当局获准。设农务学堂折上达朝廷，一方面明确肯定了泰西农政，尤其是美国农政的修明；另一方面则表明近代中国传统农政的转变，不再仅仅强调垦荒、种植、水利等历代重农的政策，而是意识到“中国农民向多朴拙，其于地学、化学、制器，利用素未通晓”[⑤]，体现将“士大夫不措意”的“农”试图纳入学问之中的趋势。另外，值得注意的是，较光绪二十四年（1898 年）二月二十六日下发的札文，农务学堂招生对象从“学生、农人”转变、扩大为“绅商、士人”。

得朝廷许可后，张之洞即着手行动。光绪二十四年（1898 年）闰三月十六日，张之洞下发农务学堂学生报名听候定期开学的告示。该告示开门见山地赞扬了泰西农务的兴盛：“由于格致理化之学日益精深，知地力之无尽藏，于辨土宜、察物性、广种植、厚培壅诸事，讲求不遗余力。美国尤以农致富，且制器造物，翻陈出新，务求利用。亦皆学有专门，精心考究，用能行销广远，阜裕民生。”同时对比了中国的情况：“中国

① 赵德馨主编：《张之洞全集》第 6 册，武汉：武汉出版社，2008 年，第 118 页。
② 此折中亦提到设立工艺学堂暨劝工、劝商公所之事。
③ 赵德馨主编：《张之洞全集》第 3 册，武汉：武汉出版社，2008 年，第 476 页。
④ 上海图书馆：《汪康年师友书札》第 2 册，上海：上海古籍出版社，1986 年，第 1672 页。
⑤ 赵德馨主编：《张之洞全集》第 3 册，武汉：武汉出版社，2008 年，第 476 页。

地处温带，原湿沃衍，甲于环球，乃因农学不讲，坐使天然美利壅閼不彰，此农学不讲之故也。”并宣布：“本部堂、部院前聘美国农学教习早经到华，所购西式农具、果木佳种，即日亦可运到。现暂借保安门内公所为农务学堂，兴办农学。”用以“讲求相土辨种之方，粪养相资之理，兼及各项畜牧事宜”。设立农务学堂，“凡一切建堂租地、购种置器、教习员思薪水，概由官给”，但“学生火食、油烛、笔墨零用等项，酌令学生每人每月纳银四枚，稍赀补贴”[①]。此道公示中，农务学堂的招收对象为“绅商士庶子弟，或有志讲求农学者”，将之前提到的农人排除在外。同日，张之洞出“招考农务学生示”[②]。此次招考，结果共录取学生约二十人，分农、桑两科。[③]光绪二十四年（1898 年）八月十九日，湖北农务学堂开学。[④]张之洞“命驾亲临，司道各员，衣冠齐集，提调汪司马率同委员，学生分班祇迓，整肃如仪，惟是日适值星期，故西教习未经戾止”[⑤]。就此，《申报》欣喜地感慨道：“张香帅于省垣创立农务学堂，现拟择期开办。日前，由外洋运到植物多种，已于城内外勘定地亩，分别栽种，倘能办有成效，挽回乎权，非独鄂民之幸也。”[⑥]

湖北农务学堂开学后，张之洞继续完善招聘教习等相关事务。一方面，他继续就农务学堂事宜向驻外公使咨询，多次致函巴黎庆钦差，称：“湖北农务学堂已募到美国农师两人。现拟添蚕桑一门，闻法、意两国人最精。请代觅两人，务须学问阅历俱深，能辨蚕子病者。”但因“闻杭州延东洋人讲究蚕桑，已著成效。鄂省拟亦就近延东人，尊处请不必代觅矣”[⑦]。另一方面，他对相关人事、机构进行调整。光绪二十四年（1898年）九月二十八日，因程道仪已来鄂，张之洞即命令该道远总办商务局及农务、工艺两学堂，并将“所有省内原设之蚕桑局，应即并入农务学堂”[⑧]。接着任张鸿顺改充农务、工艺两学堂会办，遇事由程道仪主持。而原定暂借小公所试办的农务学堂地址，“屋宇湫隘，且无隙地可艺桑麻”，乃“勘得黄鹄山下四川会馆地址颇宽，且于种植相宜。因与会馆董

① 赵德馨主编：《张之洞全集》第 6 册，武汉：武汉出版社，2008 年，第 131 页。

② 文字同于 5 月 6 日告示。赵德馨主编：《张之洞全集》第 7 册，武汉：武汉出版社，2008 年，第 256 页。

③ 《农学开办》，《农学报》1898 年第 47 册。

④ 一说八月十七日（1898 年 10 月 2 日）开学（《农学开办》，《农学报》1898 年第 47 册）。

⑤ 《农务开学》，《申报》1898 年 9 月 11 日，第 2 版。

⑥ 《振兴农务》，《申报》1898 年 8 月 6 日，第 2 版。

⑦ 赵德馨主编：《张之洞全集》第 9 册，武汉：武汉出版社，2008 年，第 365—366 页。

⑧ 赵德馨主编：《张之洞全集》第 6 册，武汉：武汉出版社，2008 年，第 179 页。

事婉商，备价购归改建学堂，为诸生肄习之所。后由农务学堂西教习某君前往相度，谓房屋尚不敷所用，须筹款大加添改，刻已绘图，呈请想鸠工庀料即在指顾间矣”[①]。

1899年3月，张之洞继续招考学生。他在价购四川会馆后[②]，继续添招学生50名。由总办程雨亭观察出示招考，招考章程中言：“凡年在二十以上，文理清通者，无论曾否肄习西人，均准一律投考。”[③]此次招生报名者争先恐后，多至700余人，表明社会对新式农学的了解和兴趣大增。[④]据《农学报》记载，湖北农务学堂招考农学告示称：

> 为出示招考事，照得农务学堂，现奉湖广督宪张，饬令添加招学生五十名，讲授方言、算学、电化、种植、畜牧、茶务、蚕务各门，俾诸生识别土宜，研求物性，以尽化腐推陈之法，以扩厚生利用之源，等因。奉此。合行出示招考，为此示谕官绅士庶子弟知悉，如有志讲求农学，年在二十以下，十四以上，已习书英文三四年，及未习英文，而文理通顺，资性聪颖，身家清白，限于正月内，速赴保安门本学堂，查找上次招考章程，开其三代年貌籍贯住址，取有官绅殷商的保，报名注册，听候示期考试，选取留堂肄业。由官给予火食，概免贴费，以广造就而示体恤，倘到堂后不遵约束，故犯堂规，或私自离堂，仍将历年火食费用，向保追缴，其各凛遵毋违。[⑤]

1899年3月18日，程雨亭在自强学堂面加考试，评定甲乙，计共录取200余人。[⑥]三天后，程雨亭就此举行复试，“题目分分中文、英文两门，不能兼作者听题为：民生在勤论，泰西农家选种说”[⑦]。此次招考，为鼓

---

① 《创办学堂》，《申报》1898年12月21日，第2版；赵德馨主编：《张之洞全集》第6册，武汉：武汉出版社，2008年，第183页。

② 农务学堂住址情况，1899年3月的《申报》有连载：“三月廿七日，农务学堂开办已久，惟房屋尚未落成，暂借保安门外公馆为栖息之所，此处屋宇狭隘，新选各学生无地下榻，未免向隅，张制军因谕饬监工委员将新盖房屋督工赶造，务于三月内一律竣工，连日筑登，削凭昕宵不息，想落成当在指顾间矣。”（《申报》1899年5月6日，第2版）“光绪二十五年四月十四日，现在新建房屋已落成，规模甚为宏敞，某日总办程雨亭观察亲诣勘视，禀报督辕张制军，示期本月二十四日开学，晓谕诸生，一体遵照。”（《申报》1899年5月23日，第3版）。

③ 《农学需材》，《申报》1899年3月12日，第2版。

④ 《鄂渚波光》，《申报》1899年3月27日，第2版。

⑤ 《农务学堂招考示》，《农学报》1899年第66册。

⑥ 《农务储材》，《申报》1899年3月28日，第2版。

⑦ 《鹤楼笛韵》，《申报》1898年3月29日，第2版。

励学生报考，改伙食杂用为公费，添招学生 50 名。至 1899 年 6 月，据《申报》载："省垣农务学堂，业经开办，其章程经督宪张香帅手定，计学生六十人，分作五班，由洋教习按日课以英文、舆算及种植、畜牧诸学，规模美备，惟诸生多在髫龄，倘汉文乏人指授，则不免有顾此失彼之虞。香帅因于日前饬令总办程雨亭观察添聘华教习一人，专课经史，俾诸生中西兼习，蔚为通才，是亦造就人材之至意也。"①

为发展湖北农务学堂，张之洞开始聘请晚清社会因农而颇有盛名的士人。1899 年 6 月，张之洞致函上海《农学报》报馆罗振玉、蒋黼二人，称："现奉旨催各省实力举办农工商务，鄂省向设三专局，宜更加振兴，以副圣意。鄂商局已按旬出报，农局亦宜有报。贵馆创立维持，深佩，惟经费支绌，不问可知。若能移馆于鄂，并入农局接续出报，而分局于沪料理译绘，所有经给赢绌概归鄂认。贵馆无筹费之苦，鄂局获已成之绩，似两有裨益，请两君酌电复。"②此事未果。至光绪二十四年（1898 年）底，张之洞"拟将红关一带涸出田亩，划归学堂，试行种植，以濬利源"，并"添招学生若干名入堂肄业，凡年在十八岁以下，质性聪颖，曾游庠序者，均准报名应试"。③

截至光绪二十四年（1898 年）底，湖北农务学堂共进行了三次招考，共计学生七十余人，所习课程一为华人教习所授经史，二为两位美国教习讲授以英文、舆算及种植、畜牧诸学。于具体课程设置、授课教材、学生出路等问题，并没有统一的相关操作办法与规定，致"学生窳败，教习不尽心讲课，一味诛求供给"④。招生工作尚顺利，但教学效果未尽人意。

三、人事变动

至 1900 年，湖北农务学堂的教员及监管人员发生了很大的变化。此前所聘美国农教习白雷耳、格而摩两人，虽"农学精通，深为诸生所悦服"。但"总办程雨亭观察以局用支绌深虑脩脯过昂，难于筹补，爰商诸布格两君，拟请酌量核减，两君坚执不允。适所订合同将届期满，遂决意谢绝"⑤。后日本外务省及文部省接到中国湖北农务学堂咨文，欲聘请农学士二员。"由日政府选定，滋贺县技师第四课长农学士吉田英二郎于君，十四号在

① 《添聘教习》,《申报》1899 年 6 月 24 日，第 1 版。
② 赵德馨主编:《张之洞全集》第 10 册，武汉：武汉出版社，2008 年，第 14 页。
③ 《扩充农学》,《申报》1899 年 12 月 23 日，第 2 版。
④ 罗振玉:《罗雪堂先生全集》续编二，台北：大通书局，1989 年，第 717 页。
⑤ 《农学易师》,《申报》1900 年 1 月 7 日，第 2 版。

横滨乘轮船赴华。”[①]张之洞念及“中国初讲农学，深者不如浅者之足以取信于众”，托此前带学生赴日留学的钱守恂负责，以每人月薪三百元的待遇[②]，共聘得农科教习美代清彦、吉田和蚕科教习峰村喜藏、中西留应四位日本农学士，教习农、蚕两科。[③]除日本教习之外，张之洞还聘得翻译生汪有龄、金堂、徐传笃、唐宝锷四人担任翻译的工作。[④]此外，程雨亭奉旨送部引进，朱滋泽拟代其职。但因为“朱道现管善后局，又兼办各处堤工，断难常川到局”，加之“日本农学教习已到，新手学生众多，必须迅速厘定章程，以免旷废虚糜。一切事物，极为纷繁”，张之洞便委凌卿云总办农务局事宜。[⑤]

人员更替后，农务学堂的情况并未好转，“学风素劣”。有人建议快刀斩乱麻，亟停此校。张之洞“惜国家经费与学子光阴”，为走出农务学堂困境，他多次电邀罗振玉整顿并总理农务局。[⑥]光绪二十六年（1900 年），罗振玉从上海来到武昌。罗振玉到武昌后，发现农务学堂的确存在一些问题：“农、蚕两科学生共 70 人，而翻译却有 4 人之多；教习有事，经由收支转达，无法与总办提调直接沟通；用人不当，总办六十多岁，议论极奇诡，译员半为革命党员，且所译讲义，文理均不可通。”就此，罗振玉大力整顿，裁请译员，从东文学社请王国维与樊炳清二人为译员，并计划废除翻译，令学生直接听讲。同时他向张之洞建议：“拨地为试验场，以备试验。”[⑦]此间，创办湖北农务学堂农学报，为月刊，办了仅半年。

罗振玉在任期间，于 1900 年设立蚕桑实验室，共有学生 33 名。《农学报》记载蚕桑科学生名单如下：曹亚伯、孙云魁、刘鹊华、黄拔、曾昭典、向三余、黄炳言、尹国琛、陈邦镇、马继良、何恩藻、谢兆汇、胡谦、李文彪、刘澄、刘说霖、胡承五、陈春华、吴国良、吕瑞廷、刘敏华、向国钧、覃寿恭、胡龙瀛、黄昌骥、陶树馨、吴先位、熊光、杜登瀛、何运椿、姚吉、李伯堂、李善锦。[⑧]以上三十三人是光绪二十四年（1898 年）八月至光绪二十五年（1898 年）正月入学，应于光绪二十九

① 《东瀛杂录》,《申报》1900 年 3 月 10 日，第 2 版。
② 赵德馨主编:《张之洞全集》第 10 册，武汉：武汉出版社，2008 年，第 33 页。
③ 罗振玉:《集蓼篇》,《罗雪堂先生全集》续编二，台北：大通书局，1989 年，第 719 页。
④ 苏云峰:《湖北农务学堂——近代中国农业教育的先驱》,《新知杂志》第四年第六期，第 47 页。
⑤ 赵德馨主编:《张之洞全集》第 6 册，武汉：武汉出版社，2008 年，第 332 页。
⑥ 罗振玉:《集蓼篇》,《罗雪堂先生全集》续编二，台北：大通书局，1989 年，第 717 页。
⑦ 罗振玉:《集蓼篇》,《罗雪堂先生全集》续编二，台北：大通书局，1989 年，第 719—720 页。
⑧ 峰村喜藏:《湖北农务学堂蚕学实修记要》,《农学报》1901 年第 149 册。

年（1903 年）毕业。但曹亚伯等二十六人于光绪二十六年（1900 年）冬到光绪二十八年（1902 年）陆续离开，仅留下黄炳言、孙云魁、尹国琛、吕瑞廷、黄昌骥、马继良与陶树馨七人。又“据《大阪朝日新闻》云：湖北农务学堂教习美代中、吉田、藤田四氏本月十六日，由上海抵神房。据其所语云：创设农务学堂以来，入学者虽共有百余名，中途退学者太多。目下仅有三十余耳。而此次拟将该学堂迁移城外数里之乡镇，添设数间，以便添收学生至三百名”。[①]1903 年，湖北农务学堂学生初次毕业，共有毕业生 20 名。[②]

张之洞要求农务学堂师生讲求“种植畜牧之方，理化制造之术”外，于 1902 年 3 月 24 日下令各府州县，各就地方情形迅速举办农工，使“野无旷土，凡土皆有出产。境无游民，凡民皆有技能”，并限定一个月内，“先将遵旨筹办大略情形切实禀覆”[③]。1902 年，张之洞将湖北农务学堂改为高等农业学堂，地址迁到城北武胜门外多宝庵地方，并拨试验田两千亩，拟新建筑场地。就在农务学堂发展之际，张之洞无奈奉命署理两江总督，他叮嘱继任总督端方，“农学非实验难收实效”，以前因无地可拨，故“仅授讲堂功课”。今既拨官荒地两千亩，应将学堂移到城外，分课农蚕、畜牧、森林、各门之学，定学额一百二十名。[④]他告诉端方，工程计划图是经过他三次审阅后决定的，经费亦已决定由官钱局垫付，没什么问题，应指派干员从速纠工兴建，期望端方尽快催办，以免“洋教习袖手坐待，虚糜巨薪”[⑤]。

第二节　直隶农务学堂

光绪二十七年（1901 年）八月二日，袁世凯遵旨改设学堂酌拟定试办章程，在其所开课程中，有“农学”一门[⑥]，但并未述及如何实践。其后袁世凯派直隶农务局总办黄璟等人出国考察日本农务，回国仿行创办农务学堂，附设农业试验场，并创办《北直农话报》和农会，在中国北方开始

---

① 《译件》，《大公报（天津）》1902 年 8 月 1 日，第 46 号。

② 《武昌农务学堂教习野尻农学士暑假归国》，《顺天时报》1903 年 7 月 29 日。

③ 赵德馨主编：《张之洞全集》第 6 册，武汉：武汉出版社，2008 年，第 411 页。

④ 《专件农学第八》，《大公报（天津）》1903 年 1 月 8 日。

⑤ 赵德馨主编：《张之洞全集》第 11 册，武汉：武汉出版社，2008 年，第 61 页。

⑥ 《遵旨改设学堂酌拟试办章程折》，天津图书馆、天津社会科学院历史研究所：《袁世凯奏议》上册，天津：天津古籍出版社，1987 年，第 319 页。

另一类型的农学堂的实施探索。

一、考察日本农务

袁世凯对直隶农务局的经营非常重视。时任直隶布政使，已奉出任山东巡抚之命而尚未离直的周馥，考虑到经费问题，并不主张立刻成立这样的机构。但袁世凯并未采纳其意见。报载直隶农务局刚开办时，“究未切实举行，缘周玉山中丞视此为迂远之图，又值库款奇绌，意欲从缓举办，袁宫保则不以为然，而亦未便与之固辩。周中丞行期已近，前日农务局总办黄璟晋谒时，袁宫保面谕云，俟周中丞行后再行商办，且必须大举。黄请经费银一千两为目前之用，袁宫保即以一万与之”①。

其后，袁世凯对直隶农务事宜十分关注。光绪二十八年，因“直隶地瘠民贫，非讲求地利，振兴农业，不足资生计而裕度支”，直隶总督袁世凯力图富强，呼吁：“外洋虽以工商立国，而尤注意于农务，专部以统之，学堂以教之，故近年欧美农学精益求精，中国想讲求地利，开辟利源，非效法西方创办农业学堂，培养农业人才不为功。”②他强调振兴农务，效法西方农务立学的做法，拟“在日本访请农学士、农技师等四人，开设农学堂、试验场”③。此举与创办武昌农务学堂的张之洞通过联络驻外使臣聘得外国农教习、购买佳种和农书的做法不同，而是直接派员去日本考察农务。袁世凯认为：“取法泰西，获效最著者，莫如日本。”他委派管理直隶农务局的黄璟，“偕同直隶州王瑚，教习楠原氏及随员人等赴日本考察农务，购置农器”④，“购办农学器具，就场试验设学教授，并查考该国农务各新法，回直仿行”⑤。此事报刊有所反映：“保定农务学堂总办黄璟，拟于日内偕同农务教习日人楠原正三，前赴日本考察农务事宜，并添聘教习三名、日人翻译一名、大约在日本勾留两月，即可回国云。”⑥亦有报刊称：“探闻总办农务局黄小宋观察，将于月之下旬，率农学堂学生十余名及教习诸日员，赴日本博览会，兼考农政。”⑦

---

① 《中外近事》,《大公报（天津）》1902年6月20日。

② 《省城设立农务局片》，天津图书馆、天津社会科学院历史研究所：《袁世凯奏议》中册，天津：天津古籍出版社，1987年，第577页。

③ 黄璟：《农话报小引》,《北直农话报》1905年第3期。

④ 《观察回津》,《大公报（天津）》1902年10月10日。

⑤ 《东游日记》，李德龙、俞冰主编：《历代日记丛钞》第149册，北京：学苑出版社，2006年，第481页。

⑥ 《中外近事》,《大公报（天津）》1902年7月23日。

⑦ 《时事要闻》,《大公报（天津）》1903年4月10日。

受袁世凯之命出行日本考察农务终于成行。光绪二十八年（1902年）六月二十六日，出于“游历日本购采农具，取彼新法，改我旧习”的考虑，黄璟与楠原正三，同随员知州王瑚、廪生王金成、把总陈招祥、家丁张巽登、西关火轮车知州李兆兰等从北京出发，经塘沽乘轮船抵日本下关，旋抵东京。至当年九月六日，一行从日本返回。黄璟将此行七十六日的一路见闻，包括“道路山川、人情风土以及交际往来，酬唱燕饮一切琐事，逐日笔之于册，编为日记”，撰成《游历日本考察农务日记》一书。内阁学士陆润庠为该书题签《东游日记》，作者自序一篇附于书前，随员王瑚作《考察北海道农务日记》附于书后，“可备一览”[①]。《游历日本考察农务日记》中，记载了黄璟等人游历日本考察农务、巡视东京农科大学、视察西原农事试验场、购买农具、参观陈列场等事。此外，对日本的学校、医院、印刷厂、警署等也述之颇详。黄璟观察并比较中日农田的不同：“夹道皆水稻，稻约尺许，种植疏秘，与中国同。而泉流不竭，粪多力勤，地利人功兼而有之。”感慨“此中国所不及也”，且“旱地亦种爪豆粟谷膏玉米等类，隙地种莲种芋种，蔬无尺寸荒芜。田间建亭，储肥料，随时撒用”。黄璟一行还到楠原正三肄业的农务学堂及冈山县厲自由旅社学堂考察。该学堂总办介绍道：此处“师范学堂学生四百二十名，中学校学生三千名，农学校学生九十名。”[②]至参观涩谷农科大学试验场时，看到试验场“有玻璃瓶植稻一本，以棉塞口。又有磁盆，植稻数本。其稻种土质、肥料各别以资试验”，意识到“大致以辨土质、制肥料为先务之急”[③]。同时察看了日本农具，称其“多与中国不同。西洋制者较坚，已开单嘱”[④]。察看了气象设施：“兵库县一等测候所，所长导登台，指示如何观测晴雨，量计风针计风力，计捡电器，地震计，气温日温地温计，日照计，最高最低捡温器等。”[⑤]此外，还察看了日本绸缎花样纺织社，并至上野博物馆，目睹“古今各国所有之物类，所用

① 《东游日记》，李德龙、俞冰主编：《历代日记丛钞》第149册，北京：学苑出版社，2006年，第479页。

② 《东游日记》，李德龙、俞冰主编：《历代日记丛钞》第149册，北京：学苑出版社，2006年，第489页。

③ 《东游日记》，李德龙、俞冰主编：《历代日记丛钞》第149册，北京：学苑出版社，2006年，第497页。

④ 《东游日记》，李德龙、俞冰主编：《历代日记丛钞》第149册，北京：学苑出版社，2006年，第498页。

⑤ 《东游日记》，李德龙、俞冰主编：《历代日记丛钞》第149册，北京：学苑出版社，2006年，第491页。

之器具，陈列于层”[①]。此行中，日本农务局局长长和田彦、农政课长代理月田藤太郎、农课长代理中村彦，并畜产课、牧马课“各以农桑报告等书见贻”[②]。随行的王瑚在《考察北海道农务日记》中对此次考察之旅，虽记叙相对简略，但仍描述了观札幌农学校暨农产陈列场的事，称：“有农政暨农业经济两科，观北海道农事试验场：其经费出于官，而技师等则由学校分派，历观新收五谷各标本，暨化学分析，室田内水陆稻两种。”[③]

此次考察日本农务，在购买农器、请教习等方面收获不小。黄璟此行，一从日本购买农务机器十余台[④]，并有“日本教习将农具一一教导用法，并宣讲一切播种之宜”[⑤]。二为添聘教习。1902年至1904年共聘日本教习十一位，分别为：山中寿弥（正教习，农学士，原福并县农业技师）、木下米一（副教习，原东京农业大学助手）、酒井亲辅（东京高等师范学校毕业，日本农商务省农商试验场技师）、米仓又记（盛冈高等农林学校毕业）、高桥大吉（教蚕业，原东京蚕桑讲习所毕业，岩手县立农学校教习）、楠原正三（宗教系，农学士，1903年）、指宿武吉（农学士，1903年）、岩田次郎（农学士，1903年）、楢崎一良（1903年）、木原金一（1904年）和山崎隆一（1904年）。[⑥]

二、教习情况

除派遣人员赴本了解农务、学习农法外，袁世凯还强调：“农功必期实验。”[⑦]1902年保定设立农事试验场。光绪二十九年（1903年）十月，商部核准立直隶农事试验场。[⑧]光绪二十八年（1902年）十一月，黄璟遵令设立农务大学堂，招考学生六十名，分为两科：一为预备科，二年毕业，升入农学本科，本科毕业，则以三年为期限；二为速成科，一年毕

---

① 《东游日记》，李德龙、俞冰主编：《历代日记丛钞》第149册，北京：学苑出版社，2006年，第505页。

② 《东游日记》，李德龙、俞冰主编：《历代日记丛钞》第149册，北京：学苑出版社，2006年，第495页。

③ 《附考察北海道农务日记》，李德龙、俞冰主编：《历代日记丛钞》第149册，北京：学苑出版社，2006年，第535—536页。

④ 《保定机器到省》，《顺天时报》1903年1月11日。

⑤ 《农务新法》，《顺天时报》1903年2月19日。

⑥ 汪向荣：《日本教习》，北京：中国青年出版社，2000年，第80页。

⑦ 《省城设立农务局片》，天津图书馆、天津社会科学院历史研究所：《袁世凯奏议》中册，天津：天津古籍出版社，1987年，第577页。

⑧ 国家图书馆古籍馆：《国家图书馆藏近代统计资料丛刊》第26册，北京：北京燕山出版社，2007年，第27页。

业，以备各属农学教员之选。[①]因“农务学堂建修有待，先就试验场为教习所，延订日本农学士为教师，现经本局定于十月二十五日，借课吏馆收考该学生”[②]。就此，直隶农务总局示：“为晓谕事，照得督宪聘募东洋农学教习，创兴农务，本为变法改良畿辅，日臻富庶起见，兹本学堂头班速成学生于种植、肥料、山林、牧养等学，均粗有心得。拟仿照东洋讲习所模范，于本月十五起，每日八点钟至十一点钟在西关局所，迤东之教稼亭演说农学新法等理，并试验新法。俾得劝业农民，同深观听，以便开通风气。”[③]光绪二十九年（1903 年）十月具奏奉朱批著切实整顿，次第扩充，期收实效。至光绪二十九年（1903 年）五月，直隶农务学堂前期准备逐渐就绪。监督李兆兰增修室斋舍六十余间，七月落成。同时出“农务招考示”，再招补额外学生二十名，于六月二十一日起至二十三日止，三日限内亲到西关农务学堂报名，定于二十五日考试。[④]故又招速成第二班学生二十名，附以山东咨送学生十名，京旗选送学生十名，“教以种植、蚕桑暨制造、糖酒等事”[⑤]。同时，续招预科第二班学生四十名，均设农桑课。

光绪三十年（1904 年）在给农工商部咨报立案时，改为“直隶高等农业学堂”，其学科变化为：“速成一科，限一年卒业，由洋教习授以农桑各学；预备一科，限五年卒业，由汉文教习授以汉文、修身等学。洋教习授以普通各学，满三年后，各授农桑，分科专门，三年毕业。”速成一科“因需材孔急，特择学生中文理较优者，授以农学科。一年后即令在试验场分别试验，以备农学教习之用；预备一科，先授普通学，再授专门农学，务令接入高等科及备充大学堂专门人选”[⑥]。并明确规定，直隶高等农业学堂宗旨为：“均以农桑为正业，制造为副业。务使次第改良，著有成效者，以兴民利而杜漏卮。”至光绪三十年（1904 年）咨报立案时，其办事人员为总办李兆兰（候选道）、监督蔡儒楷（候补知府）、堂长张志嘉（刑部主事），日本教习为楠原正三、指宿武旨、岩田次郎和山中寿弥四人。

---

① 甘厚慈：《北洋公牍类纂》卷二十四《农务（种植附）》，台北：文海出版社，1967 年，第 1736—1737 页。

② 《振兴农务》，《申报》1902 年 12 月 13 日，第 2 版。

③ 《直隶农务总局示》，《顺天时报》1903 年 7 月 18 日，第 416 号。

④ 《农务招考》，《顺天时报》1903 年 8 月 26 日。

⑤ 《北直农工进步》，《大公报（天津）》1903 年 12 月 16 日，第 536 号。

⑥ 国家图书馆古籍馆：《国家图书馆藏近代统计资料丛刊》第 26 册，北京：北京燕山出版社，2007 年，第 129 页。

当时报刊舆论对此事相当关注。报载《直隶农务总局呈报学堂条规学生名册详文》云：

> 窃照职局前将收考农学生及开学日期详报在案。兹于十月二十五日藉课吏馆收考保定府属，考送学生四十五名，二十六日收考保属，自行投考学生八十六名。二十七日收考外府州属，自行投考学生四十七名，试以论说。二十九日覆试，择其文理通顺，身体健壮，堪以造就者，录取九十名，分别为农学本科四十名，师范、速成科二十名，副取三十名，正取者查照畿辅大学堂章程，每名支给膏火等银四两，内挑选学长六名，每名加银一两，副取者听候调补，现有自卑资斧随堂肄业者二十五名，已于十一月初二日如数送入学堂。由中东教习训迪，以期农桑改良进步。惟学堂既分两科。本科五年卒业，速成科三月卒业。两班教法不同，自应添订教习翻译，现由总教习楠原正三邀嘱师范学堂教习牧野田彦松暂兼历史一门，月支车马费银十两。添订翻译楢崎一郎，兼教习东文体操，月支银三十两。又图画教习张城贺寿松演说农学，薛廷桀月支银各八，两此项银两，仍请由练饷局汇登，以归画一。所有考试题目学生姓名学堂规条课程表分开清折，并添订教习翻译缘由，理合详请宪台鉴核批示祇遵，寔为公便。①

直隶农务学堂培养了一定的农才。光绪三十年（1904 年）十二月预科头班毕业升入本科。日本教习楠原正三在头班预科学生毕业典礼上说道："诸君现在所领的凭照，是本学堂两年预备学科的凭证，就是许诸君得可以入农学本科的光荣的执据。从此以后，诸君到了早先定的宗旨学专门学的时候了。还要把三年的课程，从头到尾好好儿的学了，才成高等农学的一个专家。"②光绪三十二年（1906 年）五月预科二班毕业升入本科。十月附设农业传习所招考自费生八十名，专课蚕桑森林，并讲授农政农学要旨，以为兴办农会之预备，限一年毕业。俟毕业时考试及格者，分派充各属分会技师（表 6-1）。③

---

① 《直隶农务总局呈报学堂条规学生名册详文》,《大公报（天津）》1903 年 1 月 3 日。

② 《来稿：农业学堂头班生豫科毕业演说》,《直隶白话报》1905 年第 2 期。

③ 甘厚慈：《北洋公牍类纂》卷二十四《农务（种植附）》，台北：文海出版社，1967 年，第 1736—1737 页。

表 6-1　1902—1904 年直隶农务学堂学生情况

<table>
<tr><th>学科</th><th>班级</th><th>入学时间</th><th>毕业时间</th><th>入学人数</th><th>毕业人数</th><th>出路</th><th>备注</th></tr>
<tr><td rowspan="2">预备科</td><td>头班</td><td>光绪二十八年（1902 年）十一月</td><td>光绪三十年（1904 年）十二月</td><td>30</td><td></td><td rowspan="2">接入高等科及备充大学堂专门人选</td><td>头班毕业升入本科，还有三年本科学习</td></tr>
<tr><td>二班</td><td>光绪三十年（1904 年）七月</td><td>光绪三十二年（1906 年）五月</td><td>40</td><td></td><td>拨入京旗速成学生 10 名</td></tr>
<tr><td rowspan="2">速成科</td><td>头班</td><td>光绪二十八年（1902 年）十一月</td><td>光绪二十九年（1903 年）十二月</td><td>30</td><td>19</td><td rowspan="2">在试验场分别试验，以备农学教习之用</td><td></td></tr>
<tr><td>二班</td><td>光绪二十九年（1903 年）五月</td><td>光绪三十年（1904 年）五月</td><td>20</td><td></td><td>附以山东咨送学生 10 名，京旗学生 10 名</td></tr>
</table>

资料来源：国家图书馆古籍馆：《国家图书馆藏近代统计资料丛刊》第 26 册，北京：北京燕山出版社，2007 年，第 129 页；甘厚慈：《北洋公牍类纂》卷二十四《农务（种植附）》，台北：文海出版社，1967 年，第 1736—1737 页

直隶农务学堂的兴办，与日本农学士的作为息息相关。光绪三十一年（1905 年）四月二十八日，日本楠原正三学士条陈农政事宜，“呈《农政条陈》一册，大意欲设农政机关以统一全省事务。中分性质、技术、教育三大纲。条目分别，法制美备”。具体而论，“第一项言各种调查，现在农学卒业生，不数分布，若责成州县，社稷书差徒多纷扰，惟耕地林野荒地调查一节，可通饬各属查明。第二项言农事试验，省城试验场即是此意。若推广各属，现少专门。应俟游学生回国，及该堂毕业生日多，逐渐分布。第三项言农业教育，直隶小学课程本有农业一门，各属亦间有专立农学者，计维劝设半日学堂，以增进农人之智识。又栽树造林尤关紧要，前饬各属举办种植，再竭力推行，末附增附技师。议据称试验场尚无专门技师，应即精选访聘，俾掌制造分析之事，应如何添筹经给，使农家实行改良”。藩司等会详议覆此事时道：“我国农学萌芽，事事初创，遽然如东西洋之规画（划）周详，搜罗宏富，不惟经费浩大，抑且难于取材……一切种植新法，并由学堂试验，培养东西各国佳种良苗，广为分布，以资考究。又农事试验场，应俟徐为推广。诚如宪示所云。又农业教育，直隶高等学堂既有农业一门，亟应劝设半日学堂以增进农人智识。”[①]

三、相辅而行的农报、农会

农报开办的设想得到了袁世凯的采纳。1905 年，直隶高等农业学堂的

---

① 甘厚慈：《北洋公牍类纂》卷二十四《农务（种植附）》，台北：文海出版社，1967 年，第 1745—1746 页。

三名学生张家隽（用三）、贺澄源（念庵）、梁恩钰（绾相）创办《北直农话报》。[①]《北直农话报》以“振兴农业，开通民智”为办报宗旨，内容广泛，“共分二十二门—社说，二肥料，三蚕学，四土壤，五森林，六畜产，七作物，八农艺，九农产制造，十气象，十一园艺，十二植物病理，十三病虫，十四格致，十五博物，十六算学，十七选禄，十八谈丛，十九小说，二十纪事，二十一调查，二十二来稿，均以白话演说俾阅者易晓”[②]。其开办简章中称：

> 甲宗旨：本报以振兴农业、开通民智为宗旨。凡报内各门，均演成白话，俾阅者易晓；乙命名：本报由保阳高等农业学堂同人组织，故名农话报；丙体例：本报由同人专就肄业所及，择门分任选译。故凡与农业无关者，概不登录；丁门类：本报共分二十二门，每期十余门，以后按期登载。一社说，二肥料，三蚕学，四土壤，五森林，六畜产，七作物，八农艺化学，九农产制造，十气象，十一园艺，十二植物病理，十三蚕病，十四格致，十五博物，十六算学，十七选录，十八谈丛，十九小说，二十纪事，二十一调查，二十二来稿。戊办法：本报以保阳西关门外高等农业学堂为开办处，以直隶保定府北大街官书局为发行所。定于十一月朔日出第一期，以后按定每月朔望刷行；己经费：本报由高等农业学堂同人集资而成，暂集二百余元为基本金。先行开办，死后如能畅销，再行招股推办；庚出版：本报每月二册。（年暑假停印两月），全年二十册，每册十五冶；辛代派：凡愿认本社代派处者，乞先函告本社；壬职员：本社一切庶务执笔会计书记等员，均由同人分任义务，概不给费；癸扩充:本报係暂行试办，于农业一切，难免遗漏。俟后本试验场诏著成效，确有心得，以及东西洋输入新法，一并登载。[③]

至《北直农话报》印行三期时，王树善欣喜言道：“人多乐于购阅。”[④]与此同时，袁世凯还委李兆兰监督编辑各种农书，分门编译共九门，包括农政

① 关于《北直农话报》的具体内容，参见冯丽：《〈北直农话报〉与晚清直隶农业传播研究》，西北大学2009年硕士学位论文。

② 《各省报界汇志》,《东方杂志》1905年第2卷第12期。

③ 《杂录：北直农话报简章》,《教育杂志》1905年第13期。

④ 王树善：《说农话报为农学会之起点》,《北直农话报》1905年第4期。

学、气象学、种植学、土壤学、森林学、畜产学等。[①]

除农报外，为振兴直隶农务，袁世凯亦有仿效日本在直隶设农学总会之建议。李兆兰等据日本考察农务的经验，认识到“观于日本，询于农商务省，而知中国农学会不可不亟办的了”[②]。于是，农务学堂总办王树善“禀准直督袁慰帅，在省设立农学总会。约集义务讲员，以时开会演说农学原理及配合肥料之法。一俟办有成效，即派人分赴各属，广设支会，以兴农务”[③]。具体设想，如王树善所云：“先设一个农会，把通省的官员绅士，联络起来，一面研究农学，编译农书，调查演说；一面大加凑点钱而办些实业。调查某处有荒地，则设法开垦。某处少树木，则设法种树。某处多某种土产，则设法创立。某种工厂官员筹些公款，绅士集些股分，譬如会馆，譬如善堂，有多少钱办多少事。”关于农学堂与农报、农学会的关系，可以彼此促进，互相补充：“至于农报，尤为农学会中应办之事。盖学堂既难遍立，教育不能够普及，全靠农报风行，开通民智”，强调“农报为农学会之起点”[④]。光绪三十三年（1907年）五月核准设立直隶农务总会，九月十四日具奏《农会简明章程》二十三条，奉旨依议。[⑤]

袁世凯在直隶设农学堂等兴办农务的活动，引起了日本人的关注，并得到好评。日本人认为袁世凯“置农务局于保定府，而附之以农务学堂及农事试验场，热心以改良农事。吾人于农务局，农务学堂及农事试验场组织所关，虽不得闻其详，要其所辦已无不着着奏效者，非浮夸之言也。农务学堂置有本科、预备科、速成科三者。速成科限修业一年，经卒业数回，卒业生凡数十名，皆成绩良好，使当各地方改善农政之任。顾直隶省地广而人稀，地味气候，亦远不及南清一带，为之固有甚难者。而袁氏乃不为其所拘。无时无地。无不改革而经营之，以至乎其极。”[⑥]并将其与刘坤一、张之洞1901年联衔上奏对比，称：“统观张刘二老之言，善固善矣。而吾人则谓其联衔上奏，要为徒托空言也。不然，何以二老于其所辖省内，卒不能举其改革之意见，一度实行之，而为农界放一异彩乎？袁世凯则异是，既任直隶总督，越明年遂设有农务局、农务学堂、农事试验场等。招聘我

① 《近来大事记：农书将成了》，《北直农话报》1905年第4期。

② 王树善：《说农话报为农学会之起点》，《北直农话报》1905年第4期。

③ 《各省内务汇志》，《东方杂志》1906年第9期。

④ 王树善：《说农话报为农学会之起点》，《北直农话报》1905年第4期。

⑤ 国家图书馆古籍馆：《国家图书馆藏近代统计资料丛刊》第26册，北京：北京燕山出版社，2007年，第31—32页。

⑥ 《改革家之袁世凯：农政改革上》，《台湾日日新报》1906年6月7日。

国精于此道之专门名家……袁氏之功，实有足多者。”①

第三节 实业教育中的农业学堂

晚清社会对于实业学堂之中的农业部分的主要借取，源自日本。1899年《湖北商务报》介绍了日本实业学校的情况，称：“实业学校宗旨，为从事工业、农业、商业等实业者授其切要教育。实业学校种类，为工业学校，农业学校、商业学校、商船学校及实业补习学校。”②故而效仿其法，1902年在《钦定高等学堂章程》的规划中，拟“于高等学堂之外，得附设农、工、商、医高等专门实业学堂，俾中学卒业者亦得入之”③。1904年，张之洞、张百熙、荣庆等上《奏定学堂章程》二十二条，进一步明确实业教育措置入学制内。《实业学堂通则》开章即道：“实业学堂所以振兴农工商各项实业，为富国裕民之本计；其学专求实际，不尚空谈。”并称：“近来各国提倡实业教育，汲汲不遑，独中国农工商各业，故步自封，永无进境，则以实业教育不讲故也。”④其实，“实业教育”一词出自日本，因“西洋诸国以工商立国，工业振兴，农商业亦遂以不得不发达。因不发见有若‘实业教育’之一名词。东洋以耕稼立国，至今犹囿于严士与农工商分途，故日本别创一‘实业教育’之新名词，统括农工商一途”⑤。农业学堂为实业学堂的一种，分为高、中、初三等。作为实业教育之一的农业教育遂被正式列入学制系统中。1904年，商部称“欲振励才能，精求实学，应先从设立学堂下手”，并明言：“学堂之设，以考求实用能夺西人所长为主。”⑥

农之成学的实践表现为农务纳入学堂，作为实业教育分支的出现，实业教育为时人所强调。1906年11月7日，《申报》更大声疾呼“中国当注意实业教育”，称“欲救中国，则不可不讲求实业。欲讲求实业，则不可不究心实业教育”，并举以英、德、俄国重视实业教育的例子说明，对比“吾国之实业界，至今日愈岌岌矣”的现况，建议“广立平级之农学校、职工

① 《改革家之袁世凯：农务改革（下）》，《台湾日日新报》1906年6月8日。

② 《日本实业学校令》，《湖北商务报》1899年第12期。

③ 《钦定高等学校章程》，璩鑫圭、唐良炎：《中国近代教育史资料汇编·学制演变》，上海：上海教育出版社，1991年，第256页。

④ 上海商务印书馆编译所编纂：《大清新法令（1901—1911）点校本》第3卷，北京：商务印书馆，2011年，第352页。

⑤ 顾实：《论普通教育与实业教育之分途》，《教育杂志》1911年第3期。

⑥ 《商部奏请拟办实业学堂大概情形折》，《东方杂志》1904年第3期。

徒弟学校、商学校，费用由地方担任，以迎神祀鬼之资充之。宜另编教科，注意本方之动植矿诸大纲，取其浅近易知者为之编辑。若农田肥料，若工艺原质，若商业法规诸书，尤须细心考察。宜于固有学校内，附设农工商一科目或数科目，以养成实业界之思想。宜多立半日学校，夜学校之属，以惠工业。宜于各埠设调查局、陈列所，研求土壤气候，采办各地庶物，以备观览"。如此推广普及，农民才"知种植"。①

农务纳入实业的践行，可从农工商部统计表中看出一二。1908年农工商部编成《第一次农工商统计表册》，分农工商部职员表、农政总表、工政总表、商政总表、农工商部经费表、农工商部各局所学堂办事员表。其中农政总表的"事实"，包括农会、农业学堂、农事试验场（附林业）、农业各局厂公司、河工（塘工河洪办赈附）、水利和船政核销栏。②据此表，光绪二十九年（1903年）至光绪三十三年（1907年）报农工商部核准立案的农业学堂共8处：光绪二十九年（1903年）报部立案的农业学堂无；光绪三十年（1904年）二月核准立案湖北农桑学堂，五月核准立案直隶高等农业学堂，九月核准立案山西农林学堂；光绪三十一年（1905年）九月核准立案浙股蚕务学堂、粤股蚕务学堂、蚕织女学堂，十二月核准立案江南蚕桑学堂；光绪三十三年（1907 年）正月核准立案四川中等农业学堂。③同时，对各农业学堂的宗旨、学科、学额、建址、办事员、经费、章程规则、开办年月、立案年月和提要进行了简短的介绍。④

因农工商部与学部对农务成学、农业进入学堂权限之争，除农工商部统计外，学部亦有关注。学部于1910年奏报清廷公布的光绪三十三年第一次教育统计图表，与第一次农工商部统计表，统计时间上有所重复。据学部统计，1907年高等农业学堂有4所，学生459人，分别位于直隶、山东、江西和湖北。而设置中等农业学堂的有直隶、山东、山西、江苏、湖南、湖北、广东、广西、云南、福建各所，河南4所，江宁、安徽、浙江各所，四川5所，共25所，学生1681人。初等农业学堂，直隶4所、山东5所、河南1所、江宁1所、浙江2所、广东1所、湖北3所、云南5所，计22

① 《论中国当注意实业教育》，《申报》1906年11月7日，第2版。

② 国家图书馆古籍馆：《国家图书馆藏近代统计资料丛刊》第26册，北京：北京燕山出版社，2007年，第27页。

③ 国家图书馆古籍馆：《国家图书馆藏近代统计资料丛刊》第26册，北京：北京燕山出版社，2007年，第27—37页。

④ 国家图书馆古籍馆：《国家图书馆藏近代统计资料丛刊》第26册，北京：北京燕山出版社，2007年，第129—137页。

所，学生 726 人。[①]据统计，1907 年实业学堂总计有学生 8693 人，其中农业学堂学生共计 2866 人，约占总人数的 33%。而实业学堂共 137 所，农业学堂约占 37%，共 51 所。

1908 年，农工商部和学部对农业学堂均有调查统计。至 1908 年，经农工商部核准立案的农业学堂共 7 处，分别为山东高等农业学堂、福建中等蚕桑学堂、贵州农林学堂、奉天森林学堂、吉林实业学堂、河南许昌蚕桑学堂和甘肃中等农业学堂。[②]同时据学部统计，1908 年江西增设高等农业学堂，因此高等农业学堂总数为 5 处，即直隶、山东、山西、江西、湖北各 1 处，学生 493 人。中等农业学堂除新疆、山西、陕西、吉林、黑龙江没有外，别的地区均有设立，具体数目为直隶 2 处，奉天 2 处，山东 1 处，河南 7 处，江宁 2 处，江苏 2 处，安徽 2 处，浙江、江西、湖北、湖南、四川、广东各 1 处，广西 2 处，云南、贵州、福建、甘肃各 1 处，共 30 处，学生 2602 人。而初等农业学堂仅 10 个地区有兴办，分别为直隶 2 处、黑龙江 1 处、山东 8 处、山西 1 处、河南 3 处、江宁 1 处、浙江 7 处、湖北 3 处、广东 1 处、云南 6 处，共 33 处，学生 1504 人。[③]总计农业学堂学生 4599 人，而当年统计实业学堂学生总数为 13 616 人，换言之，农业学堂学生约占整个实业学堂学生的 34%。三类农业学堂中，中等农业学堂学生人数比例最大。

1909 年，学部会同农工商部、外务部议定，除省垣须设高等实业学堂外，府城须设中等实业学堂，州县须设初等实业学堂各一处，统限年内一律成立。[④]这进一步推进了农务成学的进度。1909 年实业学堂学生共计 16 649 人，约为 1907 年实业学堂学生的两倍。此外，农业学堂的学生也较前两年有所增加，共计 5991 人。此间，高等农业学堂仍为此前的 5 所，即直隶、山东、山西、江西、湖北各 1 所，学生 493 人。中等农业学堂分别有直隶 4 所，奉天 2 所，山东、陕西各 1 所，河南 6 所，江宁、江苏、浙江、江西、湖北各 1 所，湖南 2 所，四川、广东各 1 所，广西 3 所，云南 1 所，贵州 2 所，福建、甘肃各 1 所，共 31 所，学生 3226 人。初等农业学堂则有直隶 2 所，奉天、吉林、黑龙江各 1 所，山东 12 所，山西、陕西各 1 所，河南 8 所，江苏 1 所，安徽 5 所，浙江 4 所，湖北 5 所，湖南 1 所，四川 4 所，广

① 学部总务司：《第一次教育统计图表》，沈云龙主编：《近代中国史料丛刊三编》第十辑，台北：文海出版社，1986 年，第 31—32 页。

② 国家图书馆古籍馆：《国家图书馆藏近代统计资料丛刊》第 27 册，北京：北京燕山出版社，2007 年，第 21—22 页。

③ 《第二次教育统计图表》，王燕来、谷韶军：《民国教育统计资料续编》第 1 册，北京：国家图书馆出版社，2012 年，第 78—80 页。

④ 《要闻：学部注意实业教育》，《教育杂志》1909 年第 3 期。

东 1 所，广西 1 所，云南 7 所，新疆 3 所，共 59 所，学生 2272 人。[①]中等农业学堂学生人数最多，其次为初等农业学堂，高等农业学堂学生人数最少。以上表明，国家学制章程颁行后，各地纷纷创办大中小等不同级别的学堂，学生人数逐年增加，至 1909 年，习种植土化之学的农务学堂学生有 6000 余人[②]，农之有学由规章制度变成了一定程度的实践成果。

近代农业学堂出现，读书人修习农学，改变了传统社会旧制。初等、中等、高等农业学堂的生源分别来自毕业于新式教育中初等小学者、高等小学者或者普通中学毕业生，学习年限为三年到四年不等。农学学习年限并不长，但能坚持学完几年课程最后毕业的学生并不多。原因在于近代中国初等教育尚在幼稚阶段，学生入学前不见得合格，且经费不敷，于是有人建议："不如以中等言之，不如以普及言之。中等之实业教育，农业为一类……农业所教者，曰农田、曰畜牧、曰农产制造、曰园艺、曰蚕桑、曰山林、曰兽医、曰水产。"[③]虽困难重重，但晚清农务学堂的出现，使汉唐以降"学者不农"的情况被打破，农学从传统农政中分离出来。晚清社会开始强调："欲救中国，则不可不讲求实业。欲讲求实业，则不可不究心实业教育。"[④]"振兴农业，非先注意农事教育不可"的观念逐渐被人接受。[⑤]而农业学堂作为实业教育的一个重要部分，从此前的湮没无闻走上历史的舞台。

第四节　缓设的农科大学

农科大学由各省高等学堂预备科毕业之优等生升入。后京师设预备科，且各省高等学堂亦陆续开班。为建设分科大学，光绪三十一年（1905 年）七月十五日，大学堂总监督张亨嘉奏京师分科大学亟应择地建置。十一月九日，学部就此派员勘址。经实地考察后，学务大臣提出："查奏定大学堂章程分列八科，目前骤难全设，拟先设政法科、文学科、格致科、工科，以备大学预科及各省高等学堂学生毕业后考升入学，此外四科以次建置。"

---

① 《第三次教育统计图表》，王燕来、谷韶军：《民国教育统计资料续编》第 3 册，北京：国家图书馆出版社，2012 年，第 86—87 页。

② 据两次《农工商统计表》和三次《教育统计图表》而得。

③ 杨荫杭：《振兴实业策》，朱有瓛主编：《中国近代学制史料》第二辑下册，上海：华东师范大学出版社，1989 年，第 33—34 页。

④ 《论中国当注意实业教育》，《申报》1906 年 11 月 7 日，第 2 版。

⑤ 《农事新闻：公立中等农科实业学堂（本省之部）》，《江西农报》1907 年第 9 期。

同时建议将郊外的瓦窑地方留以专办农科，因“农科需地较广，万不能与各科并设一处。日本农科亦系另设。该地宜于种植，以之专办农科亦属相宜”①。其后，分科大学的建筑设备慢慢开始筹办。此事一时成为舆论关注的焦点。报载：“据确实消息，学商二部会议决定设立农科大学一所，所订章程尚未宣布，闻已择定德胜门外马店地方建造堂舍，上元节后业已兴工。”②又谓：“农工商部现已决意于京师，设立农科大学，拟于日内咨行各省，调取农业学生来部备考，取准后入堂肄业，其开办章程，以及毕业奖励各节，不日即行入奏。”③

虽然农科大学逐渐提上日程计划，但朝廷进展的步伐并非如想象中的那样迅速，经费来源的问题仍未解决。1908 年，张之洞与载泽再三商酌，建议朝廷由度支部拨给开办经费二百万两，分为四年拨给，每年五十万两。农科大学建校地址也一直未有定议。学部认为：“农科大学，应以附近林麓河渠之地为宜。该处地势高旷，林泉缺乏，不甚合用。”经勘察后，学部称：“查有阜成门外望海楼地方苇圹官地，约计十六七顷，南（北）甚狭，东西较长，若就其地势，开浚沟渠，堪为农事试验场地之用，附近民地，亦可设法购买，建筑农科大学。”并强调分科大学明年必须设立。④坊间传言，各省高等学堂里的本科学生都还未到毕业的年限，导致分科大学无学生入学，加之经费不足、校舍修建、监督未选满和管理员未定的问题，“现在虽然奏派商、何两员，到东洋去调查两月，回来布置一切，一时也断难就绪。看来明春开学的成议，只可以作罢论啦”⑤。

虽有农科之立，但因其并非基础学科，在大学堂建立后暂缓设立。宣统元年（1909 年），大学堂预科生已经毕业，加上“农工商部日前咨请鄂督将鄂省农业学堂毕业生考选多名，送往部设之农科大学肄业”⑥。而京师大学堂本科校舍，即德胜门外东黄寺前兴建之分科大学校舍，却落成无期。鉴于此，只得在大学预备科旧地暂时开经、文两科。⑦报载：“分科大

① 《学务大臣奏请建设分科大学片》，朱有瓛主编：《中国近代学制史料》第二辑上册，上海：华东师范大学出版社，1987 年，第 851 页。

② 《设立农科大学》，《广益丛报》1906 年第 99 期。

③ 《决设农科大学》，《寰球中国学生报》1907 年第 4 期。

④ 《学部奏分科大学开办经费按年筹拨部款折》，朱有瓛主编：《中国近代学制史料》第二辑上册，上海：华东师范大学出版社，1987 年，第 852—853 页。

⑤ 《分科大学展缓开办之原因》，《河南白话科学报》1908 年第 12 期。

⑥ 《咨选农学毕业生》，《申报》1907 年 2 月 1 日，第 3 版。

⑦ 《分科大学暂设经、文两科》，朱有瓛主编：《中国近代学制史料》第二辑上册，上海：华东师范大学出版社，1987 年，第 854 页。

学预定明年春间可以开学。闻该堂刘监督以预备科学生人数无多，本拟先办工法格致等二三科，因张文襄在时主持八科齐设之说甚坚，故勉从其意。来年先办经科、法科、文科、格致科、工科、商科、医科等七科，惟农科则暂从缓设。闻各科教员除经科、文科用本国人外，余均用外国人，以英、法、德三国文语教授，令各生直接听讲。”①

至宣统元年（1909年）十一月二十九日，学部在奏“筹办京师分科大学并现办大概情形折”时，拟于农科一项，另于望海楼开办。因时人对农科仅知其大概，且中国素来无土化之学之人，加之官绅所论亦多未尽，故学部建议：“农科原分四门，现拟先设农学一门”，并拟设农学教员三人。同时规定分科大学学生入学资格，农科以师范第四类学生②升入。③同年，学部奏派分科大学堂监督，以学部参事官罗振玉派充农科大学监督。④“分科大学将次开办，农科监督以学生程度不齐，拟先办预科一年，已延请日本理学士小野孝太郎教习植物学，日本农学士橘义一君教习化学，又以学生大半未习东语东文，又延藤田丰君为语文教习。”⑤其任期为 1909 年 4 月至 1912 年 2 月。农科大学教员共有六名，即藤田丰八、橘义一、小野孝太郎、三宅市郎、毛鷟、章鸿钊。⑥

至宣统二年二月二十一日，分科大学正式举行开学典礼。分科大学首次录取 105 名学生，其中农科 17 名。⑦这 17 名学生分别为：高元溥、邢骐、毛鷟、何帅富、周清、吕亶野、成林、张景江、葆谦、张鼎治、毕培仁、宋文耕、白凤岐、郁振域、鉽启、王辅璨、孙鸿垣。⑧至四月十九日止，前后考取 7 科学员，共 387 人。惟直隶人占多数，新疆尚无一人。⑨在录取的 387 名新生中，农理工 3 科有 100 来名，平均每门专业收 20 名学生，其中以农科和工科居多，这大约与袁世凯在直隶开设农务学堂有关。1913 年，农理工 3 科毕业生共 54 人，但在此期间，因发生辛亥

---

① 《分科大学开办先声》,《申报》1910 年 1 月 13 日，第 4 版。

② 据《奏定学堂章程》，优级师范学堂，令初级师范学堂毕业生及普通中学毕业生均入焉，学制三年。其中师范第四类学生以植物学、动物学、矿物学、生理学为主。

③ 《学部筹办京师分科大学并现办大概情形折》，朱有瓛主编:《中国近代学制史料》第二辑下册，上海：华东师范大学出版社，1989 年，第 857—858 页。

④ 《奏遴员派充分科大学监督折》,《学部官报》1909 年第 84 期。

⑤ 《分科大学将次开办》,《申报》1910 年 3 月 10 日，第 6 版。

⑥ 《职教员名单》，中国农业大学档案馆编:《中国农业大学史料汇编（1905—1949）》上卷，北京：中国农业大学出版社，2005 年，第 90 页。

⑦ 《分科大学近事》,《教育杂志》1910 年第 3 期。

⑧ 《分科大学生之题名录》,《申报》1910 年 3 月 29 日，第 5 版。

⑨ 《分科大学近事》,《教育杂志》1910 年第 2 卷第 5 期。

革命，部分学生中途辍学。[①]至1913年10月12日，农科之农学门有25名毕业生，农艺化学门有17名毕业生，共计42名农科毕业生。[②]农科农学门毕业生分别为王之栋、邢骐、周清、何师富、白凤崎、叶浩章、徐莹石、孙鼎元、赫严（原名英豪）、陈临之、朱培桂、张浩之、徐种藩、刘澍三、邹学伊、贾其桓、吴天澈、封汝谔、吕禀塈、伦鉴、任季芳、李书斌、刘善宋、王振岳、徐国桢。农科农艺化学门毕业生为季闳概、史树璋、许维翰、钱树霖、盛建勋、王穆如、张厚璋、陆海望、冯启豫、宋文耕、黄成章、杜福堃、祝廷蓁、崔学材、郝书隆、胡光璧、张阊（原名文楷）。[③]

农科大学原为仿效西方农务学堂培养农才而立。然而，“各国农务学堂章程，亦不一律，其最详备者，分十三门：曰化学，曰植物学，曰动物学，曰地学，曰田园数理学，曰气候学，曰体性学，曰林木学，曰水利学，曰耨草炼泥学，曰杀虫治虱学，曰机器学，曰制造学（水利以开沟工程为最重要，制造以制牛乳饼、制酒、制油、制糖为最要），而以化学为入门之学。则各国皆然”[④]。农科知识系统极为复杂，但农科大学开办后，“徒发干燥无味之讲义，空谈学理大纲”，且“无农事试验场之经验”，其科学程度、仪器设备反不及各省高等学堂，因此，学生“大为失望，暑假后多有不愿回堂者”[⑤]。教学如此，学生及社会农学观念的滞后，也严重影响了办学的成效。被聘为农科大学日本教习的橘仪一，在回答记者关于其对农科大学的看法时，意味深长地说：“查我国大学皆由各中小学堂递级而升，北京大学生有由各显官保送者，有由各处考取者，有由本学堂自行考取者，既无齐一之程度，而诸生之心脑中皆存一做官思想，非欲学而改良农事，乃藉以为进身之阶，卑陋之状，犹之今日在留我国之学生，其在留时，慷慨激昂，如伟丈夫，而入国之后，胁肩谄笑，如小女郎，所学者工也，而所赏者法官也，而若辈犹自鸣得意，余甚悯之。最可笑者，我科主任为最有名之金石家罗振玉，以金石家而充农科监督，此真中国之特色云云。”[⑥]

---

① 巴斯蒂：《京师大学堂的科学教育》，《历史研究》1998年第5期，第53页。

② 《各省所设农政机关办理需人拟将北京大学农科毕业生咨送回籍以备任用文》，中国农业大学档案馆：《中国农业大学史料汇编（1905—1949）》上卷，北京：中国农业大学出版社，2005年，第98—100页。

③ 《北京农业专门学校沿革志略》，《教育公报》1915年第12期。

④ （清）王树善：《农务述闻》，清光绪二十七年（1901年）石印本。

⑤ 《京师近事》，《申报》1910年8月3日，第6版。

⑥ 《东京通信》，《申报》1910年7月15日，第5版。

第五节 后科举时代的农科进士与农科举人

科举制废除后，制艺之学看似走向终点。呼吁兴办学校（堂）教育的晚清社会，却没有立刻抛弃科举遗习。农务成学，虽与科举之求迥然两途，但出洋肄习农务，士林相合培养的农才，仍需佩戴科举之冠。1899年，鉴于"向来出洋学生学习水陆武备外，大抵专意语言文字，其余各种学问均未能涉及"，总理衙门奏议出洋学生分入各国农工商等学堂专门学习，肄业实学，以备学成回国传授。[①]1901年，张之洞、刘坤一亦建议令各省分遣学生出洋游学，学习农工商等专门之学。[②]在晚清政府鼓励下，清末留日农学生约计272人，分别毕业于日本东京帝国大学农科、东北帝国大学农科、私立东京农业大学、东京高等师范学校、东京高等农业学校、东京蚕业讲习所、东京蚕业学校、水产讲习所、信浓蚕业学校、群马县高山社蚕业学校、札幌农学校、蚕业学校、千叶县茂源农学校、第一高等学校农科、第五高等农业学校、第七高等学校农科、第八高等学校农科、盛冈高等农林学校、鹿儿岛高等农林学校、大阪府立农学校、青山农业大学、深川水产讲习所、私立甲种高山社蚕业学校。留学欧美的农学生共计41人，分别就读于美国的加利福尼亚州立大学、康乃尔大学、威斯康辛大学、伊利诺伊大学、哈佛大学、耶鲁大学；英国的爱丁堡大学、利兹大学、剑桥大学等。[③]换言之，出国留学的农学生有313人，且大部分均在日本学习农学。

出洋修习农学的学生回国后，清廷会考验留学生，授予其农科进士或举人之衔。光绪三十一年（1905年）六月，学务处考验留学生，留学日本东京高等农学校的胡宗瀛被授予农科进士出身。光绪三十二年（1906年）八月十五日，学部重新奏定考验游学毕业生章程规定："按照所习学科，分门考试"[④]，同时，"考试分两场，第一场就各毕业生文凭所注学科，择要命题考验。第二场试中国文外国文"，另外，"第一场每学科各命三题，作二题为完卷。第二场试中国文一题、外国文一题，作一题为完卷。……毕业生考列最优等者，给予进士出身，考列优等及中等者，给予举人出身，均由学部开

---

① 陈学恂、田正平：《中国近代教育史资料汇编·留学教育》，上海：上海教育出版社，1991年，第8页。

② 赵德馨主编：《张之洞全集》第4册，武汉：武汉出版社，2008年，第29页。

③ 王国席：《清末农学留学生人数与省籍考略》，《历史档案》2002年第2期。

④ 刘真主编：《留学教育——中国留学教育史料》第2册，台北："国立编译馆"，1980年，第771—772页。

单带领引见请旨，并”将某科字样加于进士等名目之上，以为表识而资奖励”[①]。同年九月十二日，清廷以正式章程举行第一届游学毕业生考试。此次考试的实际工作由严复负责。为鉴定应考生的学识，因之订立三项原则。第一，检验其毕业文凭。第二，考校其中外文字。第三，试验其专门学术：出三题选作一篇普通论说，其中一题为“中国农业应如何改良”[②]。另据《汉文台湾日日新报》载：“清廷试验农学问题为：（一）欧美各国多设土地抵当银行、农业保险公司，并有稗于农政不浅，然农业无不与警察相辅而行者。此三者今日能仿否？试并举其借施之法。（二）近世农家发明工媒介植物，而改良农产物品质之法，又鱼类人工孵化法。试言其效并其法之大略。（三）各种稻，耕锄播种，皆一定深浅。应如何经营，方免虫患。且各地土质不同，土性亦各互异。何土可生何物，何物可植何土？试申论之。”[③]此次考试内容均为近代新式农学的管理、技术等方面的内容。最后，成绩优秀者王荣树、路孝植、陈耀西、罗会坦被封为农科举人。[④]

将农才冠以举人、进士头衔的做法，科举制废除两年后仍存在。在光绪三十二年（1906 年）九月十五日第二届游学毕业生考试中，农科优等者 3 人，即叶基桢、谭天池和邱中馨；邓振瀛、屈德泽、屠师韩、黄立猷 4 人考验为农科中等，均赏给农科举人。[⑤]光绪三十四年九月二十日的第三届游学毕业生考试，共 127 人应考，陈振先得农科进士，潘志喜、张联魁、齐鼎颐、陆家鼎、程荫南、曹文渊、郭祖培 7 人被给以农科举人出身。[⑥]而在宣统元年（1909 年）九月二十日第四届游学毕业生考试中，录取 241 名，唐有恒和程鸿书均著赏给农科进士。于树桢、周藻祥、彭望恕、周秉琨、吴肃、徐天叙、刘学诚、吴达、黄锡龄、杨永贞、张青选 11 人均赏给农科举人。[⑦]至宣统二年九月初二，内阁奉上谕：叶可梁、汪果、陈训昶、凌

---

① 刘真主编：《留学教育留学教育——中国留学教育史料》第 2 册，台北：“国立编译馆”，1980 年，第 775 页。

② 《第一届游学毕业生考试》，刘真主编：《留学教育留学教育——中国留学教育史料》第 2 册，台北：“国立编译馆”，1980 年，第 786 页。

③ 《清国学部试验问题》，《台湾日日新报》1906 年 12 月 25 日。

④ 《引见游学毕业生》，《申报》1906 年 10 月 30 日，第 2 版。

⑤ 刘真主编：《留学教育留学教育——中国留学教育史料》第 2 册，台北：“国立编译馆”，1980 年，第 799 页。关于此次农科举人的名单，《申报》亦有记载，但少“邱中馨”名。（《上谕：九月十六日奉旨》，《申报》1907 年 10 月 23 日，第 2 版）

⑥ 刘真主编：《留学教育留学教育——中国留学教育史料》第 2 册，台北：“国立编译馆”，1980 年，第 813—814 页。

⑦ 刘真主编：《留学教育留学教育——中国留学教育史料》第 2 册，台北：“国立编译馆”，1980 年，第 896—916 页。

春鸿、崔潮、刘先振、梁赉奎均赏给农科进士；张明纶、刘安钦、郑桓、张正坊、郭宝慈、岑兆麟、朱显邦、杨熙光、杜慎媿、王澄清、万勖忠、杨兆鹏、瞿祖熊、严少陵、吴锡忠、胡光普、吴燮、许文光、黄公迈、倪绍雯均赏给农科举人，共 27 人。[①]至宣统三年（1911 年），又有 2 人被授予农科进士，21 人被授予农科举人。[②]综上所述，晚清共有 83 位出洋留学生被授予农科进士或农科举人衔。

后科举时代农科进士与农科举人的出现，是旧学纳入新知的尴尬。“因游学毕业人数日益增多，同时又因阅卷无专才兴奖励游学之故，考试既不谨严，且将学业考试与入官混为一实。凡考试及第者均予以进士、举人分数各省，舆论多有不满。”[③]学部遂于光绪三十三年（1907 年）十二月二十日会奏游学毕业生之廷试录用章程，规定：“凡在外国高等以上各学堂之毕业生，经学部考验合格奉旨赏进士举人出身以后，每年在保和殿举行一次，其廷试日期，于八月考验毕业以后，由学部奏请钦定。即由廷试分别授职。其中农科大学毕业生，及各项高等实业学堂毕业者，只需作科学论说一篇，不必兼作经义。”[④]

从上可见，从光绪三十四年（1908 年）四月二十一日至宣统元年（1909 年）四月，清廷共举行过 4 次廷试。其间共有 59 位被当局赏给农科进士或农科举人，有 53 位通过廷试考试被授予官职。农科廷试一等者 12 名，学部拟请旨翰林院编修或检讨，或请旨以主事按照所学科目学习；廷试二等者，请旨内阁中书补用；三等者，以知县分省或做七品小京官用。[⑤]对于以官职授予新学学生的做法，梁启超斥道：“以官职为学生受学之报酬，遂使学生以得官为求学之目的”，以致“中国兴学十余年，不仅学问不发达，而通国学生，且不知学问为何物”[⑥]。宣统三年（1911 年）四月一日，各省教育总会联合会议建议清廷停止对毕业留学生的奖励，废除进士、举人等头衔，但未被采纳。七月十七日，学部亦会奏酌拟各学堂实官奖励，定

---

① 《上谕：九月初二日内阁奉》，《申报》1910 年 10 月 6 日，第 2 版。

② 王炜编校：《〈清实录〉科举史料汇编》，武汉：武汉大学出版社，2009 年，第 1162 页。

③ 刘真主编：《留学教育留学教育——中国留学教育史料》第 2 册，台北：“国立编译馆”，1980 年，第 846 页。

④ 刘真主编：《留学教育留学教育——中国留学教育史料》第 2 册，台北：“国立编译馆”，1980 年，第 848—855 页。

⑤ 刘真主编：《留学教育留学教育——中国留学教育史料》第 2 册，台北：“国立编译馆”，1980 年，第 862—943 页。

⑥ 《梁启超对奖励学堂出身的批评》，朱有瓛主编：《中国近代学制史料》第二辑上册，上海：华东师范大学出版社，1987 年，第 138 页。

毕业名称，并规定："大学毕业者仍称进士，高等及与高等同程度之学堂毕业者，仍称举人；中学及与中学同程度之学堂毕业统称贡生，高等小学及初等实业学堂毕业者，统称生员。"①

出国学农的学生毕业归国后，虽无充分实官以期任用，但他们中的部分人于晚清农务成学的发展起到了一定的推动作用。例如，郭祖培充任农业学堂教习②，黄立猷后任职于直隶高等农业学堂等③，有助于农学科学化人才的培养。另外，在农业学堂辅助的农事试验场方面，亦见到他们的努力。"设立农事试验场之旨有二，一实行改良之法，使农夫目验新法之利。二于学校兼授实业，而令学生得实验之学理。"农业需试验之法，迥然于传统农务受限于天时的经验积累。外国试验之法，"有土质试验、肥田试验、种类试验，下种疏密早晚试验、刈获日期试验等，其门目甚多。譬如选种，以盐水选为佳，宗旨以疏为佳，乃能通风透光。肥料宜相土质所缺少者而试之，及某谷宜用某种肥料之类，非用试验法，则无征不信。故试验为改良农业最要之事"④。重视农业的科学化实验，是晚清农学的题中应有之义。出洋习农务后获农科进士与举人衔的士子中，有学为所用，究心于此者，如叶基桢后任职于农工商部农事试验场⑤，屠师韩监督吉林农事试验场，唐有恒筹办广东农林试验场，陈振先调赴东三省办理农务⑥等，均成为其中的代表。

---

①《学部会奏酌拟停止各学堂实官奖励并定毕业名称折》，朱有瓛主编：《中国近代学制史料》第二辑上册，上海：华东师范大学出版社，1987年，第138页。

②《陕西巡抚恩寿奏调山西试用令郭祖培充任农业学堂教习片》，《政治官报》1909年第690期。

③《直隶高等农业学堂调查表》，朱有瓛主编：《中国近代学制史料》第二辑下册，上海：华东师范大学出版社，1987年，第178页。

④ 罗振玉：《江苏振兴实业条议》，《教育世界》1904年第87号。

⑤ 关于农工商部农事试验场的情况，可参见黄小茹：《清末农工商部农事试验场研究》，北京大学2007年博士学位论文。

⑥《农科进士陈振先调赴东省办理农务片》，中国科学院历史研究所第三所工具书组整理：《锡良遗稿奏稿》，北京：中华书局，1959年，第898页。

结　　语

在近代中国农学兴起之前，古农书中虽有务农之法，但多为“勤开垦，顺天时”的经验农业的总结。在西学东渐的社会浪潮下，中国固有知识和制度体系发生剧烈变动，清廷当局注重引介域外现代农学知识，设立农科和农事试验场，以期传统社会注重经验的农业趋于科学化。晚清时期是近代中国运用现代科学知识，对固有农业进行变革的历史起点。科学化农学的形成标志着中国农业发展进入了新阶段。

与农业教育相系的晚清农学，经由传教士的介绍进入近代中国。一方面，传教士的知识输入对起源于欧洲的农学在中国的兴起，起了十分重要的作用。另一方面，经世学风在近代中国的兴起，也是晚清农学出现的至关重要因素，并且成了接纳西方农学学理的主要动力。二者相互影响、相互制约，合力推动了农学知识在中国的传播。然而，西法农学在传入近代中国社会的过程中，面临诸多实际的困境。当局者们以吸收、借鉴、取舍的名目，自觉或不自觉地将其和既有知识与制度体系相适应，混淆、曲解了农学新法中的核心部分。士绅官员在接触并移植外来农学学理与建制的同时，仍深受固有观念的影响，以旧学条理新知，试图贯通中西。

一、知识局限：理新辞奥的晚清农学

中国晚清农学的形成，是一场前所未有的革新，其兴起标志是农业科学化知识的传播，这引导此前凭借经验、人工的传统农业走向科学化、机械化的域外农学知识与技术。传统社会的农业，皆由经验积累而缓慢发展。晚清农学则根据科学实验，利用科学方法，求农事改良的方法，来自域外种植之学，与传统中国经验农业迥然有别。农业科学化的意义在于，“由顺天稼穑，渐进而为科学的种植；是粗放的农作，渐进而为集约的农作；是由自然的生长，渐进而为人工的栽培”[①]。概而言之，用科学知识来解决农业问题。

科学化农学的出现，并非中国社会文化自然发生的结果，而是外部世

---

① 林松年：《近代农业的科学化》，《中央日报》1934年7月4日。

界移植的产物。在时人看来，西法农学分科繁杂，且学理深邃，强调实验，涉及气象、昆虫、土壤、地质之学，以及肥料、水利、运输、防灾等内容。晚近社会变迁历史进程中，“发展农业，必恃乎农学”逐渐成为共识。依据有四。一为农学强调通过实验，考察植物、土壤的特性以促进生产。“植物生长，乃各有其习性与需要，气候土壤不同者，固不易繁植。即种植时期之适否，灌溉施肥之当否，亦在在足以左右其生产。若非勤以考察，敏以实验，宁能洞悉作物之个性而利种植？”二为西法农学重视改良育种，农业生产收益甚高。“日人在吾东省种豆，因其改良育种之结果，遂至产量几逾一倍。美国小麦，实大而粉量至丰，棉花则织维细长。”三为新式农器的使用。在舆论的想象中，“近世欧美所利用之耕种机，收获机，戽斗机，仅以一人之力，足资吾人数十百人而有余”。因为科学化农学可以治理水旱虫害。“是故防灾之道，固办非农学无以治其本。”[①]四为科学化农学可以治理水旱虫害。“是故防灾之道，固亦非农学无以治其本。”由此可见，晚近社会接纳域外农学知识的重要动机在于：农业生产可以通过重视农学知识，补救自然条件的不足，以人造肥料的方式改良贫瘠土壤，推动农业发展。

新式农学知识，传统中学知识体系内并不存在。西方种植之学理新辞奥，难为时人理解。农学知识的传入，首先经过了传教士们有意识的选择与转译，在具体操作落实过程中，晚清读书人又进行了第二次传播。以科学普及的形式发布出去，接受者又会主观、选择性地接受。内忧外患的社会现实，总会让士人对农学屡屡思索回应，倡言立说，或有折中新旧意欲调和者，或有坚持陈说极力卫道者，或有别出新意不甚其解者，多相共存并立。

农务化学是晚清农学知识的核心要义所在。“凡一切农业之问题，其最后科学的关键，莫不握在农业化学之范围中。”[②]围绕农务化学知识的解读，格义附会、似是而非的现象不仅多，而且乱，看似异口同声，实则各唱各调的情况比比皆是。趋新大臣张之洞指出，“劝农之要如何？曰讲化学”，“欲尽地利，必自讲化学始”，因为“养土膏，辨谷种，储肥料，留水泽，引阳光，无一不需化学”。[③]围绕农务化学，尤其是化学知识的诸多疑虑，表明人们面对陌生事物的复杂与忐忑心绪。士人多援引三代以比附与接纳农务化学之说。张之洞认为“化学”为“《周礼》草人掌土化之法”，称其“实为农家古义”。[④]以传统中国土化之法比附理解西法化学的朝野大

① 陈贻廑：《农业与农学》，《农学》1935年第1期，第12—14页。
② 冯子章：《农业化学之重要及述日本东京帝大农业化学科之内容》，《农声》1928年第113期。
③ （清）张之洞：《劝学篇》，上海：上海书店出版社，2002年，第57—58页。
④ （清）张之洞：《劝学篇》，上海：上海书店出版社，2002年，第69页。

臣，并不在少数。孙宝瑄亦言：“读《周礼》草人：掌土化之法以物地，相其宜而为之种。即西人以化学讲农学之意。”[①]维新运动领军人物康有为也称：“《周礼》草人掌土化之法，以化学为农业本，吾中土学也。”[②]

事实上，《周礼》记载道：“掌土化之法以物地，相其宜而为之种。凡粪种，骍刚用牛，赤缇用羊，坟壤用麋，竭泽而鹿，咸潟用貆，勃壤用狐，埴垆用豕，强槛用蕡，轻票用犬，皆相视其土之性类，以所宜之粪而粪之。”[③]周代的土化浸种之法，指的是传统农业生产，因地因时，根据土壤的颜色、特质和肥力情况，划分土壤类别，然后依据土壤性质和类别，煮取牛羊等骨汁或麻子汁来粪田，也就是分别施以不同肥料，以改善土质，促进农业生产。西方农务化学和中国土化之学，只是在文字上相似。张之洞将这二者等而视之。他的思想能代表当时趋新人士的水平，晚清重臣尚且如是观，他人的见解可想而知。即使到了民国时期，“倡言振兴农业者众矣，其能了解农业化学之重要者，仍属了了”。[④]

趋新士绅在以比附方式认同农学的同时，也在怀疑的懵懂中对化学进行普泛化的解读。张之洞认为：“西学事事原本化学。凡一切种植畜牧及制造式食式用之物，化学愈精，则能化无为有，化无用为有用，而获利亦因之愈厚。”[⑤]显然，这是对学科意义上化学的曲解。学问涉猎甚广的孙宝瑄在日记中写道：“化学家肥田之物曰壁他利亚，以其能吸留淡气也。植物最资淡气，故能滋茂。”[⑥]孙宝瑄所说的“壁他利亚”，实为“bacteria”，也就是细菌。将西方新名词“细菌”等同于“化学”，从一个侧面反映出清末新旧社会交替之际，趋新重臣自身见识的局限性和中西知识间的巨大鸿沟。

虽然当时朝野对晚清农学议论纷纷，留心时务的学人对化学元素的具体构成聚讼纷纭，但农学中“化学元素”这个新的知识概念得到了广泛认同与关注。坊间呼吁“择用外洋农学说”，称域外农学讲究植物之法，提出：西人考察植物所必需者“曰磷（磷为阴火，出于骨殖之内，而鸟粪所含尤多）、曰钙（石灰是已，如螺蚌之壳及各种土石均能化合）；曰钾（水草所生，如稻藁茶蓼之属）。又新出农学，借化学制粪培地之法（化学制粪每年收获加数倍），及电学飞车等法（用电之法，无论草木果蔬，入以电气萌芽，

① 孙宝瑄：《忘山庐日记》，上海：上海古籍出版社，1983 年，第 88 页。
② 康有为撰，姜义华、张荣华编校：《康有为全集》第 3 集，北京：中国人民大学出版社，2007 年，第 364 页。
③ 钱玄等注译：《周礼》，长沙：岳麓书社，2002 年，第 152—153 页。
④ 冯子章：《农业化学之重要及述日本东京帝大农业化学科之内容》，《农声》1928 年第 113 期。
⑤ 赵德馨主编：《张之洞全集》第 5 册，武汉：武汉出版社，2008 年，第 493 页。
⑥ 孙宝瑄：《忘山庐日记》，上海：上海古籍出版社，1983 年，第 194 页。

既速长成更易）。以为地中所生禾稼草木，均不外四种气：炭轻淡养也（淡气又名硝）及十种金类（即磷、磺、绿玻、精铁、锰、精鉐、镁、矿、鉥也。禾稼草木之柴，烧时其烟即炭轻淡养四气。而所烧之余灰，即系此十金类）化合而成。于是欲长养何物，即按其质配合。”[①]文中出现的“电学飞车”新名词，读来不知所谓。提到的西法农学种植之利，也并没有实际依据，不过是人云亦云似是而非的描述。然而，需要注意的是，“四气十金类”的说法体现了晚清士人对近代西方化学元素的关注。其知识来源，直接取自晚清传教士李提摩太《救世教益》的文论。

除坊间呼吁外，朝臣奏疏所言农事，也开始出现域外农学化学元素的言论，与历来务农强调官督农桑的惯习迥然有别。1909 年，时任职比较偏僻的甘肃劝业道兼主甘肃农工商矿总局的彭英甲，在谈到作物所需养料时，已懂得“凡植物缺何种质料，即以何种质料补助之。故知麦质含磷，而土质缺磷，则配鸟粪与骨以壅之。薯质含钾，而土质缺钾，则配稻藁荼蓼以壅之。他如用硫氧以暖地，施钙氧以杀虫”。[②]此种建议，已截然不同于重农桑以顺天时，勤开垦以尽地利，强调应天时以兴地利的传统农务。不过，对于奏折中提到的化学概念内容，强调实验的域外农学知识具体为何，人们备感困惑，虽耳熟却并未能详。诚如张之洞所强调的那样，“农学非试验难收实效”。[③]山西农林学堂“于农林两科似尚未专注，试验各场地似等于虚设”。[④]1910 年，学部仍谓：“现在各处实业学生狃于往日趋重文学之习，尚于实习不甚措意。”[⑤]因西法农学知识理新辞奥，有人提出“辨土宜、选谷种、治粪肥诸法，固中国所自有，而不必远仿外洋矣”的观点。[⑥]晚清对科学化农学知识的逐渐接纳与模糊认同，彰显了中西新旧知识较量的现实冲突。

二、制度难题：从“农政”到“农学”

清末遭逢千古未有的大变局，农学的形成与知识传播，推动了社会制度的革新，中国固有的制度体系发生了剧烈变动。晚清农学的形成，动摇了传统自给自足的经济结构。在内部变化和外力冲击的双重影响下，伴随

① 俞焯：《择用外洋农学说》，《湘报》1898 年第 154 号。
② 《甘肃筹办农政大概情形》，《商务官报》1909 年第 10 册，第 20 页。
③ 赵德馨主编：《张之洞全集》第 11 册，武汉：武汉出版社，2008 年，第 60 页。
④ 《京外农务报告》，《学部官报》1908 年第 44 期。
⑤ 《学部奏增订实业学堂实习分数算法折》，朱有瓛主编：《中国近代学制史料》第二辑下册，上海：华东师范大学出版社，1989 年，第 23 页。
⑥ 《书考求农政后》，《申报》1902 年 9 月 10 日。

着西方农学知识的传入，调整国内农政的呼声日益高涨，制度变革开始被朝野舆论所接受，并成为挽救危局、振兴民族的重要途径。中国自古专重稼穑，以农立国。在传统农本社会，并没有专门机构和专职人员执掌农业，农政事务主要由户部、工部等传统行政机构来兼管。科学化的农学，是近代才开始出现并逐步形成的，是应变局以救亡图存、富国强兵的重要方式与媒介、载体。集历代王朝体制之大成的清代体制难以承载与容纳晚清农学的诉求与去向，故而以政体变革为主导，包括官制、农政、教育等方面，体制全面转型，各种牵涉西法农学和传统农政改革的呼声日益高涨，最终落实于机构增置与制度建制。

以《农学报》、务农会、农务学堂的初设，以及农工商局设置、海外农科人才的培养和国内各类新式农务学堂的出现等诸多举措为标志，清政府开始对传统农业政策做出调适，但囿于既有体制的限制，可用之才缺乏，加之清廷当局瞻前顾后的应变，既不想触动原有统治秩序，又试图转变以应时局，导致20世纪前对农学的管辖局限于各地农务局、农报、农务学堂的零散设置，朝廷督抚在人、财、物及运作管理方面，并没有有效的全盘操控。

作为统率全国农工商业发展的专门行政机构，戊戌变法时期农工商总局的设立在近代社会史上具有标志性意义。光绪帝在上谕中要求："各省府州县，皆立农务学堂，广开农会，刊农报、购农器，由绅富之有田业者试办……农工商总局大臣随时考察。"[①]这就明确了它具有统管全国农事的职能，从而暂时结束了户部兼管农事的历史。清政府希望通过设立农工商总局，加强对农工商业的管理并督率其发展。但是，清政府并没有将各省农工商分局纳入官制体制内，仍是授权督抚设分局，选派二三名"通达时务、公正廉明"之绅士总司其事，鼓励士绅创办。然而，言者谆谆，听者藐藐。即使是体制外的变动，各督抚也多视若具文，空言搪塞，与光绪帝推动改革的期望相差甚远。

这段时期振兴农学的历史使命，依旧落在各省督抚身上。朝廷谕旨"振兴农务，兼采中西之法"，认可域外农学的存在，主张鼓农学以尽地利。这样的呼吁，除以张之洞为代表的个别趋新重臣付诸行动外，朝臣多将农务兴学之事转由在体制外设立的农务局来承担。朝廷将发展和管理农业的权力分寄于督抚，督抚再授权于农务局之绅士，绅士分权于本地之商董、分

---

① （清）徐致祥等：《清代起居注册（光绪朝）》第 61 册，台北：联合报文化基金国学文献馆，1987 年，第 31034—31037 页。

董等。也就是说，朝野上下多主张引进西方政体中的某些内核，如西法农学，以改善社会农业发展状况，改进中国旧有政治秩序，并非从根本上怀疑中国旧秩序的合理性。如此一来，朝廷可以不动官款、不设专官而坐享其成。然而，朝野上下素来以“农政”形态应对农事，秉持“农务兴盛之要，在官员劝勖”的惯习。虽然西法农学作为与传统农政出入甚大的事务，被列为政纲，但不可否认的一个基本事实是：科学化农学对晚清社会而言，是十分陌生的东西，没有这方面的经验和常识。故而近代社会言农学，慷慨陈之者众，付诸行动者寡。政府呼吁与实际落实之间，存在着难以消解的难题与冲突。

进入20世纪，晚清时局从农政走向农学的趋势日益显著。晚近政治制度开始转型，进入新的阶段。一方面，由商部改组合并而成的农工商部，借官制改革之契机试图统管全国实业。光绪二十九年（1903年）九月，清廷降旨在中央设立专门性的农工商一体的行政机构——商部。商部内分设保惠、平均、通艺、会计四司。其中，平均司专门执掌与农业有关的如“农桑畜牧树艺生植各事”，专司农田、屯垦、树艺、蚕桑、纺织、森林、水产、山利、海界、畜牧、狩猎暨一切整理农政，开拓农业，增殖农产，调查农品，组合农会，改良农具、渔具，刊布农务报告，整顿土货、丝茶，并合省河湖江海堤防工程，培修堤岸，建设闸坝，疏浚河道、海港各处沟洫，岁修款项核销事宜，统辖京外各农务学堂、公司、局厂、各省船政，以及办理农政、河工、水利人员，兼管农事试验场。

商部将农业纳入其管辖范围，并对其职责做专门化、具体化的界定，显示出农业改良问题得到了政府的重视。商部成立后，即下令：“凡土质之化分，种子之剖验，肥料之制造，气候之占测，皆立试验场，逐一讲求，纵人观览，务使乡民心领其意，咸知旧法不如新法，乐于变更。”[①]新式农学的知识，被纳入新的政治体制内。光绪三十二年（1906年）工部并入商部合为农工商部后，改平均司为农务司。

另一方面，标志晚清中央行政体制的重大调整和政治变革的主要一环的学部，于1905年设立。它的问世不仅显示了晚近社会政治制度的一个重大改变，也昭示了近代农学教育行政管理体制的雏形。在学部主导下，晚清社会建立了与癸卯学制配套的各类农业教育体系，奠定了此后农业教育的一席之地。将农学纳入专业学堂中加以实践，打破了以传统四书五经为

---

① （清）朱寿朋编、张静庐等校点：《光绪朝东华录》第5册，北京：中华书局，1958年，第5103页。

内容的教育模式，作为知识与制度转型重要枢纽的新式农学教育出现。

新政时，清政府有了以筹划发展农业为旨归的新政治机构，似乎为农业改良和农学发展的制度化铺平了道路。然而，在实际执行过程中，农工商部统管全国农事，学部统摄全国农业教育的设想极难实现。政策措施在贯彻实施中，常常受到局限而未能尽行落实。部院与督抚本已纠结的权责之争尚未解决，或隐或显，此起彼伏地存在并进行着较量。新的困境又接踵而至，制度变革存在一系列难题。

第一，不明就里，以耳熟却不能详的农学宣传鼓舞人心。在论说纷成的汇聚里，没有形成对农学制度归属的整体性和统一性认识。朝廷当局和官绅言论的蓬勃气象，虽倡导各式农务学堂、实业学堂或农事试验场的创办，但更多是以各自议论为表达方式，也以各自议论为存在方式。域外农学本意，被晚近社会说法不一的农学新解所替代。由此形成的共识与切实的举措并不多。其感染彼此与动人心魄的地方，始终只是挽救衰颓农业的设想，与对单纯耳闻泰西丰厚农业利益的向往，且只存在于以文字为载体的议论共趋之中。纷繁农学主张，转换为实际的政治运作，两者之间存在巨大鸿沟与落差，在晚近中国社会，关于农学的言说被融入救亡图存大而化之的抽象变革与制度革新中。

第二，新部门权责不明和相互龃龉。农工商部和学部毕竟是近代中国的新生事物，其设置既借鉴模仿了泰西经验，又由旧部门演变而来。创设之初，两部门在观念、职能等方面存在尖锐的矛盾冲突，二者权限划分不清，农务学堂归属不明，农业方面最终没有成立单独的政府部门，没有一个正式统管全国农学事务的专职中央行政部门，导致两部门互相扯皮的现象时有发生。当局难以集权，各省农业亦难有效开展，农学发展更是举步维艰。在近代农学兴起的过程中，农工商部和学部之间利益冲突不断，在摩擦与调适中，互相争夺话语权。加之在农学实业教育和普通教育之间缺乏统一规划和部署，各级各类农业教育的结构性布局并未整合和协同。这些矛盾不仅反映到学部、农工商部关于农业科学化的决策、实施等运作过程中，也间接或直接影响了农学政策实行的程度、力度与成效。

第三，政学不分的困境。历来中国政治制度只有农业政策的下发，而少科学化农学的考究与推广。农政之事，不过督抚政绩之一。直至近代，不懂农学之人掌握教育资源，指导规划，成为晚清农学难以进入正轨的重要症结。在农业教育创办初期，虽有西方农校的借鉴，实际贯彻起来却遇到了不少棘手的难题，在课程、师资、经费、教材、设备、学生出路等方面都面临着众多难以解决的实际问题。呼吁农学之人，多倡言变法，却困于不知时务的难题。这种明显的矛盾，真实反映了近代国人在变法自强时的逻辑起点，动因不在于内生，而是来自西学东渐社会潮流下，感受到的近代中国社会商政渐兴、农政渐隐趋势外部压力的历史事实。此后，随着农务学堂的渐渐增多，如何解决农科毕业生的出路与科举正途之间的关系，消除此间日益尖锐的矛盾，并就农业学堂进行统一筹划与管理，就成为清政府无法回避的问题。

晚清制度变革中，虽然针对农学所拟的各项措施在贯彻实行过程中，因各种因素而未能尽行落实，但毕竟自近代社会关注科学化农学知识萌芽开始，从书院课艺新式农学知识的回答，到农务学堂的初步尝试，再到农学建制被纳入学制的制度运作，近代社会围绕农事的知识、制度与观念都焕然一新，标志着晚近农学行政体系的正式形成，奠定了中国近现代各级农学教育的基本格局。

三、中西新旧：近代农学的时代命题

近代农学的形成不仅仅是知识论层面的内容，也与制度转型和社会变迁关系密切。新知识的传播往往导致观念的嬗变，知识观念的革新又会引导制度的变革，而制度尤其是教育政策与政治制度的变革，反过来又会固定与强化新的农学知识，使之进一步学科化与制度化，进而产生改变整个社会结构的力量。

首先，近代农学的形成，改变了传统的知识结构。科举之制，士子埋首于时文，趋竞于场屋。“学者不农”的现状致“农学传统，遂数年前决于天下”。[①]晚清以降，西方传教士欲“以西国之新学广中国之旧学”，西方农学知识零星传入晚清社会。与此同时，“学者欲自立，以多读西书为功”的观点盛传。[②]务农会兴办，其会报《农学报》出刊，开始系统介绍农学知识。在这样的社会背景下，《农学新法》成为晚清知识精英讨论西方农学最重要的知识来源，由此引发晚清关于农学的讨论。甲午战争后，农政渐兴。孙家鼐在《议复开办京师大学堂》中提出“学问宜分科”构想，建议分立十科，设“农学科，种植水利附焉”。[③]在京师大学堂光绪二十四年（1898 年）、光绪二十八年（1902 年）、光绪二十九年（1903 年）的三个章程中，农学正式被纳入学问知识范围，进入学术体制。晚清以来设立的

---

① 梁启超：《农会报序》，《时务报》1897 年第 23 册。

② 梁启超：《饮冰室合集》，北京：中华书局，1989 年，第 123 页。

③ 中国史学会主编：《戊戌变法（二）》，上海：上海人民出版社，1957 年，第 425—429 页。

各式农务学堂、实业学堂及中央行政机构的调整，为新式农学的发展提供了一定的空间。晚近科学化农学的萌发，带动留日农科生、留学欧美的农学生和本土农学生三股力量逐渐形成。

其次，近代农学的形成，是应对晚清中国社会文化变动大势，与“工商立国”“重商主义”相关社会潮向的结果。近代中西碰撞过程中，晚清政坛留心时事者为挽回利权，采用的方式与着眼点不尽相同。有人主张“商战”，振兴商务，通过“购机器，仿制造，纺纱线织布，疋造玻璃，制洋瓷，熬蔗糖，蒸香水，开煤铁，造火柴”的方式，试图抵制洋货，以促进国货流通。也有人呼吁：习兵战不如习商战，习商战不如习“农战”。因为“商之所运皆工之所成，而工之所用皆土之所生”。[①]19 世纪末至 20 世纪初，“农战”的呼声日益高涨。

《申报》头版头条的文论颇具典型性，代表了时人倡导近代“农战”的逻辑起点和目标。1899 年 2 月，《申报》头版头条详细论述《农战论》，认为“农战”的重要性高于“商战”，提出“农战”富国之说，从中国“农战”渊源及重要性，泰西“农战”新法和近代中国“农战”建议三方面展开论述。第一，在阐释中国“农战”起源时，上溯三代，指出“中国三代以来重农贵粟”，“农战”思想具有悠久历史与传统。秦朝以商鞅“农战”之法吞并六国，一统天下。“国之所以兴者，农战也。”至此奠定中国传统社会重农的思想。第二，文中描述了西法“农战”的景象。较之中国的“重农”，泰西“农战”则聚焦农业播种之法的学习。“皆设农部总揽大纲，每于大埠设农艺博览会一所，集各方之物产与化学诸家，详察地利，各植其性之所宜，每岁收成入会者，察考优劣，事事讲求不遗余力，务使各尽地利，各极人工。”从中可见，泰西“农战”实行士农结合的模式，寓教于农。时人认为，泰西“农战”之法，使“欧洲每年进项，民产共得三万一千二百二十兆，而农田所值居一万一千九百三十兆，化学家又谓能尽地力每一英里所产可养人一万六千，较美国每十万里所产可养人二百者，尚能增十余倍”。第三，《农战论》一文指出中国“农战”的新举措，在于“以西国农学新法经营之，每年增款可得六十九万一千二百万两”。同时提出务农六法，分别为注重算学、化学、水利、器械、培植之法及兼畜牧之法，开重视播种之法与讲究土性的新风气，为推行务农六法，呼吁朝廷当局“设农部开农务学堂，以启发三农之智慧”[②]。

---

① 王式训：《农战论》，《蜀学报》1898 年第 7 期，第 18—25 页。
② 《农战论》，《申报》1899 年 2 月 26 日。

伴随近代农学兴起的“农战”，不同于传统三代的“农战”理念。古代的“农战”，不外乎争三种资源：人口、车马与交通。在自给经济时代，农民生产专以取得自己的衣食资料为目的。农业国家能够强大起来，纯看它的人口和车马数量。纵横的交通，则便于掠夺他国的人口与车马，吞并其他国家。古代各国制度不同，但都要求农战合一。遇有盗贼与敌人侵入的时候，一井之人可以彼此呼应，彼此救助，组织农民，保卫国土。近代“农战”则是以“农为工商之本”的基调立论。“西洋的农业，虽也各国不同，但大体言之，是日趋于工业化和商业化，中国的农业是家庭化，注重在自足自给，而不以如商品之彼此交换为目的。”[①]

事实上，晚清农学肇始于“兴农抵洋”之“农战”观念，借鉴西学架起一座沟通“农”与“学”的桥梁，最终落实于“学战”之上，其表在农，其里却在学。时人认为，打通古今中西历史的时空概念，“农战”作为国之利器，施之于古，可养民保民，实现富国强兵；施之于今，则堵塞漏卮、挽回经济利权，并引入域外“农学”以为“战”之根本。故而“农非学无以辨菽麦，别肥硗，尽地力”逐渐成为晚清社会朝野上下的共识。

最后，近代农学兴起的历史进程，使自古以来士与农分途的传统被打破，具有变革传统观念的意义。一方面，“中国士农分途相沿已久，习诗书者沦于空虚，事畎亩者安于愚闇，空虚则无实业可执，愚闇则无进步可图”，农学“探各国富强之源，浚中土本有之利，化士人空虚之弊，辟农民愚闇之蒙，合士农于一途，融体用于一贯”[②]。“四民之业，亦有学之”的观念逐渐被时人接受，士与农分途的成见被破除。在认识层面，士人求知问学的对象发生异变，从不屑与农人为伍，转向对西法农学的关注，目光聚焦于涉猎浏览各种各样的西学或新学书目与报刊，探索农学的学理性知识。在实践层面，农事试验场与农学教育机构纷纷开设，农学的学科化与制度化在政策上得以助推。整体而言，无论是域外农学知识的宣传传播，还是农学学科化的初步萌芽，抑或农学制度化的革故鼎新，都屡出新意。另一方面，清政府一再将组织、管理和领导近代农工商各业发展的权力下放到各地绅商，所看重的正是绅商拥有的资财、权势和威望。这个“如意算盘”暂时维持了固有的官制体系，农工商各业也在这些局所的倡导下有所发展。然而，随着农工商各业的日趋繁兴，农工商

---

① 钱天鹤：《中国农业与科学》，《中央日报》1935年12月3日。

② 《山东巡抚吴奏设立高等农业学堂折》，朱有瓛主编：《中国近代学制史料》第二辑下册，上海：华东师范大学出版社，1989年，第184页。

各局迅速膨胀和扩张，本已坐大的督抚权势将进一步扩增，绅商也乘势崛起。这些都加速了固有的“内重外轻”的统治格局和传统的“士农工商”四民社会结构发生变动。

晚清科学化农学的兴起，无可置疑成为我国古代传统农学向近代科学农学转变的过渡形态。与此同时，近代农科人才群体的出现，对民国初年的政治经济的转变起了重要作用。这呈现出近代中国知识与制度转型过程曲折与复杂的多重面向。由于种种原因，农学制度化陷入困境，农业教育难以事事照章执行，但我们不能将这些章程视为数纸虚文而轻视其意义。科考停废后，纳入知识体系的农学的出现，带动了传统农政的变化。学科化的农学，使整个社会面貌为之一变。向来“政者，君相之事；学者，士大夫之事；业者，农工商之事”[①]，晚清农学脱政而立，从中可见近代政、学形态之确立，其历史内涵足可拓展。农学的兴起，逐渐型构出一个不同于传统四民社会的新形态，发展为一种新的政治秩序与社会变迁的力量。

---

① 张謇研究中心、南通市图书馆、江苏古籍出版社：《张謇全集》第 6 卷，南京：江苏古籍出版社，1994 年，第 514 页。

参考文献

一、中文专著

〔德〕阿梅龙、孙青：《真实与建构：中国近代史及科技史新探》，北京：社会科学文献出版社，2019年。

爱汉生等：《东西洋考每月统记传》，北京：中华书局，1997年。

北京大学，中国第一历史档案馆：《京师大学堂档案选编》，北京：北京大学出版社，2001年。

蔡尚思、方行编：《谭嗣同全集》增订本，北京：中华书局，1981年。

陈昌绅：《分类时务通纂》，上海：文澜书局，1902年石印本。

陈恢吾：《农学纂要》，清光绪二十七年（1901年）石印本。

陈树平主编：《明清农业史资料（1368—1911）》，北京：社会科学文献出版社，2013年。

（清）陈骧辑：《时务策学备纂》，清光绪二十三年（1897年）刻本。

陈学恂、田正平：《中国近代教育史资料汇编·留学教育》，上海：上海教育出版社，1991年。

〔英〕旦尔恒理：《农学初级》，清光绪二十四年（1898年）刻本。

丁凤麟、王欣之：《薛福成选集》，上海：上海人民出版社，1987年。

樊洪业、王扬宗：《西学东渐：科学在中国的传播》，长沙：湖南科学技术出版社，2000年。

冯天瑜、陈锋主编：《张之洞与中国近代化》，北京：中国社会科学出版社，2010年。

复旦大学历史系、复旦大学中外现代化进程研究中心：《近代中国的知识与观念》，上海：上海古籍出版社，2019年。

复旦大学历史学系、复旦大学中外现代化进程研究中心：《中国现代学科的形成》，上海：上海古籍出版社，2007年。

〔英〕傅兰雅：《格致书院西学课程》，清光绪二十一年（1895年）刊印本。

〔英〕傅兰雅口译、王树善笔述：《农务要书简明目录》，清光绪二十七年（1901年）刻本。

（清）甘厚慈：《北洋公牍类纂》，台北：文海出版社，1967年。

甘孺辑述：《永丰乡人行年录（罗振玉年谱）》，南京：江苏人民出版社，1980年。

葛全胜主编:《清代奏折汇编——农业·环境》,北京:商务印书馆,2005 年。
故宫博物院明清档案部:《清末筹备立宪档案史料》,北京:中华书局,1979 年。
关晓红:《科举停废与近代中国》,北京:社会科学文献出版社,2013 年。
关晓红:《晚清学部研究》,广州:广东教育出版社,2000 年。
广东省社会科学院历史研究室、中国社会科学院近代史研究所中华民国史研究室、中山大学历史系孙中山研究室:《孙中山全集》第一卷,北京:中华书局,1981 年。
国家档案局明清档案馆:《戊戌变法档案史料》,北京:中华书局,1958 年。
国家图书馆分馆:《清末时事采新汇选》,北京:北京图书馆出版社,2003 年。
国家图书馆古籍馆:《国家图书馆藏近代统计资料丛刊》第 26—27 册,北京:北京燕山出版社,2007 年。
(清)胡兆鸾:《西学通考》,清光绪二十三年(1897 年)石印本。
〔德〕花之安:《自西徂东》,上海:上海书店出版社,2002 年。
黄明同、吴熙钊主编:《康有为早期遗稿述评》,广州:中山大学出版社,1988 年。
姜亚沙、经莉、陈湛绮主编:《中国早期农学期刊汇编》,北京:全国图书馆文献缩微复制中心,2009 年。
金陵大学农学院农业经济系农业历史组:《农业论文索引:前清咸丰八年至民国二十年(1858—1931)》西文部,南京:金陵大学图书馆,1933 年。
金陵大学农学院农业经济系,农业历史组:《农业论文索引:前清咸丰八年至民国二十年(1858—1931)》中文部,南京:金陵大学图书馆,1933 年。
金陵大学图书馆杂志小册部:《农业论文索引续编:民国二十一年一月至二十三年底(1932—1934)》,南京:金陵大学图书馆,1935 年。
具德礼:《农学新法》,上海:美华书馆,1897 年。
(清)康有为撰,姜义华、张荣华编校:《康有为全集》,北京:中国人民大学出版社,2007 年。
孔祥吉编著:《康有为变法奏章辑考》,北京:北京图书馆出版社,2008 年。
李德龙、俞冰主编:《历代日记丛钞》,北京:学苑出版社,2006 年。
〔英〕李提摩太著,李宪堂、侯林莉译:《亲历晚清四十五年:李提摩太在华回忆录》,天津:天津人民出版社,2005 年。
李文治:《中国近代农业史资料第一辑(1840—1911)》,北京:生活·读书·新知三联书店,1957 年。
李永芳:《近代中国农会研究》,北京:社会科学文献出版社,2008 年。
梁启超:《西政丛书》,1897 年石印本。
梁启超:《饮冰室合集》,北京:中华书局,1989 年。

梁启超著、夏晓红编:《〈饮冰室合集〉集外文》，北京：北京大学出版社，2005年。
梁廷枏:《海国四说》，北京：中华书局，1993年。
林乐知主编:《教会新报》，台北：华文书局，1968年。
林乐知主编:《万国新报》，台北：华文书局，1968年。
刘大鹏遗著、乔志强标注:《退想斋日记》，太原：山西人民出版社，1990年。
（清）刘锦藻:《清朝续文献通考》，杭州：浙江古籍出版社，1988年。
刘真主编:《留学教育——中国留学教育史料》，台北："国立编译馆"，1980年。
卢嘉锡、董恺忱、范楚玉:《中国科学技术史》农学卷，北京：科学出版社，2000年。
罗振玉:《罗雪堂先生全集》，台北：大通书局，1989年。
罗振玉:《农事私议》，1901年。
吕顺长:《清末浙江与日本》，上海：上海古籍出版社，2001年。
毛雍:《中国农书目录汇编》，南京：金陵大学图书馆，1924年。
茅海建:《戊戌变法史事考》，北京：生活·读书·新知三联书店，2005年。
杞庐主人:《时务通考》，上海：点石斋，1897年石印本。
钱玄等注译:《周礼》，长沙：岳麓书社，2002年。
清华大学历史系:《戊戌变法文献资料系日》，上海：上海书店出版社，1998年。
《清实录》，北京：中华书局，1985—1987年。
璩鑫圭、唐良炎:《中国近代教育史资料汇编·学制演变》，上海：上海教育出版社，1991年。
全国图书馆文献缩微复制中心:《中国近代教育史料汇编》晚清卷，北京：全国图书馆文献缩微复制中心，2006年。
（清）饶玉成:《皇朝经世文续编》，清光绪七年（1881年）双峰书屋刊本。
桑兵:《孙中山史事编年》，北京：中华书局，2017年。
桑兵、赵立彬主编:《转型中的近代中国——近代中国的知识与制度转型学术研讨会论文选》，北京：社会科学文献出版社，2010年。
沙培德、张哲嘉主编:《近代中国新知识的建构》，台北：联经出版事业公司，2013年。
山西农工局:《山西农务公牍》，1903年。
上海农学会:《农学丛刻》，1897年。
上海图书馆:《中国近代期刊篇目汇录》，上海：上海人民出版社，1965年。
沈云龙主编:《近代中国史料丛刊》第七十五辑，台北：文海出版社，1966年。
沈云龙主编:《近代中国史料丛刊三编》第十辑，台北：文海出版社，1986年。
沈宗翰、赵雅书等编著:《中华农业史论集》，台北：商务印书馆，1979年。
舒新城:《近代中国教育史料》，上海：中华书局，1928年。
苏云峰:《张之洞与湖北教育改革》，台北："中央研究院"近代史研究所，1983年。

孙宝瑄:《忘山庐日记》, 上海: 上海古籍出版社, 1983 年。
孙家鼐:《续西学大成》, 清光绪二十三年(1897 年)石印本。
孙青:《晚清之“西政”东渐及本土回应》, 上海: 上海书店出版社, 2009 年。
汤志钧、陈祖恩:《中国近代教育史资料汇编·戊戌时期教育》, 上海: 上海教育出版社, 1993 年。
汤志钧:《康有为政论集》, 北京: 中华书局, 1981 年。
汤志钧:《戊戌时期的学会和报刊》, 台北: 商务印书馆, 1993 年。
天津图书馆、天津社会科学院历史研究所:《袁世凯奏议》, 天津: 天津古籍出版社, 1987 年。
(清)汪康年:《汪康年师友书札》, 上海: 上海古籍出版社, 1986—1989 年。
(清)汪康年著、汪林茂编校:《汪康年文集》, 杭州: 浙江古籍出版社, 2011 年。
汪叔子:《文廷式集》, 北京: 中华书局, 1993 年。
汪向荣:《日本教习》, 北京: 中国青年出版社, 2000 年。
王尔敏:《上海格致书院志略》, 香港: 中文大学出版社, 1980 年。
王俊强:《民国时期农业论文索引: 1935—1949》, 北京: 中国农业出版社, 2011 年。
王奎:《清末商部研究》, 北京: 人民出版社, 2008 年。
(清)王上达:《农务实业新编》, 清宣统二年(1910 年)刻本。
(清)王树善:《农务述闻》, 清光绪二十七年(1901 年)石印本。
(清)王韬:《格致书院课艺》, 上海: 图书集成印书局, 1898 年石印本。
(清)王韬著, 汪北平、刘林编校:《弢园尺牍》, 北京: 中华书局, 1959 年。
(清)王韬:《弢园文录外编》, 上海: 上海书店出版社, 2002 年。
(清)王韬、顾燮光等:《近代译书目》, 北京: 北京图书馆出版社, 2003 年。
王燕来、谷韶军:《民国教育统计资料续编》第 3 册, 北京: 国家图书馆出版社, 2012 年。
王燕来、谷韶军:《民国教育统计资料续编》第 1 册, 北京: 国家图书馆出版社, 2012 年。
王扬宗:《近代科学在中国的传播——文献与史料选编》, 济南: 山东教育出版社, 2009 年。
王毓瑚:《中国农学书录》, 北京: 中华书局, 1957 年。
(清)王之春:《王之春集》, 长沙: 岳麓书社, 2010 年。
(清)吴颎炎:《策学备纂》, 清光绪十四年(1888 年)上海点石斋石印本。
熊月之主编:《晚清新学书目提要》, 上海: 上海书店出版社, 2007 年。
(明)徐光启:《农政全书》, 北京: 中华书局, 1956 年。
(清)徐致祥等:《清代起居注册(光绪朝)》, 台北: 联合报文化基金国学文献馆,

1987年。
（清）杨巩：《中外农学合编》，1908年。
杨开道：《农业教育》，上海：商务印书馆，1933年。
叶依能主编：《中国历代盛世农政史》，南京：东南大学出版社，1991年。
倚剑生：《光绪二十四年中外大事汇记》，台北：华文书局，1968年。
苑书义、孙华峰、李秉新主编：《张之洞全集》，石家庄：河北人民出版社，1998年。
张德泽编著：《清代国家机关考略》，北京：中国人民大学出版社，1981年。
张謇研究中心、南通市图书馆、江苏古籍出版社：《张謇全集》，南京：江苏古籍出版社，1994年。
张荫桓：《张荫桓日记》，上海：上海书店出版社，2004年。
张援编著：《大中华农业史》，上海：商务印书馆，1921年。
（清）张之洞：《劝学篇》，上海：上海书店出版社，2002年。
张仲民、章可：《近代中国的知识生产与文化政治——以教科书为中心》，上海：复旦大学出版社，2014年.
赵德馨主编：《张之洞全集》，武汉：武汉出版社，2008年。
赵树贵、曾丽雅：《陈炽集》，北京：中华书局，1997年。
郑孝胥：《郑孝胥日记》，北京：中华书局，1993年。
中国第一历史档案馆：《光绪朝上谕档》，桂林：广西师范大学出版社，1996年。
中国第一历史档案馆：《光绪朝朱批奏折》，北京：中华书局，1995—1996年。
中国第一历史档案馆：《清廷签议〈校邠庐抗议〉档案汇编》，北京：线装书局，2008年。
中国第一历史档案馆：《宣统朝上谕档》，桂林：广西师范大学出版社，1996年。
中国农业大学档案馆：《中国农业大学史料汇编（1905—1949）》，北京：中国农业大学出版社，2005年。
中国农业科学院中国农学遗产研究室、南京农学院中国农学遗产研究室：《中国农学遗产选集》甲类第一种，北京：中华书局，1958年。
中国农业科学院中国农学遗产研究室、南京农学院中国农业遗产研究室：《中国农学史（初稿）》上册，北京：科学出版社，1959年。
中国农业科学院中国农学遗产研究室、南京农学院中国农业遗产研究室编著：《中国农学史（初稿）》下册，北京：科学出版社，1984年。
中国史学会主编：《戊戌变法》，上海：上海人民出版社，1957年。
钟祥财：《中国农业思想史》，上海：上海社会科学院出版社，1997年。
（清）朱寿朋编、张静庐等校点：《光绪朝东华录》，北京：中华书局，1958年。
朱维铮主编：《马相伯集》，上海：复旦大学出版社，1996年。

朱英：《晚清经济政策与改革措施》，武汉：华中师范大学出版社，1996 年。
朱有瓛主编：《中国近代学制史料》第 1—3 辑，上海：华东师范大学出版社，1983—1992 年。
邹秉文：《中国农业教育问题》，上海：商务印书馆，1923 年。
左玉河：《从四部之学到七科之学：学术分科与近代中国知识系统之创建》，上海：上海书店出版社，2004 年。

二、外文专著

〔日〕实藤惠秀：《中国人留学日本史》，谭汝谦、林启彦译，北京：生活 · 读书 · 新知三联书店，1983 年。
〔日〕天野元之助：《中国农业史研究》，东京：御茶水书房，1962 年。
〔日〕伊原泽周：《从“笔谈外交”到“以史为鉴”：中日近代关系史探研》，北京：中华书局，2003 年。
Adrian Arthur Bennet. *The Introduction of Western Science and Technology into Nineteenth-century China*. Cambridge：Harvard University Press，1967.
Charles K. Edmunds. *Modern Education in China*. Washington：Government Printing Office，1919.
Daniel H. Bays. *China Enters the Twentieth Century*：*Chang Chih-tung and the Issues of a New Age*，*1895-1909*. Ann Arbor：University of Michigan Press，1978.
Roswell Sessoms Britton. *The Chinese Periodical Press*，*1800-1912*. Shanghai：Kelly and Walsh Ltd.，1933.

三、中文期刊

安东强：《张之洞〈书目答问〉本意解析》，《史学月刊》2010 年第 12 期。
巴斯蒂：《京师大学堂的科学教育》，《历史研究》1998 年第 5 期。
包平、王利华：《略述中国近代农业教育体系的创立（1897—1937）》，《中国农史》2002 年第 4 期。
曹幸穗：《从启蒙到体制化：晚清近代农学的兴起》，《古今农业》2003 年第 2 期。
陈秀卿：《清末商战下的上海〈务农会〉——以罗振玉农商观为中心的探讨》，《黄埔学报》2008 年第 85 期。
冯志杰：《晚清农学书刊出版研究》，《中国农史》2006 年第 4 期。
孔祥吉：《〈上清帝第三书〉进呈本的发现及其意义》，《新华文摘》1986 年第 2 期。
林更生：《〈农学丛书〉的特点与价值》，《中国农史》1989 年第 4 期。
刘小燕、姚远：《〈农学报〉之前西方农学知识在中国的传播》，《西北大学学报》（自然科学版）2009 年第 6 期。
罗志田：《西学冲击下近代中国学术分科的演变》，《社会科学研究》2003 年第 1 期。

闵宗殿、王达:《晚清时期我国农业的新变化》,《中国社会经济史研究》1985 年第 4 期。

潘吉星:《清代出版的农业化学专着〈农务化学问答〉》,《中国农史》1984 年第 2 期。

潘君祥:《我国近代最早的农业学术团体——上海农学会》,《中国农史》1983 年第 1 期。

钱存训:《近世译书对中国现代化的影响》,《文献》1986 年第 2 期。

桑兵:《科举、学校到学堂与中西学之争》,《学术研究》2012 年第 3 期。

桑兵:《盲人摸象与成竹在胸——分科治学下学术的细碎化与整体性》,《文史哲》2008 年第 1 期。

桑兵:《晚清民国的知识与制度体系转型》,《中山大学学报》(社会科学版)2004 年第 6 期。

沈祖炜:《清末商部、农工商部活动述评》,《中国社会经济史研究》1983 年第 2 期。

王宝平:《康有为〈日本书目志〉资料来源考》,《文献》2013 年第 5 期。

王笛:《清末民初我国农业教育的兴起和发展》,《中国农史》1987 年第 1 期。

王国席:《清末农学留学生人数与省籍考略》,《历史档案》2002 年第 2 期。

王奎:《商部(农工商部)与清末农业改良》,《中国农史》2006 年第 3 期。

王利华:《晚清兴农运动述评》,《古今农业》1991 年第 3 期。

王树槐:《清季的广学会》,《"中央研究院"近代史研究所集刊》1973 年第 4 期。

王先明、李尹蒂:《从"农政"到"农学"——以晚清"经世文编"为中心的历史考察》,《福建论坛》2012 年第 6 期。

王业键:《近代中国农业的成长及其危机》,《"中央研究院"近代史研究所集刊》1978 年第 3 辑。

王永厚:《从〈农事私议〉看罗振玉的农业思想》,《中国农史》1991 年第 4 期。

王振锁:《明治时期的日本农业政策和农学思想》,《日本研究》1989 年第 2 期。

夏如冰:《清末的农政机构与农业政策》,《南京农业大学学报》(社会科学版)2002 年第 3 期。

杨直民、沈凤鸣、狄梅宝:《清末议设京师大学堂农科和农科大学的初建》,《中国农业大学学报》1985 年第 3 期。

张海荣:《甲午战后改革大讨论考述》,《历史研究》2010 年第 4 期。

张亚群:《废科举与学术转型——论清末科学教育的发展》,《东南学术》2005 年第 4 期。

张玉法:《戊戌时期的学会运动》,《历史研究》1998 年第 5 期。

章楷:《八十年前的我国农业教育》,《中国农史》1994 年第 4 期。

章楷:《务农会、〈农学报〉、〈农学丛书〉及罗振玉其人》,《中国农史》1985 年第

1 期。
章清:《晚清西学“汇编”与本土回应》,《复旦大学学报》(社会科学版)2009 年第 6 期。
赵泉民:《论清末农业政策的近代化趋向》,《文史哲》2003 年第 4 期。
赵泉民:《论晚清重农思潮》,《社会科学研究》2000 年第 6 期。
朱先立:《罗振玉与〈农学报〉》,《中国科技史料》1986 年第 2 期。
朱先立:《我国第一种专业性科技期刊》,《中国科技史料》1986 年第 2 期。
朱英:《论晚清的商务局、农工商局》,《近代史研究》1994 年第 4 期。
朱英:《清末广东农会述论》,《学术研究》1990 年第 1 期。
朱英:《清末直隶农会述略》,《中国农史》1988 年第 3 期。
朱英:《辛亥革命前的农会》,《历史研究》1991 年第 5 期。

四、外文期刊

钱鸥:《羅振玉における「新学」と「経世」羅振玉における「新学」と「経世」》,《言语文化》1998 年第 1 号。
沈国威:《康有为及其〈日本书目志〉》,《或问》2003 年第 5 号。

五、学位论文

黄小茹:《清末农工商部农事试验场研究》,北京大学 2007 年博士学位论文。
曲霞:《晚清商务局与近代商政》,中山大学 2014 年博士学位论文。
王鸿志:《兴利与牧民:清季劝业道的建制与运作》,中山大学 2009 年博士学位论文。
魏露苓:《晚清西方农业科技的认识传播与推广》,暨南大学 2006 年博士学位论文。
杨瑞:《技术、组织与社会制度:中华农学会与近代农业问题之出路(1916—1937)》,中山大学 2009 年博士学位论文。
张海荣:《甲午战后清政府的实政改革(1895—1899 年)》,北京大学 2013 年博士学位论文。
朱仁华:《中国近代科学农学的萌芽和发展》,浙江农业大学 1988 年硕士学位论文。

六、报纸杂志

《北洋官报》。
《北直农话报》。
《大公报(天津)》。
《东方杂志》。
《富强报》。
《广益丛报》。

《湖北农会报》。
《湖北商务报》。
《集成报》。
《江西农报》。
《教育世界》。
《教育杂志》。
《经世报》。
《利济学堂报》。
《内阁官报》。
《农会博议》。
《农学报》。
《商务报》。
《商务官报》。
《申报》。
《时务报》。
《顺天时报》。
《台湾日日新报》。
《无锡白话报》。
《湘报》。
《新民丛报》。
《学部官报》。
《政府官报》。
《政艺通报》。
《知新报》。
《直隶教育官报》。
《直隶教育杂志》。
《中西闻见录》。

附　　录

附录一　《农学报》出版情况一览表

起讫时间	共出册数	总期号	备注
光绪二十三年（1897 年）四月上至十二月下	18	第 1—18 册	半月刊
光绪二十四年正月上至十二月下	39	第 19—57 册	旬刊
光绪二十五年正月上至十二月下	36	第 58—93 册	
光绪二十六年正月上至十二月下	39	第 94—132 册	仅“文篇”“译篇”；扉页印有“《农学报》，农学会遵旨刊行”
光绪二十七年正月上至十二月下	36	第 133—168 册	
光绪二十八年正月上至十二月下	36	第 169—204 册	
光绪二十九年正月上至十二月下	39	第 205—243 册	本年闰五月
光绪三十年正月上至十二月下	36	第 244—279 册	
光绪三十一年正月上至十二月下	36	第 280—315 册	

资料来源：《农学报》第 1—315 册，1897 年 5 月—1906 年 1 月

附录二　《农学报》报馆在各处的代收捐款者

地区	姓名	住址
江苏金陵	张謇（字季直）	文正书院
江苏通州	朱祖荣	范湖洲
江苏江阴	刘梦熊（字渭/味清）	浙盐总局
江苏淮安	邱宪、王锡祺	南门大街百善巷
浙江绍兴	徐树兰	水澄巷
浙江杭州	邵章	文龙巷
四川成都	陶在宽	定兴书院
广西桂林	龙焕纶	广仁善堂

资料来源：《农学报》第1—315册，1897年5月—1906年1月

附录三　《农学报》报馆收到的捐款简表

时间	捐款数		捐款人（人）	捐款机构（个）
	银圆（元）	银两（两）		
第一次报销清册（1897年5月—1897年9月11日）	3310	310	22	1
第二次报销清册（丁酉八月望后）	1500	40	20	
第三次报销清册（戊戌全年）	5848		16	2
己亥年	200		1	1

注：（1）第一次捐款（八月十五日以后所收捐款不列入，以先后为序）：蒋黼秀才500元，罗振玉秀才500元，徐树兰孝廉300两，刘梦熊刺史100元，席麓生、席沅生观察250元（先交），张謇殿撰50元，狄楚卿大令50元，林迪臣太守100元，松鹤龄100元，孙实甫先生100元，张燕谋观察200元，卢木斋大令200元，韩稺夫大令10两，蒋仲京司马100元，徐星槎分转20元，直隶临城矿务局100元，胡云楣副宪100元，沈愚溪参军10元，张广雅尚书500元，赵次珊廉访100元，奚冕周先生10元，陈伯潜阁学40元。

（2）第二次所收捐款：严范孙学使100元、许笈云进士200元、刘竽珊太史100元、张璃隐舍人10元、沈雨辰太史100元、郁莲卿先生10元、朱阆樨广文100元、沙健庵太史100元、吴坚庭广文100元、马芾庭太学100元、祝稺农先生100元、刘聚卿观察100元、徐以懋舍人100元、董竟吾先生100元、徐菊人太史20元、刘伟庵先生100元、李小池司马100元、黄叔颂太史30两、王司直先生10元、徐赞廷刺史10两。

（3）戊戌年捐款：孔季脩正郎100元、高泽畬孝廉2元、刘渠川大令100元、赵静涵大令20元、董仲韬太史30元、刘仲庸司马8元、胡靳生中丞100元、刘叔愚别驾8元、郑陶斋观察50元、复邠轧花厂10元、胡又嘉太守100元、夏虎臣太史10元、张汉仙中臣1000元、黄公度星使100元、陈郎儕大令100元、南洋大臣拨款3000两换银4110元。

（4）己亥年捐款：徐树兰观察垫款200元

资料来源：《农学报》第1—315册，1897年5月—1906年1月

附录四　饬令购阅《农学报》的官员名录

姓名	台衔	所发公文	出处
林启	杭州府太守	《饬各属购阅〈农学报〉并分给各书院札》	《农学报》1897年第5册
刘名誉	江宁府太守	《饬各属购阅〈时务报〉、〈农学报〉并分给各书院札》	《农学报》1897年第5册
胡燏棻	顺天府尹	《饬各属购阅〈农学报〉并饬考求农事札》	《农学报》1897年第7册
廖寿丰	浙江巡抚	《饬各属购阅〈农学报〉札》	《农学报》1897年第8册
张之洞	湖广总督	《咨会鄂抚通饬各属购阅〈湘学报〉、〈农学报〉公牍》	《农学报》1897年第12册
刘坤一	两江总督	《饬江苏安西各属购阅〈农学报〉、〈时务报〉公牍》	《农学报》1897年第13册
邓华熙	安徽巡抚	《饬安徽全省购阅〈农学报〉公牍》	《农学报》1897年第13册
恽祖翼	浙藩方伯	《通饬各属购阅〈译书公会报〉、〈农学会报〉札》	《农学报》1897年第21册
沈家本	保定太守	《代分直隶各省府州县〈农学报〉公启》	《农学报》1897年第24册
劳乃宣	清苑大令	《代分直隶各省府州县〈农学报〉公启》	《农学报》1897年第24册

附录五　农务会题名总表

一、《农学报》（后略）第 1 册，1897 年 5 月（光绪二十三年四月上）

蒋黼、罗振玉、汪康年、梁启超、徐树兰、朱祖荣、邱宪、马良、马建忠、陈虬、叶瀚、张謇、张美翊、李智俦、叶意深、连文冲、陈庆年、陶在宽、沈学、沈瑜庆、凌赓飏、魏丙尧、王镜莹、邵章、邵孝义、龙泽厚、龙焕纶、汪鸾翔、况仕任、王浚中、龙朝辅、刘梦熊、谭嗣同、柳齐、周学熙、高崧、沙元炳、吴廷赓、马燮光、邓嘉缉、胡光煜、桂高庆、李钧鼎、李盛铎、龙璋

二、第 2 册，1897 年 5 月（光绪二十三年四月下），农会续题名

徐维则、汤寿潜、汪诒年、李鼎星、陈季同、陈寿彭、陈门达

三、第 3 册，1897 年 6 月（光绪二十三年五月上），农会续题名

麦孟华、伍湛忠、狄葆贤、金鉽、张藩、刘锡祥、刘光蕡、杨蕙、陈涛、孙淦

四、第 4 册，1897 年 6 月（光绪二十三年五月下）

谢钟英、周士杰、缪荃孙、郭凤诰、蒋锡绅、池虬、刘锦藻、孙福保、刘世珩、蒋汝圻、潘承潞、福开森、韩澍滋、沈云沛

五、第 5 册，1897 年 7 月（光绪二十三年六月上）

李鸿章、朱树人、刘鹗、程恩浩、夏寅官、吴佑曾、于振声、徐景云、徐石麟、赵元益、张通典、文廷楷

六、第 6 册，1897 年 7 月（光绪二十三年六月下）

洪述祖、袁淦、黄遵宪、黄遵楷、陈锦涛、刘秉彝、祝寿慈、郭锡恩、周宪方、胡念修、褚德义、周光文、周光祖、戴得龄、杨崇干、顾锡爵、顾锡祥、黄金鉴、陈德诒、徐维梅、查燮、傅增湘

七、第 7 册，1897 年 8 月（光绪二十三年七月上）

周星诒、冒广生、沈克诚、桂蔚章、吕维翰、傅增浚、张寿波、章献

猷、许金镛、洪锦麟、林调梅、王恩植、杨世环、周拱藻、鲍锦江

八、第8册，1897年8月（光绪二十三年七月下）

张之洞、鲍德名、康广仁、何树龄、王觉任、刘桢麟、徐勤、曹硕、欧渠甲、何廷光、陈继严

九、第9册，1897年9月（光绪二十三年八月上）

恽宝善

十、第10册，1897年9月（光绪二十三年八月下）

陈宝琛、马锦繁、鄢珍、吴保初、胡浚康、朱邦献、奚在旒

十一、第11册，1897年10月（光绪二十三年九月上）

孙多澳、许家惺、周泰韵、邱惟毅、黄荣良、章念康、许在衡、章廷黻

十二、第12册，1897年10月（光绪二十三年九月下）

瞿昂来、张鸿、朱克柔、潘飞声、刘树堂、朱葆琛、李兴邺、汪立元、王登铨、陈德藻、王丰镐、查宗瀚、赵文衡

十三、第13册，1897年11月（光绪二十三年十月上）

严国栋、汪钟霖、陈其嘉

十四、第14册，1897年11月（光绪二十三年十月下）

陈璧、孙葆缙、力钧、黄宝瑛、高凤谦、薛裕昆、杨毓辉、李宝森、裘廷梁、康有仪、董祖寿

十五、第15册，1897年11月（光绪二十三年十一月上）

梁鼎芬、徐世昌、汪大钧、黄绍第、王景沂、曾仰东、顾丙斗、黎宗鋆、唐才常、李大受、嵇侃、王仁干

十六、第16册，1897年12月（光绪二十三年十一月下）

黎宗鋆、唐才常、黄绍第、曾仰东、王锡祺、吴燕绍、杜炜孙、陶喆甡、陆树藩、金鹤年

十七、第 17 册，1897 年 12 月（光绪二十三年十二月上）

刘敦焕、文廷式、陈骧、张廷楫、何彦升、金启商

十八、第 18 册，1898 年 1 月（光绪二十三年十二月下）

钟天纬、范熙庸、王孝绳、张汝金、赵景彬、汪振声

十九、第 20 册，1898 年 2 月（光绪二十四年正月中）

王维亮、岳钧、王纳善、恩溥、吴廷璋、徐燕又、黄士芬、恽积勋、岳樑、相国治

二十、册数不详，据推测在《农学报》第 20 册后，第 25 册前。仅见“农会续提名”字样

屈爔、熊元鍊、伍恭寅、张士瀛、魏汝驹、赵源浚、杨廷骥、林志恂、高凤歧、陈汉第、吴廷燮、蔡世佐、唐桂、曹中裕、高凌蔚、许树枌、凌万铭、蒋葆瑚、常堉璋、孔昭鋆、储桂山、储桂芬、吴肇基、吴肇璜、张恩祺、冐金傅、张希杰、吴毓才、林则徐、李培桢、洪炳文、邹振清、顾震福、温廷章、恩溥、沈祖宪、沈冠英、吴昌骏、张宝华、钱鸿宝

二十一、第 25 册，1898 年 3 月（光绪二十四年三月上）

黄允恒

二十二、册数不详，农会续题名

姚大荣、陈畬、童学琦、章炳麟、钱承志、沈世珍、周自齐、任光春、朱宝瑨、王国维、应绍先、沈寅烈、朱仁煦、居士燮

二十三、册数不详

黄绍箕、刘崧英、陈试

二十四、册数不详

钱维骥、陈庆林

二十五、册数不详

廖世经、陈汉章、谢彦华、赵鼎奎、刘鸿熙、刘鸿泰

二十六、册数不详

何琪、梁建章、谷钟秀、王振垚、马鉴滢、尚秉知、吴鼎昌、李致桢、宓清瀚、张兆燕

二十七、册数不详

孙多堃、孙多鑫、孙所森、甘鹏云、王葆心、王楚乔、王文树、帅培寅

二十八、册数不详

梁廷栋、经元善、聂其昌、祝鼎、钱绥盘、潘任、董宝康、胡颖之

二十九、第43册，1898年9月（光绪二十四年八月上），农会续题名

陶浚宣、娄国华、蒋元庆、朱镜荣、蒋善庆、邱震、王季烈、徐庆沅、朱焕彰、张汝霖、杨德成、黄受谦、徐元绶、徐兆玮、三多、赵若勤、李庆龙、张森林、沈国钧、张谦、林崛、刘永昌、陈庆绶、夏先鼎、邓在陛、马其昶、归宗郙

三十、第67册，1899年5月（光绪二十五年四月上），农会续题名

张福谦、马植林、张振鋆

三十一、第87册，1899年11月（光绪二十五年十月下），农会续题名

张镐

附录六　晚清农科留学生一览表

编号	姓名	出国时间（年）	出国年龄（岁）	留学国家	留学院校	廷试时间（年）	分数（等第）	廷试年龄（岁）	奖授出身
1	王荣树	1899	23	日本	东京帝国大学	1906	66（中等）	30	农科举人
2	路孝植	1901	19	日本	东京帝国大学	1906	63.53（中等）	24	农科举人
3	陈耀西	1904	24	日本	东京蚕业讲习所	1906	62.5（中等）	26	农科举人
4	罗会坦	1899	28	日本	东京帝国大学	1906	62（中等）	35	农科举人
5	叶基桢			日本	东京帝国大学	1907	79（优等）	28	农科举人
6	谭天池			美国	康奈尔大学	1907	75（优等）	31	农科举人
7	邱中馨	1904	22	日本	东京蚕业讲习所	1907	71（优等）	25	农科举人
8	邓振瀛			日本	东京蚕业讲习所	1907	65（中等）	28	农科举人
9	屈德泽	1899	23	日本	东京帝国大学	1907	65（中等）	31	农科举人
10	屠师韩	1901	33	日本	东北帝国大学	1907	63（中等）	39	农科举人
11	黄立猷			日本	盛冈高等农林学校	1907	62（中等）	25	农科举人
12	潘志喜			日本	东京蚕业讲习所	1908	77.92（优等）	33	农科举人
13	张联魁			日本	东京帝国大学	1908	77.59（优等）	28	农科举人
14	齐鼎颐			日本	东北帝国大学	1908	75.34（优等）	30	农科举人
15	陆家鼎			日本	东京高等农学校	1908	73.25（优等）	25	农科举人
16	程荫南	1902	24	日本	盛冈高等农林学校	1908	70.79（优等）	30	农科举人
17	曹文渊			日本	东京水产讲习所	1908	70.34（优等）	25	农科举人
18	郭祖培			日本	东京帝国大学	1908	69.17（中等）	32	农科举人
19	于树桢	1904	20	日本	东北帝国大学	1909	79（优等）	25	农科举人
20	周藻祥	1904	21	日本	盛冈高等农林学校	1909	78（优等）	26	农科举人
21	彭望恕	1906	20	日本	东京高等农学校	1909	77（优等）	23	农科举人
22	周秉琨			日本	东北帝国大学	1909	71（优等）	31	农科举人
23	吴肃	1903	20	日本	东京帝国大学	1909	71（优等）	26	农科举人

续表

编号	姓名	出国时间（年）	出国年龄（岁）	留学国家	留学院校	廷试时间（年）	分数（等第）	廷试年龄（岁）	奖授出身
24	徐天叙			日本	盛冈高等农林学校	1909	70（优等）	31	农科举人
25	刘学诚	1900	16	日本	东京高等农学校	1909	66（中等）	25	农科举人
26	吴达	1903	24	日本	京都蚕业讲习所	1909	66（中等）	30	农科举人
27	黄锡龄	1904	20	日本	盛冈高等农林学校	1909	65（中等）	25	农科举人
28	杨永贞	1903	21	日本	东京帝国大学	1909	65（中等）	27	农科举人
29	张青选	1905	29	日本	东京蚕业讲习所	1909	64（中等）	33	农科举人
30	张明纶	1905	19	日本	东京帝国大学	1910	76（优等）	24	农科举人
31	刘安钦	1904	20	日本	东京蚕业讲习所	1910	75（优等）	26	农科举人
32	郑桓			美国	麻省农业学校	1910	75（优等）	25	农科举人
33	张正坊	1905	21	日本	东京帝国大学	1910	73（优等）	26	农科举人
34	郭宝慈	1905	23	日本	东京帝国大学	1910	71（优等）	28	农科举人
35	岑兆麟	1904	24	日本	东北帝国大学	1910	71（优等）	30	农科举人
36	朱显邦	1905	21	日本	东京蚕业讲习所	1910	70（优等）	26	农科举人
37	杨熙光			日本	东北帝国大学	1910	70（优等）	28	农科举人
38	杜慎媿	1904	24	日本	东京帝国大学	1910	70（优等）	30	农科举人
39	王澄清	1903	18	日本	盛冈高等农林学校	1910	69（中等）	25	农科举人
40	万勖忠	1905	23	日本	东北帝国大学	1910	69（中等）	28	农科举人
41	杨兆鹏	1904	24	日本	盛冈高等农林学校	1910	68（中等）	30	农科举人
42	瞿祖熊	1905	26	日本	东京高等农学校	1910	67（中等）	31	农科举人
43	严少陵	1904	25	日本	盛冈高等农林学校	1910	66（中等）	31	农科举人
44	吴锡忠	1902	24	日本	京都蚕业讲习所	1910	66（中等）	32	农科举人
45	胡光普	1902	25	日本	东京帝国大学	1910	66（中等）	33	农科举人
46	吴燮	1905	22	日本	东京高等农学校	1910	66（中等）	27	农科举人
47	许文光			法国		1910	65（中等）	28	农科举人
48	黄公迈	1905	21	日本	京都蚕业讲习所	1910	64（中等）	26	农科举人

续表

编号	姓名	出国时间（年）	出国年龄（岁）	留学国家	留学院校	廷试时间（年）	分数（等第）	廷试年龄（岁）	奖授出身
49	倪绍雯	1905	23	日本	东京蚕业讲习所	1910	61（中等）	28	农科举人
50	黄艺锡	1903	25	日本	东京帝国大学	1911	76（优等）	33	农科举人
51	麦应端	1907	20	日本	盛冈高等农林学校	1911	75（优等）	24	农科举人
52	何锻	1905	17	日本	东京帝国大学	1911	75（优等）	23	农科举人
53	姚龙光	1906	24	日本	东京帝国大学	1911	75（优等）	29	农科举人
54	牛献周	1904	31	日本	东北帝国大学	1911	74（优等）	38	农科举人
55	王文泰	1904	18	日本	东京水产讲习所	1911	73（优等）	25	农科举人
56	李嘉璟	1904	21	日本	东京蚕业讲习所	1911	73（优等）	28	农科举人
57	况天爵	1905	25	日本	东京蚕业讲习所	1911	73（优等）	31	农科举人
58	沈竞	1905	21	日本	盛冈高等农林学校	1911	72（优等）	27	农科举人
59	潘赞化	1903	19	日本	东京帝国大学	1911	71（优等）	27	农科举人
60	徐梦兰	1904	23	日本	东京帝国大学	1911	71（优等）	30	农科举人
61	林溥莹	1906	17	日本	东京蚕业讲习所	1911	70（优等）	22	农科举人
62	张际春	1904	23	日本	东京帝国大学	1911	70（优等）	30	农科举人
63	孙葆琦	1906	26	日本	东京帝国大学	1911	69（中等）	31	农科举人
64	成振春	1904	24	日本	盛冈高等农林学校	1911	69（中等）	31	农科举人
65	林祜光	1905	20	日本	东京帝国大学	1911	69（中等）	26	农科举人
66	伍正名	1904	16	日本	东京水产讲习所	1911	68（中等）	23	农科举人
67	罗应烦	1902	13	日本	东京蚕业讲习所	1911	65（中等）	22	农科举人
68	鲍化龙	1906	18	日本	东京蚕业讲习所	1911	64（中等）	23	农科举人
69	严桐江	1905	19	日本	东京高等农学校	1911	64（中等）	25	农科举人
70	高树藩	1903	17	日本	东京帝国大学	1911	63（中等）	25	农科举人
71	胡宗瀛	1896	19	日本	东京高等农学校	1905	分数缺（最优）	28	农科进士
72	陈振先			美国	加利福尼亚大学	1908	87.34（最优）	33	农科进士
73	唐有恒	1904	20	美国	康奈尔大学	1909	82（最优）	25	农科进士

续表

编号	姓名	出国时间（年）	出国年龄（岁）	留学国家	留学院校	廷试时间（年）	分数（等第）	廷试年龄（岁）	奖授出身
74	程鸿书	1904	23	日本	东京帝国大学	1909	81（最优）	28	农科进士
75	叶可梁	1905	25	美国	康奈尔大学	1910	90（最优）	30	农科进士
76	汪果	1902	20	日本	东京帝国大学	1910	84（最优）	28	农科进士
77	陈训昶	1904	18	日本	东京帝国大学	1910	84（最优）	24	农科进士
78	凌春鸿	1903	25	日本	东京帝国大学	1910	83（最优）	32	农科进士
79	崔潮	1905	24	日本	东京帝国大学	1910	82（最优）	29	农科进士
80	刘先振	1905	24	日本	东京帝国大学	1910	82（最优）	29	农科进士
81	梁赉奎	1903	25	美国	康奈尔大学	1910	80（最优）	32	农科进士
82	陶昌善	1904	25	日本	东北帝国大学	1911	88（最优）	32	农科进士
83	朱继承	1905	29	日本	东京帝国大学	1911	80（最优）	35	农科进士

资料来源：刘真主编：《留学教育——中国留学教育史料》，台北："国立编译馆"，1980 年；中国第一历史档案馆：《宣统二年归国留学生史料续编》，《历史档案》1997 年第 4 期；王炜编校：《〈清实录〉科举史料汇编》，武汉：武汉大学出版社，2009 年

后　记

画上书稿的最后一个句号，似乎预示着一个阶段性任务的结束。遂想起多年前，我从“山色横侵遮不住，明月千里好读书”的夏官营，去到“越难越开”的津门，之后带着“仗剑天涯，看世界繁华”的赤子之心，好奇与期待得迈入花城。近十年来，虽然研究方向有所拓展，但近代中国社会的知识与制度转型，尤其是围绕近代农学形成的缘起、流变、各方言说，中西新旧各种因素的复杂纠葛，以及历史人物在此进程中所经历和体验的各种困惑，是我尽力深耕的领域。本书是对这些年来相关研究工作的一个总结。

机缘巧合下，我只身来到完全陌生的烟雨江南，在文章锦绣的金陵，从书斋走向现实。线性的思维习惯与离群索居的心性，加上缺乏重新界定和自我更新的灵活性，使惶恐与迷茫充斥在工作的头几年。那段时间，我承受着工作的种种压力，感受着世俗舆论的多番嘲讽，陷入自我价值的怀疑之中。如西西弗斯石头般的挫败感，几乎将我淹没。在多次尝试说服自己放弃的同时，没料到最后能坚持下来。回首来时，正是那些率真而灵动的文字，鼓舞过我苍白而绝望的寒冬。没有放弃的书斋，让人忠于理想。

近代中国农学的知识与制度转型研究，虽进行有年，收效一些，但于我而言，疑惑与困扰仍多。如何把握观念变化与制度变动的关系，依时序揭示和再现近代科学化农学知识与制度在不同时段、不同层面的渊源流变等时空演化进程，使新知与新制变动的历史顺序和逻辑顺序有机结合，从而达成认识与本事的协调一致；如何进一步深化阐释农政到农学的转变、传统与近代的链接；如何更加深入探讨晚清农学的新现象，上层政策、制度与社会反响之间的关系、落差与困境，在更深层面上推进该领域研究等问题，仍需浸润阅读与思考，有待来日。

本书即将顺利面世，想起本科时期的班主任冯培红老师。大二时老师单独抽出时间，为我们讲授“学术论文写作注意事项”的有心之举，在我的心中种下阅读的种子；又忆起南开大学王先明老师，老师严谨的学术作风，丰富的学识与为人处事的风度，拓展了思维空间，教会学生沉淀与豁达，让人如沐春风。纵时光飞逝，仍记忆犹新；感谢中山大学历史学系，康乐园中丰富的藏书，马岗顶的地灵人杰，带来无限启思；感谢河海大学，给了我专注教学与科研工作的平台；还要谢谢曾陪伴一时，今各自奔天涯的“那些花儿”……谢谢，旧时光。“桃李春风一杯酒，江湖夜雨十年灯”。珍惜所有的相遇，也尊重所有的失去！

最后，衷心感谢国家哲学社会科学工作办公室给予资助，使本书能顺利出版。感谢五位匿名专家提出宝贵意见，让本书增色不少。感谢科学出版社的老师，给了年轻人项目申报和书稿出版的机会。囿于学识，书中错疏之处在所难免，敬请学界同仁、广大读者批评指正！

“不用思量今古，俯仰昔人非”。谨以此书，献给那时的月光。

李尹蒂于南京江宁

2021年11月17日